O Cérebro e a Menopausa

LISA MOSCONI

O Cérebro e a Menopausa

A NOVA CIÊNCIA REVOLUCIONÁRIA QUE ESTÁ MUDANDO COMO ENTENDEMOS A MENOPAUSA

Tradução de Cristina Yamagami

Rio de Janeiro, 2025

Copyright © 2024 by Lisa Mosconi. Todos os direitos reservados.
Copyright da tradução © 2024 por Casa dos Livros Editora LTDA.
Todos os direitos reservados.

Título original: *The Menopause Brain*

Todos os direitos desta publicação são reservados à Casa dos Livros Editora LTDA. Nenhuma parte desta obra pode ser apropriada e estocada em sistema de banco de dados ou processo similar, em qualquer forma ou meio, seja eletrônico, de fotocópia, gravação etc., sem a permissão dos detentores do copyright.

COPIDESQUE	Elisabete Franczak
REVISÃO	Daniela Vilarinho e Thais Carvas
DESIGN DE CAPA	Holly Battle
ADAPTAÇÃO DE CAPA	Túlio Cerquize
PROJETO GRÁFICO	Renata Vidal
IMAGENS DE MIOLO	adaptadas do projeto original
DIAGRAMAÇÃO	Abreu's System

Dados Internacionais de Catalogação na Publicação (CIP)
(Câmara Brasileira do Livro, SP, Brasil)

Mosconi, Lisa
 O cérebro e a menopausa: a nova ciência revolucionária que está mudando como entendemos a menopausa / Lisa Mosconi; tradução Cristina Yamagami – 1. ed. – Rio de Janeiro: HarperCollins Brasil, 2024.

 Título original: The menopause brain
 ISBN: 978-65-5511-585-7

 1. Cérebro – Aspectos de saúde 2. Menopausa 3. Neurociência 4. Saúde da mulher I. Título.

24-220173 CDD-618.175

Índices para catálogo sistemático:

1. Menopausa: Ginecologia: Medicina 618.175

Eliane de Freitas Leite – Bibliotecária – CRB 8/8415

HarperCollins Brasil é uma marca licenciada à Casa dos Livros Editora LTDA.
Todos os direitos reservados à Casa dos Livros Editora LTDA.

Rua da Quitanda, 86, sala 601A – Centro
Rio de Janeiro/RJ – CEP 20091-005
Tel.: (21) 3175-1030
www.harpercollins.com.br

A todas as mulheres — nossas ancestrais, nossas descendentes e todas vocês que estão abrindo o caminho comigo enquanto conversamos.

SUMÁRIO

Prefácio, por Maria Shriver   9

PARTE 1 • O GRANDE M

1. Você não está perdendo a cabeça   17
2. Chega de preconceito contra as mulheres e a menopausa   30
3. Ninguém preparou você para essa mudança   46
4. O cérebro da menopausa é real   65

PARTE 2 • A CONEXÃO CÉREBRO-HORMÔNIO

5. Cérebro e ovários: parceiros para o que der e vier   89
6. A menopausa em contexto: os três P's   106
7. As vantagens da menopausa   126
8. A menopausa tem sua razão de ser   141

PARTE 3 • TERAPIAS HORMONAIS E NÃO HORMONAIS

9. Terapia de reposição com estrogênio   151
10. Outras terapias hormonais e não hormonais   181
11. Tratamentos contra o câncer e o chemobrain   195
12. Terapia de afirmação de gênero   212

PARTE 4 • ESTILO DE VIDA E SAÚDE INTEGRATIVA

13. Exercícios físicos   227
14. Dieta e nutrição   247
15. Suplementos e plantas medicinais   285
16. Redução do estresse e a importância do sono   300
17. Toxinas e desreguladores endócrinos   318
18. O poder do pensamento positivo   331

Agradecimentos   349
Notas   352

PREFÁCIO

Que bom que você escolheu *O cérebro e a menopausa* para ler! Eu garanto que você não vai se arrepender. Você acabou de fazer um grande favor a si mesma e ao seu cérebro! Com este livro em mãos, você não estará mais sozinha ao navegar pela perimenopausa, pela menopausa ou pela vida pós-menopausa. Agora você tem ao seu alcance as informações mais atualizadas sobre o que está acontecendo em seu cérebro e seu corpo — e por quê. Isso não tem preço!

Este livro é importante pois toda mulher, se viver o suficiente para isso, passará pela menopausa mais cedo ou mais tarde. E toda mulher se perguntará por que, além de parar de menstruar e perder a fertilidade, pode ter súbitas crises de arritmia, ansiedade, depressão, falta de concentração, ondas de calor, suores noturnos, alterações de humor e distúrbios do sono. A lista de sintomas é longa e variada. A menopausa é uma função do cérebro que causa o caos no corpo da mulher e na maneira como ela vê a vida. Todas essas emoções e sintomas aparentemente erráticos podem levar uma mulher a achar que está enlouquecendo se não souber que tudo isso é normal. E aqui você terá mais informações sobre esse tema.

É uma pena que este livro não existia quando passei pelas fases da perimenopausa e da menopausa, porque, para milhões de mulheres como eu, quando "O Grande M", como gosto de me referir à menopausa, chega em nossa vida, temos poucas informações para nos orientar. As mulheres da minha geração sentiram-se invisíveis para os profissionais de saúde, que não receberam treinamento adequado para lidar com os sintomas, e não havia pesquisas para avaliar os sintomas confusos e muitas vezes caóticos que estávamos sentindo. Tivemos que abaixar a cabeça e seguir adiante em meio à tempestade, em uma cultura que sugeria que as mulheres de meia-idade eram propensas a enlouquecer. Esta obra confirma todo o progresso feito na área.

Alguns anos atrás, tive o privilégio de escrever o prefácio de outro livro da Lisa, *The XX brain* [*O cérebro XX*, em tradução livre], e agora tenho a honra de escrever este prefácio também. Em *O cérebro e a menopausa*, você terá acesso às pesquisas científicas mais recentes e às melhores recomendações práticas disponíveis, e tudo isso vindo de uma pesquisadora que, além de ser uma pensadora inovadora e visionária, é alguém que considero uma amiga para toda a vida.

Conheci Lisa em 2017, quando procurava pesquisas que me ajudassem a entender por que as mulheres têm duas vezes mais chances de desenvolver Alzheimer do que os homens, e por que as mulheres negras correm um risco ainda maior de ter a doença. Quando vi que praticamente não havia pesquisas disponíveis, fundei minha organização sem fins lucrativos, o Women's Alzheimer's Movement (WAM) [Movimento para a Prevenção do Alzheimer em Mulheres], e meu trabalho na WAM tem me motivado a aprender tudo o que posso sobre o cérebro das mulheres e as mudanças ao longo da vida. Conhecer Lisa nessa jornada mudou tudo. Ela foi uma das primeiras cientistas a demonstrar o impacto da menopausa no cérebro de uma mulher de meia-idade e a discutir como o órgão reage à menopausa. Lisa tinha acabado de publicar o primeiro estudo que mostrava que o cérebro das mulheres se torna mais vulnerável ao Alzheimer nos anos anteriores e posteriores à menopausa. Além de ter sido uma das primeiras pesquisadoras que descreveram como o cérebro da mulher muda fisicamente e encolhe na menopausa, ela também ajudou a desenvolver a tecnologia e as pesquisas para mostrar o processo em ação. Graças a Lisa e a outros cientistas com ideias afins, insatisfeitos com a falta de pesquisas sobre a saúde do cérebro das mulheres, um movimento se formou, com o objetivo de estudar o impacto dos hormônios sexuais, como o estrogênio, na saúde das mulheres. Tive o prazer e o privilégio de ajudar a financiar algumas dessas pesquisas com as bolsas de pesquisa da WAM, que são concedidas a cientistas dedicados a analisar o papel do gênero como um fator de risco para a doença de Alzheimer.

É muito triste saber que, apesar da prevalência dos sintomas da menopausa e de suas consequências potencialmente graves para a saúde a longo prazo, as pesquisas sobre o tema foram historicamente subfinanciadas e negligenciadas, assim como a saúde das mulheres em geral. Falando especificamente sobre as mulheres negras, as consequências dessa negligência são ainda mais sombrias, e o caminho até a menopausa costuma ser ainda mais longo e difícil. Nada justifica a ignorância.

Hoje, minha missão é recuperar o tempo perdido e fazer o possível para compensar a negligência no financiamento de pesquisas que levou a uma lacuna histórica em nosso conhecimento sobre a saúde das mulheres. É por isso que, em 2022, unimos forças com um dos centros médicos e acadêmicos sem fins lucrativos mais conceituados do mundo para nos tornarmos a "WAM na Cleveland Clinic". Tenho orgulho de dizer que a WAM continua fazendo um importante trabalho para esclarecer questões relacionadas às mulheres e à doença de Alzheimer, com o apoio de parceiros que lideram o campo das pesquisas médicas e se destacam na prestação dos melhores cuidados clínicos disponíveis. Em 2020, fizemos história juntos quando inauguramos o primeiro Centro de Prevenção do Alzheimer (Alzheimer's Prevention Center) exclusivo para mulheres no Lou Ruvo Center for Brain Health [Centro Lou Ruvo de Saúde Cerebral], em Las Vegas. Hoje, trabalhamos para fazer da Cleveland Clinic um centro holístico de primeira linha para a saúde da mulher, onde cada paciente pode exercer seu direito de ser vista e ouvida.

Meu foco é continuar ajudando todas as pessoas e organizações ao redor do mundo que, como Lisa, se dedicam a investigar o que acontece no cérebro das mulheres de meia-idade. Também quero garantir que as mulheres do mundo todo tenham acesso às valiosas informações que são necessárias para assumir o controle de sua saúde durante essas décadas cruciais da vida. Não são apenas as mulheres que precisam dessas informações, mas também os médicos, a família e os amigos. Este livro é um guia para todas nós, e espero que seja estudado tanto pelos que ensinam medicina quanto pelos que a praticam. Sugiro fortemente que as mulheres mantenham em mente que têm o poder de fazer a diferença na própria saúde. Espero que elas consultem seus médicos considerando as informações e pesquisas contidas neste livro, e que juntos criem um plano que proporcione os melhores cuidados dos quais elas necessitam e merecem, preparando-as para uma vida saudável.

Use as informações aqui contidas para se empoderar e não deixe de compartilhá-las com as mulheres que você encontrar ao longo da jornada. Torne-se o que eu chamo de uma "arquiteta da mudança" — alguém que faz as transformações que gostaria de ver no mundo. Seu cérebro é o que você tem de mais valioso. Não deixe de cuidar bem dele para mantê-lo saudável por toda a vida. Confie em mim quando digo que será o melhor investimento que você pode fazer para a sua saúde.

Maria Shriver

PARTE 1
O GRANDE M

1

VOCÊ NÃO ESTÁ PERDENDO A CABEÇA

"SERÁ QUE ESTOU ENLOUQUECENDO?"

Muitas mulheres de 30 a 60 anos acordam um dia e se perguntam o que aconteceu. Sem aviso prévio, ela pode acordar ensopada de suor, em uma névoa de confusão mental e em meio a uma torrente de ansiedade, percebendo uma série de mudanças peculiares, tão repentinas a ponto de ela literalmente perder o rumo.

Pode ser uma sensação de desorientação, quando você se vê cada vez mais distraída, como entrar na cozinha e esquecer o que foi fazer lá. Podemos colocar as coisas no lugar errado sem nos dar conta, como guardar o leite no armário da cozinha e a granola na geladeira. A comunicação também pode se tornar mais difícil. Você pode ter momentos de pânico quando simplesmente não consegue encontrar aquela palavra que parece estar na ponta da língua ou quando se esquece de algo que acabou de dizer e fica sem saber o que falar em seguida. Além disso, as emoções podem transbordar, como se uma grande escuridão caísse de repente sobre seu mundo, e você se vê chorando sem motivo aparente. Como se não bastasse, o choro pode ser substituído em um piscar de olhos por ondas de irritação ou até acessos de raiva. E, justamente quando você esperava que uma boa noite de sono pudesse resolver esses problemas, conseguir dormir se torna mais difícil. Como um fantasma inconstante, o sono faz apenas visitas esporádicas durante a noite, ou pode nem aparecer. Com o rápido e intenso início dessas mudanças inesperadas, não é de admirar que *muitas mulheres* se sintam traídas pelo próprio corpo e entrem em uma espiral de dúvidas sobre si mesmas, sua saúde e até sua sanidade.

Você pode não reconhecer nenhum desses sintomas... ainda. Mas é bem provável que já tenha ouvido falar deles. De amigas, da sua mãe, de pesquisas na internet tarde da noite quando você não está conseguindo dormir... de novo.

Mas agora esses sintomas têm uma explicação: o cérebro na fase da menopausa.

A resposta para o que tantas mulheres sentem na meia-idade muitas vezes não é nada mais, mas também *nada menos*, do que a menopausa.

A menopausa é um dos segredos mais bem guardados da nossa sociedade. Todas as mulheres passam por esse rito de passagem, mas sem o apoio de qualquer informação, formal ou informal, pois, muitas vezes, o assunto não é discutido nem na família. Além disso, mesmo com acesso a alguma informação ou sabedoria compartilhada, esse conhecimento não se concentra no aspecto mais importante da transição: como a menopausa afeta *o cérebro*.

Em geral, o que a sociedade sabe sobre a menopausa equivale apenas a metade de tudo o que ela representa — a metade que diz respeito aos nossos órgãos reprodutivos. A maioria das pessoas sabe que a menopausa marca o fim do ciclo menstrual da mulher e, portanto, de sua capacidade de ter filhos. Mas, quando os ovários fecham as portas, o processo tem efeitos muito mais amplos e profundos do que os associados à fertilidade. Longe dos holofotes, a menopausa afeta o cérebro tanto quanto os ovários — direta e profundamente, e de maneiras sobre as quais estamos apenas começando a coletar dados concretos.

O que sabemos é que todos esses sintomas que nos fazem perder o chão — as ondas de calor, os sentimentos de ansiedade e depressão, as noites sem dormir, a mente turva, os lapsos de memória — são, na verdade, sintomas da menopausa. Mas o maior problema é que eles não se originam nos ovários. Na verdade, são iniciados por um órgão totalmente diferente: *o cérebro*. Em outras palavras, são sintomas *neurológicos* resultantes da maneira como a menopausa altera o cérebro. Por mais que os ovários tenham um papel nesse processo, é o cérebro que está no comando.

Isso confirma os seus maiores medos? Quer dizer que você está mesmo enlouquecendo? De forma alguma. Estou aqui para garantir que você *não* está perdendo a cabeça. O mais importante é manter em mente que você não está sozinha e que vai dar tudo certo. É verdade que a menopausa afeta o cérebro, mas isso não significa que os problemas da menopausa estejam "todos na nossa cabeça". É justamente o contrário.

O GRUPO DEMOGRÁFICO INVISÍVEL E O IMPACTO DA MENOPAUSA

Na nossa cultura obcecada pela juventude, a menopausa, quando não é totalmente ignorada, é temida ou menosprezada. Além de não ser reconhecida como um marco importante na vida de uma mulher, a menopausa sempre foi vista de forma extremamente negativa, com estigmas associados ao preconceito de idade, ao esgotamento da vitalidade e até ao fim da nossa identidade como mulheres. No entanto, geralmente o assunto menopausa é cercado de silêncio, às vezes até envolto em um véu de sigilo. Gerações de mulheres foram vítimas de desinformação, vergonha e desamparo. Muitas ainda relutam em falar sobre seus sintomas por medo de serem julgadas, ou fazem de tudo para ocultá-los. A maioria nem se dá conta de que os sintomas têm relação com a menopausa.

Além de injusta, essa confusão representa um importante problema de saúde pública, com consequências enormes. Vamos dar uma olhada nos números:

- As mulheres constituem a metade da população.
- Todas as mulheres passam pela menopausa.
- As mulheres na idade da menopausa são, de longe, o maior grupo demográfico em crescimento. Até 2030, 1 bilhão de mulheres ao redor do mundo terão entrado ou estarão prestes a entrar na menopausa.
- A maioria das mulheres passa cerca de *40% da vida* na menopausa.
- Todas as mulheres, na menopausa ou não, têm um órgão que tem sido em grande parte ignorado: o cérebro.
- Mais de 3/4 de todas as mulheres desenvolvem *sintomas neurológicos* durante a menopausa.

Pensando apenas nos números, a menopausa deveria ser um importante evento sociocultural e tema de extensa pesquisa e profundo conhecimento. Mas a sociedade prefere se concentrar nos sintomas desagradáveis ou na possível redução da capacidade das mulheres, sugerindo que a menopausa só traz desvantagens.

Enquanto isso, na ciência e na medicina, o estudo da menopausa nem chega a ter um nome.

O PROBLEMA DA MEDICINA OCIDENTAL

Graças à mais completa falta de informação sobre a menopausa, muitas mulheres são pegas totalmente desprevenidas, sentindo-se traídas *tanto* pelo corpo *quanto* pelo cérebro — sem falar de seus médicos. Embora as ondas de calor costumem ser reconhecidas como um "efeito colateral" da menopausa, a maioria dos médicos simplesmente não faz a relação entre a menopausa e outros sintomas, como ansiedade, insônia, depressão ou a chamada névoa cerebral. Isso acontece principalmente com mulheres com menos de 50 anos, que normalmente saem de um consultório médico com uma receita de antidepressivo e têm suas preocupações minimizadas como um subproduto da psicologia feminina, uma espécie de crise existencial do gênero.

Esse tipo de coisa acontece porque a medicina ocidental é caracterizada por adotar modelos isolados, e não holísticos, avaliando o corpo humano quanto a seus componentes individuais. Por exemplo, pessoas com problemas de visão procuram um oftalmologista e pessoas com problemas cardíacos procuram um cardiologista, mesmo quando o problema de visão foi causado pelo problema cardíaco. Em consequência dessa segmentação por especialidades, a menopausa foi rotulada como "um problema dos ovários" e relegada ao território da ginecologia. Qualquer pessoa que já tenha consultado um ginecologista sabe que eles não falam sobre o cérebro. Treinados como qualquer outro médico para se especializar no cuidado de determinadas partes do corpo — no caso, o sistema reprodutivo —, eles não aprendem a diagnosticar ou tratar sintomas cerebrais. Além disso, muitos ginecologistas não são treinados para lidar com os sintomas da menopausa. Hoje, menos de um em cada cinco residentes de ginecologia e obstetrícia recebe treinamento formal em medicina da menopausa, que muitas vezes consiste em apenas algumas horas no total. Não é surpresa que 75% das mulheres que procuram um médico por causa dos sintomas da menopausa acabem não recebendo tratamento.

Por outro lado, médicos especialistas em cérebro — neurologistas e psiquiatras, entre outros — também não tratam da menopausa. Tendo em conta essas abordagens extremamente especializadas, não é surpresa que os efeitos da menopausa na saúde do cérebro sejam negligenciados, deixando essas questões desaparecerem nas fendas entre áreas rigidamente definidas da medicina.

É aqui que os cientistas do cérebro podem ajudar. Eu sou uma dessas cientistas, com um doutorado um tanto incomum em neurociência (o estudo do funcionamento do cérebro) e medicina nuclear (um ramo da radiologia que usa técnicas de imageamento para examinar o cérebro). Mas o que mais diferencia o meu trabalho é que dediquei minha vida a estudar o cérebro das *mulheres*. Sou professora associada de neurociência em neurologia e radiologia na Faculdade de Medicina Weill da Universidade Cornell, em Nova York, onde aplico meu conhecimento à intersecção entre todas essas disciplinas e a saúde da mulher. Para esse fim, em 2017, fundei a Women's Brain Initiative [Iniciativa do Cérebro Feminino], um programa de pesquisa clínica completamente dedicado a desvendar como a saúde do cérebro funciona de um jeito diferente em mulheres e homens. Minha equipe é totalmente dedicada a estudar o cérebro das mulheres — funcionamento, vantagens únicas, vulnerabilidades singulares. Ao mesmo tempo, sou diretora do Alzheimer's Prevention Program [Programa de Prevenção do

Alzheimer] da Faculdade de Medicina Weill da Universidade Cornell, o que me possibilita integrar minhas pesquisas sobre o cérebro das mulheres à prática clínica de avaliação e apoio à saúde cognitiva e mental para o longo prazo.

Anos de pesquisa deixaram claro para mim que cuidar da saúde do cérebro feminino requer um profundo e meticuloso entendimento de como ele muda em resposta aos hormônios, especialmente durante a menopausa. Desse modo, uma das primeiras coisas que fiz depois de ter lançado esses programas foi ligar para o departamento de ginecologia e obstetrícia. Desde então, temos colaborado com alguns dos melhores especialistas em menopausa do mundo, bem como os melhores oncologistas e cirurgiões do campo da ginecologia e obstetrícia. Juntos, decidimos responder à pergunta que poucos estudiosos e médicos estavam investigando: *Como a menopausa afeta o cérebro?*

O CÉREBRO NA MENOPAUSA

Quando comecei a estudar a menopausa, logo notei dois fatos importantes. Para começar, poucos estudos sobre o cérebro se dedicavam à análise da menopausa. Em segundo lugar, os raros estudos que a investigavam concentravam-se em mulheres que já haviam passado desse período, em geral na faixa dos 60 e 70 anos. Em outras palavras, a menopausa tem sido estudada em termos de seu impacto no cérebro *depois* do fato — mais como um produto do que como processo.

Eu e minha equipe nos concentramos no que leva a esses resultados, antes e durante a menopausa. Para você ter uma ideia da situação, quando começamos não havia um único estudo voltado a analisar o cérebro das mulheres antes e depois da menopausa.

Então arregaçamos as mangas, ligamos o scanner cerebral e nos pusemos a explorar essa nova fronteira. Fizemos progressos importantes para demonstrar que o cérebro das mulheres envelhece de maneira diferente do cérebro dos homens e que a menopausa tem um papel fundamental nisso. Tanto que os nossos estudos demonstraram que a menopausa é um *processo neurologicamente ativo* que afeta o cérebro de maneiras únicas.

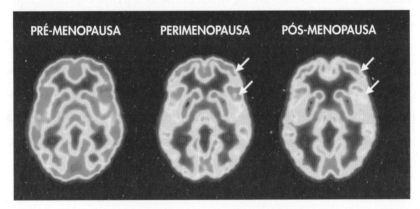

Figura 1. Tomografias cerebrais antes e depois da menopausa

Para você ter uma ideia, a Figura 1 mostra um tipo de tomografia cerebral gerada por uma técnica de imageamento funcional chamada tomografia por emissão de pósitrons (PET), que mede os níveis de energia cerebral. As áreas mais claras indicam altos níveis de energia cerebral, enquanto as manchas mais escuras indicam menos uso de energia.

A imagem à esquerda (pré-menopausa) mostra um cérebro com alta energia. É um exemplo perfeito do cérebro ideal de alguém na casa dos 40 anos — vívido e brilhante. Esse cérebro pertence a uma mulher que tinha 43 anos quando foi examinada pela primeira vez. Na ocasião, ela tinha ciclo menstrual regular e não apresentava sintomas da menopausa.

Agora dê uma olhada na imagem da *pós-menopausa*. É o mesmo cérebro depois de apenas oito anos, pouco tempo após a mulher ter passado pela menopausa. Dá para ver como essa imagem é mais escura do que a primeira? Essa mudança reflete uma queda de 30% na energia cerebral.

E não estamos falando de um caso isolado; muitas mulheres que participaram do nosso programa de pesquisa apresentaram alterações semelhantes, enquanto os homens da mesma idade não. O que vemos aqui são mudanças intensas que parecem específicas ao cérebro feminino durante a menopausa. Embora essas mudanças possam ser responsáveis pela sensação de exaustão ou simplesmente de que há alguma coisa errada (como muitas mulheres podem atestar, a fadiga na menopausa é algo que definitivamente não pode ser desconsiderado), elas drenam muito mais do que sua energia. Também podem afetar a temperatura corporal, o humor, o sono, o estresse e o desempenho cognitivo. E adivinha só: a maioria das mulheres *sente* essas alterações. Diante de mudanças biológicas marcantes, resultando em alterações concretas na química do cérebro, não podemos deixar de notá-las.

O estudo mencionado anteriormente foi apenas a ponta do iceberg. Com o tempo, nossas investigações produziram dados valiosíssimos, demonstrando que não é apenas a energia cerebral que muda durante a menopausa, mas que a conectividade cerebral, a química como um todo e a estrutura do cérebro também são afetadas. Tudo isso pode levar a uma experiência mente-corpo enlouquecedora. Os exames de imageamento cerebral demonstraram que essas alterações não ocorrem após a menopausa, mas que começam antes disso, durante a perimenopausa. A perimenopausa é o período que antecede a menopausa, quando a menstruação começa a ficar irregular e sintomas como ondas de calor tendem a surgir.

Nossa pesquisa mostra que é exatamente nesse estágio que o cérebro passa pelas mudanças mais profundas. A melhor maneira de explicar esse fenômeno é que o cérebro na menopausa está em um estado de ajuste, até mesmo de remodelação, como uma máquina que antes funcionava a gasolina e está se adaptando para rodar com eletricidade, tentando encontrar soluções alternativas. Mas o mais importante é que essas descobertas são evidências científicas do que muitas mulheres sempre souberam: *a menopausa muda o cérebro*. Então, se você já teve que ouvir que só está sentindo esses sintomas porque está estressada ou que são "coisas de mulher", aqui você encontrará a prova de que tudo o que você está sentindo é cientificamente válido e viável. Você não está enlouquecendo nem imaginando nada. Seu cérebro está passando por uma transformação natural.

COMO A CIÊNCIA PODE AJUDAR

Passei anos conversando com um incontável número de mulheres que enfrentavam vários níveis de sofrimento devido à menopausa, especialmente no que diz respeito aos sintomas cerebrais (mesmo quando elas não sabiam explicar os sintomas nesses termos). Muitas mulheres me contaram que uma de suas maiores dificuldades foi encontrar informações ao mesmo tempo acessíveis e confiáveis. Ao me dar conta do tamanho da necessidade de esclarecimento e apoio, percebi que toda mulher merece ter acesso a informações precisas e completas sobre a menopausa. Pesquisas revistas por pares garantem a validade das informações, mas os periódicos acadêmicos não são a maneira mais acessível de apresentar essas informações às centenas de milhões de mulheres no mundo real.

Este livro resulta do meu compromisso de empoderar as mulheres com as informações necessárias para conseguir atravessar a fase da menopausa com conhecimento e confiança. Saber o que acontece no seu corpo e no seu cérebro antes, durante e depois da menopausa é crucial para entender *a si mesma* antes, durante e depois da menopausa. Também é crucial entender que as mudanças em seu corpo e cérebro levam a diferentes necessidades de saúde e é imprescindível assumir o controle da própria saúde durante essa importante transição.

Até agora, a menopausa tem sido retratada como um obstáculo tenebroso pelo qual todas nós teremos que passar. A maior parte do que foi escrito sobre a menopausa, desde a literatura científica até textos na internet, concentra-se em meios de enfrentá-la, lidar com ela ou até rebelar-se contra ela. A maioria das pesquisas sobre o tema também se concentrou no que pode dar errado durante a menopausa e como "resolver os problemas" que surgem nesse período. "Mas qual é o problema disso?", você pode se perguntar. O problema é que essa abordagem se baseia na suposição de que tudo o que podemos fazer é sobreviver à menopausa. Ao tratar esse estágio da vida estritamente em um contexto biológico, a medicina ocidental enfatiza suas desvantagens e minimiza sua importância. No entanto, quando olhamos para a menopausa com uma visão integrativa, vemos que há muito mais em jogo. Na realidade, as alterações hormonais que causam a menopausa e seus sintomas estão, ao mesmo tempo, promovendo o desenvolvimento de novas e intrigantes habilidades neurológicas e mentais — habilidades estas que a sociedade escolhe abertamente ignorar. Os poderes ocultos da mente na menopausa nunca chegam às manchetes, mas todas as mulheres se beneficiariam se soubessem deles. Essa conscientização nos levará a novas maneiras de navegar pela menopausa e pela própria condição de ser mulher.

Para atingir esse objetivo, dividi o livro em quatro partes:

A Parte 1, "O Grande M", apresenta as bases para entendermos o que é e o que não é a menopausa sob uma perspectiva clínica, como a menopausa afeta o cérebro e como deixamos de ver essa importante ligação.

A Parte 2, "A conexão cérebro-hormônio", discute o papel dos hormônios na saúde do cérebro e a importância dessa interação para entendermos a menopausa. Daremos um mergulho profundo no funcionamento do corpo e do cérebro na menopausa, decifrando não apenas o "o quê", mas também o "porquê" da menopausa, colocando-a em um contexto mais amplo. Para fazer isso, examinaremos o que chamo de "os três momentos decisivos", ou "os três P's": puberdade, puerpério/gravidez e perimenopausa. Nesses momentos cruciais, o cérebro, os hormônios e a interrelação entre eles mudam drasticamente. Entender as semelhanças entre os três momentos é muito importante para passar a ver a menopausa como uma fase natural da vida de uma mulher — um período que, como os outros, pode causar vulnerabilidades, mas também resiliência e mudanças positivas. Mas, se o seu interesse atualmente for encontrar soluções e maneiras de se sentir melhor, fique à vontade para pular para a Parte 3, em que nos concentraremos em estratégias e orientações práticas. A Parte 2 continuará aqui, e você pode voltar quando quiser!

Na Parte 3, "Terapias hormonais e não hormonais", investigaremos a terapia de reposição hormonal, bem como outras opções hormonais e não hormonais de cuidados na menopausa. Também analisaremos a terapia antiestrogênica para câncer de mama e de ovário, e os efeitos do fenômeno chamado "chemobrain". Por fim, embora ao longo deste livro eu use o termo "mulheres" para me referir a indivíduos que nascem com o chamado sistema reprodutor feminino (seios e ovários), nem todas as pessoas que passam pela menopausa se identificam como mulheres, e nem todas as pessoas que se identificam como mulheres passam pela menopausa. Reconhecendo as diversas experiências e identidades no contexto da menopausa, discutiremos a terapia de afirmação de gênero para pessoas transgênero (pessoas trans), que inclui métodos para suprimir a produção de estrogênio.

Na PARTE 4, "ESTILO DE VIDA E SAÚDE INTEGRATIVA", veremos os principais estilos de vida e práticas comportamentais validadas e pensadas para tratar os sintomas da menopausa sem a prescrição de medicamentos, ao mesmo tempo que ajudam a promover a saúde cognitiva e emocional. Mesmo que você sinta o cérebro fora de controle, saiba que há como controlar seu estilo de vida, seu ambiente e sua atitude mental, e todos esses fatores podem afetar sua experiência da menopausa. Você pode se empoderar ao acolher e cuidar da menopausa, abrindo uma gama de possibilidades.

Este livro é uma carta de amor para o que nos torna mulheres, e um convite para que todas as mulheres acolham a menopausa sem medo nem constrangimento. É a base para celebrarmos o poder feminino, para valorizarmos as adaptações inteligentes que nosso corpo e nosso cérebro promovem no decorrer da vida e para desfrutarmos da nossa jornada rumo à melhor saúde possível. Espero que as informações que você encontrará aqui promovam muitas discussões, não apenas sobre o tema multifacetado da menopausa, mas também sobre a maneira como rejeitamos e marginalizamos vários grupos importantes da sociedade. Isso é indispensável não apenas para mudar nossas perspectivas sobre a menopausa, mas também para dar nova voz ao "gênero esquecido" — individualmente e como a metade da população do mundo.

2

CHEGA DE PRECONCEITO CONTRA AS MULHERES E A MENOPAUSA

SEXISMO E NEUROSSEXISMO

Este livro apresenta a visão de uma neurocientista sobre os altos e baixos da menopausa. Mas, antes de falarmos sobre o futuro desse campo de conhecimento, vale a pena (apesar de ser um tanto desanimador) rever as perspectivas culturais e médicas sobre a menopausa até o momento. Devo advertir que rever alguns importantes passos sócio-históricos sobre o tema pode ser bastante desencorajador, pelo menos no início. Afinal, é devido à combinação de cultura popular e medicina convencional que equiparamos a menopausa a "insuficiência ovariana", "disfunção ovariana", "depleção de estrogênio", além de uma série de outros resultados negativos. Mas não desista. Eu garanto que, se nos basearmos na ciência moderna, teremos uma história muito diferente e mais equilibrada para contar.

De uma perspectiva social, contudo, as possibilidades são inegavelmente sombrias. Se nos aprofundarmos um pouco mais, fica evidente que muitos dos estereótipos degradantes em torno da menopausa têm origem em uma visão negativa das mulheres[1] como sendo o "sexo mais fraco". Se começarmos com o antigo conceito de que as mulheres são fisicamente mais frágeis do que os homens, essa referência também se aplica ao nosso cérebro e ao nosso intelecto no que hoje chamamos de *neurossexismo* — o mito de que o cérebro das mulheres é inferior ao cérebro dos homens. Desse modo, antes mesmo de podermos discutir a complexidade das abordagens da medicina quanto à menopausa, precisamos falar sobre a complexidade dessas mesmas abordagens em relação às mulheres como um todo.

Por mais incrivelmente falha que a doutrina da inferioridade feminina possa ser, ela constitui nada menos que a espinha dorsal de toda a ciência moderna. De acordo com Charles Darwin, o pai da biologia moderna, "em tudo o que faz, um homem atinge uma eminência mais elevada do que as mulheres — quer exija pensamento profundo, razão ou imaginação, ou apenas o uso dos sentidos e das mãos". Essa teoria ganhou ímpeto e se disseminou incontestada ao longo do século XIX, quando cientistas do sexo masculino fizeram uma "descoberta impressionante". Eles verificaram que a cabeça das mulheres não apenas era anatomicamente menor que a dos homens, mas também que o cérebro das mulheres pesava menos que o dos homens. Na época, a premissa biológica do "quanto maior, melhor" reinava suprema. Desse modo, o cérebro mais leve

---

1. Ao longo deste livro, por uma questão de simplicidade e com base na definição biológica tradicional do sexo feminino, utilizo o termo "mulheres" para me referir a indivíduos que nasceram com dois cromossomos XX e têm um sistema reprodutor feminino (incluindo seios e ovários). No entanto, há indivíduos que se enquadram nesse modelo biológico, mas não se identificam como mulheres, bem como indivíduos que não nasceram com essas características, mas que se identificam como mulheres ou com o sexo feminino. Os fatores biológicos discutidos neste capítulo independem da identidade de gênero e têm raízes na fisiologia. O capítulo 12 concentra-se na discussão das diversas experiências de indivíduos que não se encaixam nas definições biológicas tradicionais.

de uma mulher foi convenientemente interpretado como um indicativo de menos inteligência e inferioridade mental. Os especialistas logo correlacionaram essa descoberta com a falta de aptidão das mulheres para uma variedade de tarefas. Por exemplo, George J. Romanes, um proeminente biólogo evolucionista e fisiologista, declarou o seguinte: "Considerando que o peso médio do cérebro das mulheres é de aproximadamente 150 gramas a menos que o dos homens, com base em termos meramente anatômicos poderíamos esperar uma acentuada inferioridade de poder intelectual nas mulheres". Essas suposições estavam longe de causar espanto, uma vez que a maioria dos intelectuais da época não via problema algum em promover uma interpretação que se adequasse ao *status quo*. Desse modo, aqueles "150 gramas a menos" no cérebro feminino foram utilizados para justificar a diferença de status social entre homens e mulheres, validando as decisões que impediam que as mulheres tivessem acesso ao ensino superior ou a outros direitos que lhes possibilitassem uma vida independente.

Arrisco dizer que não seria um absurdo concluir que, se, em média, o corpo dos homens é maior e mais pesado do que o das mulheres, a cabeça — e, portanto, o cérebro — também manteria a mesma proporção. Se um corpo é maior, faz sentido que o crânio e o cérebro também sejam. Na verdade, quando levamos em conta o tamanho da cabeça, a lendária diferença de peso entre o cérebro do homem e o da mulher desaparece no mesmo vácuo onde surgiu.

Ainda assim, o cérebro das mulheres passou séculos sendo considerado deficiente por causa do tamanho, justificando a decisão de excluir as mulheres das universidades e de empregos de prestígio. Com o tempo, mulheres cientistas e ativistas dos direitos humanos uniram forças para denunciar essas interpretações tendenciosas como nada mais do que armas políticas usadas para subverter as tentativas das mulheres de alcançar a equidade e a igualdade. Graças à dedicação dessas pessoas, a teoria da inteligência baseada no peso do cérebro finalmente caiu por terra no início do século XX. O advento do imageamento cerebral ajudou a derrubar muitas outras suposições por trás do neurossexismo, promovendo finalmente a igualdade de condições para as mulheres.

Mas será mesmo?

Hoje em dia, embora afirmações abertamente sexistas já não tenham lugar na comunidade científica, muitos argumentam que o neurossexismo continua firme e forte. A questão é que, em muitos aspectos, o cérebro das mulheres é de fato diferente do cérebro dos homens. Falaremos mais sobre isso na sequência. Por enquanto, gostaria de salientar que as disparidades entre os gêneros raramente são utilizadas para modernizar os cuidados médicos; pelo contrário, muitas vezes são utilizadas para reforçar estereótipos de gênero. Conscientemente ou não, somos coagidos a assumir papéis de gênero desde que nascemos, com base em alegações da ciência popular sobre como os nossos comportamentos "Vênus/Marte" diferem devido ao nosso cérebro. Essa história pode começar com a antiga tradição de vestir os bebês com roupas cor-de-rosa e azul, mas termina com a disseminação de preconceitos rígidos e depreciativos que classificam incansavelmente as mulheres como o gênero inferior.

No momento, enfrentamos um triplo desafio: sexismo, etarismo e *menopausismo*. Desde o momento que nascemos, a mensagem que recebemos da sociedade é que, pelo simples fato de sermos mulheres, somos inferiores no mínimo porque os homens são maiores e mais fortes. Mas essas crenças se proliferam de maneiras mais ou menos sutis enquanto transitamos pelo parquinho, pela sala de aula e pelo ambiente de trabalho, culminando na meia-idade. Nessa linha do tempo, a menopausa é o golpe final. Depois de suportar décadas de mensagens depreciativas, as mulheres se veem diante de outro processo fisiológico feminino reduzido a uma comprovação de fraqueza e doença. Agora a mulher é vista através de lentes patriarcais sombrias, sem falar da crença amplamente difundida de que a idade de uma mulher a torna menos atraente, bem como o peso social imposto a ela pela perda de sua capacidade de gerar filhos — um peso que só endossa a crença de sua inferioridade física, mental, pessoal e até profissional.

Apesar de termos poucos dados científicos confiáveis sobre a menopausa, não faltam alegações enganosas ou até misóginas sobre o tema. Na perspectiva popular, as mulheres na menopausa costumam ser retratadas com foco em oscilações de humor e acessos de raiva. Todo mundo conhece bem o estereótipo da mulher beligerante na menopausa, atormentada por ondas de calor e alterações de humor, apresentada como a causadora de uma tempestade na vida de seu infeliz e exasperado marido. Não há nada de novo nessa visão, que tem raízes profundas em séculos, até milênios, de extrema desconfiança patriarcal em relação ao corpo feminino. Respire fundo e vamos em frente.

A MENOPAUSA E O MOVIMENTO ANTIMENOPAUSA

As primeiras referências científicas à menopausa têm origem por volta do ano 350 a.C., quando Aristóteles observou que as mulheres paravam de menstruar entre os 40 e 50 anos de idade. No entanto, visto que a expectativa de vida era mais baixa na época, poucas mulheres tinham a oportunidade de passar pela menopausa e viver para contar a história. Além disso, na Grécia antiga, bem como em muitas outras civilizações, o valor da mulher estava ligado à sua capacidade de gerar filhos. Aquelas que não podiam mais ter filhos claramente não eram mais dignas de interesse ou estudo.

Tirando algumas vagas menções, a menopausa permaneceu basicamente invisível para a medicina até o século XIX. Mais ou menos na época em que os médicos homens "descobriram" o cérebro das mulheres, eles também se depararam com outro fenômeno desconcertante: a menopausa. Pode ter sido o resultado de um progresso da pesquisa científica como um todo ou talvez o fato de mais mulheres estarem vivendo o suficiente para que a menopausa não fosse mais ignorada; de qualquer maneira, os médicos acabaram se dando conta de que a menopausa não era uma espécie de aberração acidental. Nessa altura, já havia expressões coloquiais para a menopausa por toda a Europa, como "inferno das mulheres", "idade da decrepitude" e "morte do sexo". No entanto, a palavra *menopausa* só entrou no vocabulário da língua inglesa em 1821, quando o médico francês Charles De Gardanne cunhou o termo, do grego *men* (mês) e *pauein* (parar ou interromper), para se referir ao período em que a mulher deixa de menstruar.

Como era típico da época, a constatação de que a menopausa era algo que valia a pena abordar levou os médicos a estudá-la... como uma doença. Vários problemas de saúde, incluindo escorbuto, epilepsia e esquizofrenia, foram prontamente atribuídos a essa nova e desconcertante condição. Não deveríamos nos surpreender com isso, considerando que na época acreditava-se que alguma ligação obscura entre o útero e o cérebro tornava as mulheres suscetíveis à loucura, ou *histeria* (da palavra grega *hystera*, significando útero). Por exemplo, acreditava-se que o que hoje chamamos de tensão pré-menstrual (TPM) era causada pela "sufocação" do útero cheio de sangue, ou mesmo pela migração ascendente do útero no interior do corpo, sufocando a própria mulher. Para os estudiosos da época, era claro que essa ligação insalubre também resultaria em "insanidade climatérica" após a menopausa.

Em consequência, foram criadas práticas drásticas e muitas vezes altamente tóxicas para lidar com o útero errante e rebelde. Hipnose, dispositivos vibratórios e jatos d'água na vagina são apenas algumas das técnicas documentadas. Injeções vaginais à base de ópio, morfina e chumbo são outras. Em seguida, os médicos encontraram uma solução ainda mais radical: a cirurgia. Argumentaram que o útero doente deveria simplesmente ser removido. Hoje sabemos que a *histerectomia* (a remoção cirúrgica do útero e dos ovários) arrasta a mulher para a menopausa quase da noite para o dia, potencialmente agravando todos os sintomas. Então, como a cirurgia apenas exacerbava os problemas, os manicômios passaram a ser uma alternativa interessante. Não faltam relatos de mulheres com sintomas da menopausa erroneamente diagnosticadas como "loucas" ou "dementes" e trancadas em instituições psiquiátricas. A verdade é que essas mulheres provavelmente só tiveram um fim tão trágico devido aos tratamentos equivocados prescritos pelos próprios médicos.

Vamos avançar para o século XX. Conforme as mulheres passaram a viver mais e conquistaram o direito ao voto e poder cultural, a menopausa finalmente começou a ser entendida como um problema digno de atenção médica, em vez de apenas trancar as mulheres em instituições de saúde mental. Uma das contribuições mais importantes para essa mudança de perspectiva ocorreu em 1934, quando os cientistas descobriram o hormônio estrogênio. É interessante notar que o próprio termo *estrogênio* deriva do grego *oistros*, que significa "frenesi" ou "desejo insano", reforçando ainda mais a tendência histórica de ver a fisiologia feminina através das lentes da instabilidade mental. Com o progresso da ciência, a relação entre níveis mais baixos de estrogênio e a menopausa foi constatada, o que apenas levou a atualizar a definição de menopausa como uma doença de "deficiência de estrogênio". Por extensão, o estrogênio tornou-se um elixir mágico da juventude e, como tal, uma droga lucrativa. A indústria farmacêutica agarrou a oportunidade, e a terapia de reposição de estrogênio logo se tornou o principal tratamento para a menopausa. Há relativamente pouco tempo, em 1966, Robert A. Wilson, autor do best-seller *Eternamente feminina*, declarou que a menopausa era "uma praga natural", chamando as mulheres na menopausa de "castradas e aleijadas". Mas, de acordo com Wilson, com a reposição de estrogênio, "os seios e órgãos genitais da mulher não murcharão. Ela será muito mais agradável de se conviver e não se tornará chata e pouco atraente". Mais tarde, e talvez sem surpresa, surgiram evidências de que o influente livro tinha recebido financiamento de companhias farmacêuticas. No entanto, nem toda propaganda foi explicitamente patrocinada — a ideia apenas se espalhou pela cultura muito rapidamente. Em seu best-seller *Tudo o que você queria saber sobre sexo* (1969), David Reuben declarou o seguinte: "Quando os ovários deixam de funcionar, a própria essência da mulher desaparece". Ele acrescentou que "uma mulher na pós-menopausa chega o mais perto possível de ser um homem", corrigindo-se em seguida, "não é bem um homem, mas já não é uma mulher funcional". Aos poucos, a ideia de que a menopausa é uma síndrome de deficiência de estrogênio se consolidou e até hoje é comum em livros universitários e práticas médicas.

Por outro lado, os verdadeiros mecanismos pelos quais o estrogênio afeta a saúde mental só foram revelados recentemente.

Foi só no fim da década de 1990 que os cientistas fizeram uma descoberta revolucionária: os chamados hormônios sexuais femininos são fundamentais não apenas para a reprodução, mas também para o *funcionamento cerebral*. Em outras palavras, os hormônios inextricavelmente ligados à nossa fertilidade, com o estrogênio na linha de frente, revelaram-se igualmente cruciais para o funcionamento da mente. Para se ter uma ideia de como essa descoberta é recente, os homens já haviam pisado na Lua trinta anos antes. No decorrer desses mesmos trinta anos, muitas mulheres neste planeta tomaram hormônios mesmo sem ninguém ter ideia de como o estrogênio realmente funciona do pescoço para cima.

A MEDICINA E A "MEDICINA DO BIQUÍNI"

De volta ao século XXI. Hoje em dia, a menopausa pertence estritamente ao território ginecológico, e as conexões entre o sistema reprodutivo e o cérebro deixaram de ser demonizadas, mas, em geral, não são abordadas. Ao mesmo tempo, em uma reviravolta inusitada, a maioria dos cientistas passou a aceitar que os hormônios sexuais são importantes para a saúde do cérebro, mas também acredita que o cérebro dos homens e das mulheres são praticamente iguais, tirando algumas funcionalidades envolvidas na reprodução.

Entra em cena um dos maiores problemas da medicina atual: a chamada "medicina do biquíni". A medicina do biquíni é a prática de reduzir a saúde da mulher às partes do corpo encontradas dentro dos limites de um biquíni. A ideia é que, do ponto de vista médico, o que faz de alguém "uma mulher" são os órgãos reprodutivos e nada mais. Além desses órgãos, homens e mulheres são estudados, diagnosticados e tratados exatamente da mesma maneira — como se todos fôssemos homens. O problema é que esse conceito não apenas é irreal como também desvia a atenção da medicina e da ciência, que não se interessam em proteger o cérebro das mulheres, incluindo as que estão na menopausa.

Nos termos mais simples possíveis, a grande maioria das pesquisas médicas usa o corpo masculino como o único protótipo, vendo o corpo da mulher como um corpo masculino com "peitos e tubos". Além disso, ainda na década de 1960, a agência estadunidense Food and Drug Administration (FDA) [Administração Federal de Alimentos e Medicamentos] transformou em prática padrão negar às mulheres com potencial de ter filhos o acesso a medicamentos experimentais e ensaios clínicos, alegando que a medida evitava quaisquer potenciais efeitos adversos sobre os fetos. A expressão *mulher com potencial de ter filhos*, contudo, passou a significar "qualquer mulher capaz de engravidar", e não apenas as mulheres grávidas. Desse modo, *todas* as mulheres na idade entre a puberdade e a menopausa, independentemente da atividade sexual, uso de contraceptivos, orientação sexual ou até qualquer desejo de ter filhos, foi excluída dos ensaios clínicos. O cérebro das mulheres, que por séculos foi negligenciado como deficiente, passou a ser invisível por razões completamente diferentes.

Essa proibição para todas as mulheres permaneceu em vigor até meados dos anos 1990, de modo que temos décadas de pesquisa médica baseada em amostras quase exclusivamente masculinas. Por incrível que pareça, isso ocorre até os dias de hoje, uma vez que foram lançados no mercado incontáveis medicamentos que nunca foram testados em mulheres. Na verdade, esses medicamentos muitas vezes sequer foram testados em fêmeas de animais. A grande maioria dos estudos pré-clínicos ainda utiliza apenas animais machos, argumentando que a variabilidade dos hormônios sexuais pode "interferir nos resultados empíricos". Esse sistema unissex profundamente tendencioso tem fornecido à área médica dados que não se aplicam ou, na melhor das hipóteses, se aplicam de maneira apenas inconsistente a pelo menos metade da população mundial.

Considerando que o sistema médico, dominado por homens, tem uma longa história de difamação da menopausa ao mesmo tempo que deixa os estudos do cérebro das mulheres de lado *e*, como se tudo isso não bastasse, que os estudos são conduzidos principalmente por participantes homens *e* que os homens não passam pela menopausa, não é surpresa que os efeitos da menopausa na saúde do cérebro tenham permanecido um mistério — um mistério "resolvido" com base em estigmas e estereótipos, e não em fatos e informações. Para dizer o óbvio, o efeito dessa abordagem foi catastrófico na pesquisa médica como um todo e no campo da saúde da mulher em particular.

As consequências ficam ainda mais evidentes quando se trata da saúde do nosso cérebro. Porque a verdade inescapável é que o cérebro das mulheres não é igual ao dos homens. Os dois são hormonal, energética e quimicamente diferentes. Essas diferenças podem não ter efeitos determinísticos na inteligência ou no comportamento das mulheres e nunca devem ser utilizadas para reforçar estereótipos de gênero, mas são cruciais para promover a saúde do cérebro, *especialmente* após a menopausa. De acordo com algumas estatísticas — que, aliás, a maioria das pessoas desconhece —, em comparação com os homens, as mulheres têm:

- Duas vezes mais probabilidade de ser diagnosticadas com transtorno de ansiedade ou depressão.
- Duas vezes mais probabilidade de desenvolver a doença de Alzheimer.

- Três vezes mais probabilidade de desenvolver uma doença autoimune, incluindo as que atacam o cérebro, como a esclerose múltipla.
- Quatro vezes mais probabilidade de ter dores de cabeça e enxaquecas.
- Maior probabilidade de desenvolver tumores cerebrais, como meningiomas.
- Mais chances de morrer em decorrência de um acidente vascular cerebral (AVC).

É importante notar que a prevalência dessas doenças cerebrais passa de praticamente a mesma entre homens e mulheres *antes* da menopausa para uma proporção mulher-homem de 2:1 ou superior *depois* da menopausa. Quanto ao impacto dessa mudança, uma mulher na faixa dos 50 anos tem duas vezes mais probabilidade de desenvolver ansiedade, depressão ou até demência ao longo da vida do que de desenvolver câncer de mama. No entanto, o câncer de mama é claramente reconhecido como um problema de saúde das mulheres (como deveria ser), embora *nenhuma das condições cerebrais acima receba o mesmo reconhecimento*. E, uma vez que o câncer de mama se enquadra nos moldes da "medicina do biquíni", pesquisas e recursos são adequadamente dedicados à sua cura, embora quase nenhum esforço seja direcionado para os cuidados da menopausa tendo em vista a saúde do cérebro.

Acho importante deixar claro que a menopausa *não é* uma doença e *não causa* nenhuma das doenças que mencionei acima. Mas as alterações hormonais podem exercer uma pressão específica sobre muitos órgãos, incluindo o cérebro, especialmente quando são ignoradas ou não são monitoradas. Para a maioria das mulheres, isso pode levar a vários sintomas conhecidos, como ondas de calor e insônia. Para outras, a menopausa tem o potencial de desencadear enxaquecas, ansiedade ou até depressão grave. Outras ainda podem ter um risco maior de desenvolver demência no futuro. Assim, embora as noções de histeria e sufocação uterina não tenham base alguma na realidade, há riscos reais. A situação atual exige uma ação clara e urgente: amplas pesquisas e estratégias eficazes para abordar o impacto da menopausa no cérebro. Não apenas precisamos de ajuda para minimizar esses sintomas iniciais como já passou da hora de aprofundar nosso conhecimento para evitar problemas mais graves no futuro. A medicina da mulher deve elevar seus padrões — não apenas para além do biquíni, mas para além da reprodução como seu único objetivo. Já passou da hora de analisar com honestidade e rigor o que acontece no corpo e no cérebro das mulheres como um todo e de reconhecer o impacto sistêmico da menopausa nesse contexto.

NOSSOS CORPOS, NOSSOS CÉREBROS

Até agora, falamos sobre os efeitos do conhecimento científico (e da ignorância) em atitudes sistêmicas e culturais. As mulheres passaram milênios sendo torturadas, tanto física quanto psicologicamente, em nome da menopausa. Fomos levadas a acreditar que a menopausa pode nos tornar clinicamente insanas, enquanto somos invisibilizadas na sociedade quando entramos na fase da menopausa e da pós-menopausa. A sociedade tem um enorme e perigoso efeito na maneira como nós mesmas vemos e vivenciamos a menopausa — e a cultura ocidental nos condicionou a ver os sintomas desse período como os únicos aspectos significativos dessa transição. É verdade que a situação melhorou com o tempo, mas esse trauma está entranhado no inconsciente coletivo, influenciando não apenas a maneira como uma mulher é vista, mas também como às vezes vemos a nós mesmas e consideramos nosso valor.

Muitas mulheres têm experiências individuais diretas com os efeitos dessas abordagens — e não apenas quando passam pela menopausa. Graças ao duplo golpe das crenças equivocadas e das convenções ultrapassadas que vimos anteriormente, é muito comum que preocupações com a própria saúde sejam subestimadas ou descartadas. É um fenômeno bem documentado que, quando um paciente procura o sistema de saúde com queixas de dor ou problemas cardíacos, a probabilidade de ser mandado para casa sem tratamento é muito maior se o paciente for mulher, o que agrava muito o quadro. Como isso pode ser possível? Em uma consulta, as chances de o médico dizer que a dor é psicossomática, hipocondríaca ou relacionada ao estresse é muito maior quando a paciente é mulher. Pode parecer algo tirado de um livro do século XIX, mas isso está acontecendo neste exato momento, não raro culminando na prescrição de antidepressivos ou psicoterapia em vez de serem administrados tratamentos específicos.

Considerando essas tendências, tenho certeza de que você pode imaginar (ou, se aconteceu com você, lembrar) as respostas recebidas pelas mulheres a quaisquer questões relacionadas à menopausa sendo tratadas como ilusórias ou sem importância. Não é raro alguns profissionais da saúde praticarem uma modalidade desanimadora de *gaslighting* médico, minimizando os problemas de saúde das mulheres como um todo e negligenciando especificamente as preocupações femininas em relação à sua saúde mental. Como paciente, a mulher pode acabar se acostumando com essa atitude e minimizar os próprios sintomas, por medo de parecer tola ou sensível demais ou até para evitar um tratamento condescendente. Mas ignorar sintomas pode levar a atrasos no diagnóstico e no tratamento, comprometendo a qualidade de vida e, por uma falta de sorte, até mesmo custar a vida.

A mulher foi ensinada a temer os hormônios e a duvidar do próprio cérebro. A saúde cerebral feminina é até hoje um dos temas da medicina mais subinvestigados, subdiagnosticados, subtratados e subfinanciados. As mulheres na fase da menopausa, em particular, têm pouca representação e muitas vezes são negligenciadas não apenas na medicina, mas também na cultura e nos meios de comunicação. Já passou da hora de mudar essa situação — e espero que a ciência promova essa mudança, dessa vez para *ajudar* as mulheres em vez de prejudicá-las.

Neste capítulo, abordamos a questão persistente do preconceito de gênero na medicina, em especial a exclusão das mulheres e a representação inadequada de vários grupos demográficos nos estudos existentes. A flagrante negligência das mulheres na fase da menopausa nos estudos científicos é ainda mais exacerbada pela inclusão insuficiente de mulheres de cor, indivíduos de diversas origens socioeconômicas e indivíduos com diferentes identidades de gênero, entre outros fatores importantes. O resultado dessa sub-representação é que todos saem perdendo. Da mesma forma, assim como é fundamentalmente errado considerar mulheres e homens idênticos no contexto da medicina, é errado presumir que todas as mulheres contam com o mesmo acesso a médicos bem-informados, centros de bem-estar ou opções alimentares saudáveis. As disparidades em termos de acesso e recursos podem comprometer a saúde do cérebro, o que, por sua vez, pode afetar a experiência da menopausa. Apesar da importância dessas considerações, é estarrecedor notar a ausência de pesquisas voltadas a analisar seu impacto em situações da vida real. Em um mundo ideal, dados precisos e fácil acesso a informações e especialistas da área estariam disponíveis a todos, fornecendo o melhor atendimento possível ao longo da vida. No entanto, considerando que este mundo está longe de ser perfeito, o objetivo deste livro é reduzir algumas dessas lacunas e abordar potenciais desafios especificamente relacionados com a menopausa. Como cientista, tento garantir que minhas pesquisas abordem essas questões e defendo ativamente que outros pesquisadores adotem uma abordagem e interesses semelhantes. Ao abordar essas disparidades, espero promover uma compreensão mais inclusiva e abrangente da neurociência da menopausa para todos.

Nesse contexto, gostaria de lembrar que o campo da saúde da mulher avança conforme os direitos das mulheres evoluem. Gerações e gerações de mulheres lutaram para que a mulher tivesse acesso a cuidados de saúde e ao ensino superior, fosse incluída em ensaios clínicos e reconhecida como uma contribuidora valiosa da sociedade. Mas ainda sofremos sob o jugo das disparidades de renda, poder, representação e acesso à saúde. É hora de derrubar os últimos tabus em relação tanto ao nosso corpo quanto ao nosso cérebro e, com isso, criar uma cultura de compreensão, aceitação e apoio em questões relativas à menopausa. Embora o trabalho de superar o estigma não recaia apenas sobre as mulheres, usar nossa voz coletiva para nos manifestar tem o poder de produzir um grande impacto. É um legado que podemos orgulhosamente deixar às nossas filhas e netas, aliviando o fardo para as próximas gerações.

3

NINGUÉM PREPAROU VOCÊ PARA ESSA MUDANÇA

O QUE É A MENOPAUSA?

Depois de anos falando sobre a menopausa com pacientes, profissionais de saúde e a mídia, percebi que há muita confusão e *des*informação sobre esta fase. Duas coisas podem ajudar a esclarecer e a reduzir a preocupação: (1) explicar o que a menopausa é e o que não é; e (2) separar fatos de ficção. As ideias chegam até nós e são transmitidas pela linguagem. Então, vamos começar examinando a terminologia, não necessariamente como é usada em conversas do dia a dia, mas na prática clínica. Os conceitos mais importantes estão resumidos na Tabela 1 e descritos a seguir.

Terminologia	Significado
Pré-menopausa ou fase reprodutiva	Todo o período reprodutivo antes da transição para a menopausa.
Transição para a menopausa	O período que precede a menopausa, quando o ciclo menstrual oscila e começam os sintomas hormonais e clínicos da menopausa.
Menopausa	O fim do ciclo menstrual. Em termos clínicos, a transição para a menopausa termina após doze meses consecutivos a partir da última menstruação. A menopausa pode ocorrer de diferentes maneiras: pode ser espontânea ou induzida (veja a seguir). Todas as mulheres passam por uma dessas ocorrências.
Perimenopausa	Uma fase que começa mais para o fim da transição para a menopausa e continua no primeiro ano após a última menstruação. Você saiu da perimenopausa e entrou na menopausa depois de passar doze meses consecutivos sem menstruar.
Pós-menopausa	A fase que começa doze meses após a última menstruação.
Menopausa espontânea ou "natural"	A menstruação para quando os ovários ficam sem óvulos e a produção de estrogênio e progesterona diminui como parte do processo de envelhecimento. A maioria das mulheres ao redor do mundo entrará na menopausa entre os 49 e os 52 anos. A idade pode variar com base na localização geográfica e origem étnica.
Menopausa precoce ou prematura	Menopausa que ocorre antes dos 40 (prematura) ou 45 anos (precoce). Pode ocorrer devido a: • Fatores genéticos. • Síndrome dos ovários policísticos (SOP). • Doença autoimune. • Infecções. • Cirurgia. • Tratamento médico.

Terminologia	Significado
Menopausa induzida	A menstruação termina devido à remoção cirúrgica dos ovários (*ooforectomia*) ou à interrupção da função ovariana após procedimentos médicos, como quimioterapia ou radioterapia.
Menopausa cirúrgica	Menopausa provocada por procedimentos cirúrgicos. Pode ocorrer em qualquer idade devido a: • Ooforectomia bilateral: os dois ovários são removidos. • Salpingo-ooforectomia bilateral: os dois ovários e as trompas de Falópio são removidos. • Histerectomia total: o útero, o colo do útero, os ovários e as trompas de Falópio são removidos. • Note que a histerectomia parcial (remoção do útero, mas não dos ovários), remoção de cisto ovariano ou ablação endometrial não causa a menopausa, mas pode afetar o fluxo sanguíneo para os ovários, provocando sintomas da menopausa em idade precoce.
Menopausa médica	Menopausa provocada por tratamentos médicos que causam danos temporários ou permanentes aos ovários. Pode ocorrer em qualquer idade, geralmente devido a: • Radioterapia ou quimioterapia. • Bloqueadores de estrogênio (tamoxifeno): medicamentos que bloqueiam a ação do estrogênio em tecidos específicos. • Inibidores da aromatase: medicamentos que interrompem a produção de estrogênio em todo o corpo. • Agonistas do GnRH: medicamentos que impedem os ovários de produzir estrogênio e progesterona, interrompendo a ovulação.

Tabela 1. Glossário: o que você precisa saber sobre a menopausa.

Em termos médicos, a menopausa é o aniversário de um ano de sua *última menstruação*. Resumo da ópera, só é confirmada depois de você ter passado um ano ou mais sem menstruar, o que significa que você vai precisar de pelo menos um ano até poder considerar que aquela menstruação foi, de fato, a *última*. Somente quando isso acontecer você estará oficialmente na pós-menopausa.

Apesar de isso fazer sentido do ponto de vista clínico, essa abordagem pode ser bastante confusa na vida real e por bons motivos. Essa descrição da menopausa implica uma mudança que ocorrerá em um momento único, em um dia específico, como aconteceu com a sua primeira menstruação algumas décadas antes. Considerando essa descrição, você pensaria que um dia, de repente, vai parar de menstruar e pronto. Muitas mulheres que passaram pela menopausa sabem que está longe de ser o caso. Na verdade, a menopausa não é um dia específico, mas um *processo* dinâmico e muitas vezes demorado que pode durar muitos anos. É também uma fase na qual qualquer senso de normalidade passa por um estado de fluxo e mudança.

O PROCESSO DA MENOPAUSA: IDADES E FASES

A complexidade da transição para a menopausa está apenas começando a ser formalizada em livros universitários de medicina, sendo que alguns deles passaram a descrever a menopausa como um processo de várias fases. Em resumo, podemos falar em três fases principais: pré-menopausa, perimenopausa e pós-menopausa.

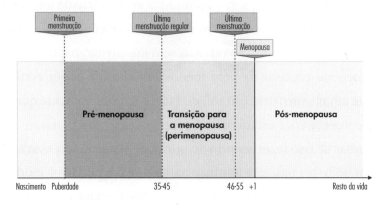

Figura 2. As três fases da menopausa.

Como mostra a Figura 2:

● ● ● **Pré-menopausa**

Enquanto tiver um ciclo regular, você estará na fase "reprodutiva", chamada de pré-menopausa. Essa fase começa na puberdade e termina com o início da transição para a menopausa.

● ● ● **Perimenopausa**

Assim que a sua menstruação começa a ficar irregular, você entrará na transição para a menopausa, chamada de perimenopausa. No início, a menstruação pode ficar um pouco instável: pode atrasar ou adiantar, ser mais demorada ou mais breve, mais ou menos dolorosa, ou mais ou menos intensa. Em outras palavras, não será regular — tudo pode acontecer. Depois, em algum momento, você passará dois meses ou mais sem menstruar. Quando isso acontecer, sintomas como ondas de calor, bem como possíveis alterações na qualidade do sono, no humor e na cognição terão mais chances de surgir, e até as mais corajosas entre nós podem sentir que agora é só ladeira abaixo. A idade média do início da perimenopausa é de

47 anos, mas varia dependendo de etnia, fatores genéticos e estilo de vida. Em geral, a transição dura de quatro a oito anos, mas pode levar até quatorze anos.

••• Pós-menopausa

Passado um ano inteiro após a sua última menstruação, considera-se que você está na pós-menopausa. Mas, digamos que você passou um ano sem menstruar e de repente é surpreendida com uma menstruação: nesse caso, você volta à estaca zero da perimenopausa! É importante ressaltar que os sintomas geralmente começam a diminuir ou desaparecer alguns anos depois da última menstruação, embora nem sempre seja o caso. A maioria das mulheres vivencia a menopausa entre os 40 e os 58 anos, e a idade média da menopausa é de 51 a 52 anos. Mas o momento exato varia muito de mulher para mulher. Além disso, esse roteiro só se aplica a mulheres que passam pela menopausa *espontânea*, que ocorre quando a menstruação para na meia-idade devido ao processo natural de envelhecimento do sistema endócrino. Por diferentes razões, muitas mulheres entram no período da menopausa antes da idade média.

••• Menopausa precoce ou prematura

Algumas mulheres chegam à menopausa antes dos 45 anos (menopausa precoce) ou até antes dos 40 (menopausa prematura). Cerca de 1% a 3% dos casos de menopausa precoce ou prematura ocorre porque os ovários passam a produzir baixos níveis de hormônios reprodutivos, uma condição conhecida como falência ovariana prematura. Outras mulheres entram na menopausa prematura ou precocemente devido a doenças autoimunes ou metabólicas, infecções ou fatores genéticos. Mas as causas mais comuns da menopausa prematura ou precoce são cirurgia e alguns tratamentos médicos. Nesse caso, a menopausa é chamada de *induzida* e difere da menopausa espontânea em muitos aspectos.

• • • Menopausa induzida

A menopausa induzida, marcada pelo fim da ovulação, ocorre devido à remoção cirúrgica dos ovários (*ooforectomia*) ou à interrupção da função ovariana após algum procedimento médico, como quimioterapia ou radioterapia. Mulheres que tiveram os ovários cirurgicamente removidos enquanto ainda menstruavam entram na menopausa logo após a intervenção. Mulheres cujos ovários param de funcionar por outras razões médicas também podem desenvolver a menopausa antecipada, no que pode ser chamado de menopausa médica. A menopausa cirúrgica pode ocorrer rapidamente, enquanto a menopausa médica pode se dar ao longo de semanas ou meses. É importante observar que uma *histerectomia parcial*, ou simples, que inclui a remoção do útero, mas não dos ovários, interromperá a menstruação, mas não a ovulação, de modo que não causará a menopausa precoce. Mas a produção hormonal e o fluxo sanguíneo para os ovários também podem diminuir, o que pode provocar sintomas da menopausa antes do esperado.

O QUE ACONTECE NA MENOPAUSA?

Para entender o que acontece no corpo durante a menopausa é importante conhecer o funcionamento dos hormônios antes desse período. Durante os anos reprodutivos, uma intrincada dança de ciclos de feedback hormonais ocorre mais ou menos a cada 28 dias. Os principais hormônios sexuais envolvidos são o estrogênio (cujo termo técnico é *estradiol*), a progesterona, o hormônio folículo-estimulante (FSH) e o hormônio luteinizante (LH).

Como você pode verificar na Figura 3, os níveis desses hormônios sobem e descem em vários momentos no decorrer do ciclo menstrual, desde o primeiro dia da menstruação até o dia anterior à próxima menstruação.

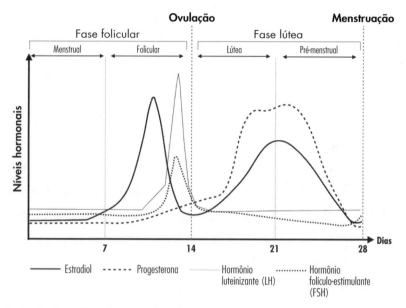

Figura 3. Hormônios sexuais durante o ciclo menstrual.

A primeira metade do ciclo menstrual é chamada de *fase folicular*. Nesse período, os hormônios FSH e LH aumentam para estimular o crescimento de vários *folículos*, cada um contendo um óvulo produzido pelos ovários. Conforme os folículos crescem, o estrogênio estimula o crescimento do revestimento uterino para fornecer ao óvulo o suporte necessário para receber um bebê. Quando o estrogênio atinge determinado nível, um aumento do LH faz com que o chamado folículo dominante se rompa e libere o óvulo maduro na trompa de Falópio. Esse processo é conhecido como *ovulação*, e ocorre no meio do ciclo. É nesse momento que as chances de engravidar são maiores.

A segunda metade do ciclo menstrual é chamada de *fase lútea*. Se a mulher engravidou, o estrogênio e a progesterona permanecem elevados para evitar que o revestimento do útero seja eliminado e a placenta possa se desenvolver. Se a gravidez não ocorreu, esses níveis hormonais caem e o útero elimina seu revestimento, indicando o início da menstruação.

Embora o ciclo menstrual seja um processo relativamente complexo, em geral tudo ocorre conforme o planejado, contanto que esses hormônios estejam em harmonia, regulando-se uns aos outros. Em outras palavras, tudo segue funcionando bem até um grande evento abalar esse equilíbrio: a chegada da menopausa. Quando uma mulher entra na transição para a menopausa, seus ovários não produzem mais óvulos e começam a produzir menos estrogênio. Mas esse não é um processo linear ou constante, pois não é como se o estrogênio simplesmente virasse as costas e fosse embora para sempre.

Como podemos ver na Figura 4, a concentração de estrogênio não despenca de uma vez, mas pode variar significativamente conforme diminui. Embora nem todas as mulheres apresentem essas alterações, em geral a parte "antes da menopausa" do gráfico é relativamente estável. Isso ocorre porque a concentração de estrogênio permanece uniforme, já que seus níveis aumentam e diminuem em um ritmo regular com o ciclo menstrual. O gráfico "após a menopausa" também é praticamente estável, já que os níveis de estrogênio ficam uniformemente baixos nessa fase. Mas o gráfico da "perimenopausa" mais parece um sismógrafo durante um terremoto. Conforme a duração e a frequência do ciclo menstrual se tornam cada vez mais irregulares durante a transição para a menopausa, os drásticos altos e baixos do estrogênio levam a grandes variações do hormônio. O estrogênio não é o único hormônio que tem altos e baixos. À medida que os ciclos de feedback que regulavam tão meticulosamente todos os hormônios sexuais saem de sincronia, chega um ponto em que a progesterona atinge o nível mínimo, enquanto o FSH e o LH aumentam. Essa montanha-russa hormonal pode criar ou contribuir para as repercussões físicas e psicológicas aparentemente aleatórias e muitas vezes imprevisíveis que muitas mulheres experimentam durante a menopausa.

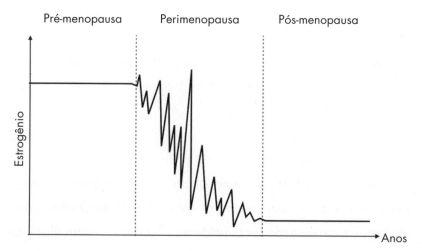

Figura 4. Concentração de estrogênio antes, durante e depois da transição para a menopausa.

Lembrando que o roteiro clínico da menopausa nem sempre é tão claro e simples. Para começar, ela não ocorre da noite para o dia. Em segundo lugar, embora todas as mulheres passem pela menopausa, as experiências são individuais. Cada mulher tem um padrão hormonal único, um sistema reprodutivo único e um cérebro único. Essa individualidade ainda não foi formalizada na medicina, mas já está mais do que claro que tanto o momento da vida quanto os sintomas da menopausa podem variar muito de uma pessoa para outra. Tudo isso levou não apenas a uma falta de clareza entre as pacientes, mas também a algumas imprecisões generalizadas em torno da menopausa, que iremos esclarecer a seguir.

PERGUNTAS FREQUENTES SOBRE A MENOPAUSA

A menopausa é uma doença ou uma enfermidade?
A menopausa é uma fase fisiológica da vida. Os sintomas podem não parecer normais, mas a menopausa não é uma doença, nem uma enfermidade, nem uma condição patológica. É uma transição. Não requer cura nem conserto. Mas precisa ser abordada e gerenciada, se necessário.

A menopausa é algo decorrente da velhice?
A maioria das mulheres passa pela menopausa entre os 40 e 50 anos. Em média, a menopausa ocorre por volta dos 51 aos 52 anos, uma idade que está longe de ser considerada "velhice". Além disso, estudos recentes indicam que a verdadeira idade média mundial para estar na menopausa é 49 anos, ou seja, ainda mais cedo. Como já vimos, o momento exato também varia muito de uma pessoa para outra, desde o fim da casa dos 30 até o início da faixa dos 60 anos.

São necessários exames de sangue para diagnosticar a menopausa?
Como a menstruação se torna menos frequente durante a transição para a menopausa e a pessoa se acostuma com isso, pode ser difícil saber quando foi a última menstruação, e por isso muitas mulheres ficam em dúvida quanto a estarem ou não na menopausa. É comum me perguntarem se existe um teste hormonal simples para

confirmar se a menopausa está próxima ou se já passou. Não há. Exames de sangue podem ajudar, mas não fornecem um diagnóstico preciso da menopausa. Se você acha que pode estar na perimenopausa ou quer saber se já passou da menopausa, recomendo fazer um check-up completo com um profissional da saúde qualificado. O diagnóstico se baseia na idade, no histórico médico, nos sintomas e na frequência menstrual. Exames de sangue podem confirmar o diagnóstico, mas na maioria das vezes não são necessários.

De modo geral, não é preciso fazer testes hormonais para saber se uma mulher de 47 anos com menstruação irregular está na perimenopausa (provavelmente está) ou se uma mulher de 58 anos que passou anos sem menstruar está na pós-menopausa (provavelmente está). Mas é recomendável fazer exames de sangue para avaliar problemas de fertilidade ou no caso de mulheres que param de menstruar em idade precoce, como ocorre na falência ovariana prematura. Outro motivo para fazer o teste é verificar a síndrome dos ovários policísticos, um problema hormonal que pode afetar a regularidade menstrual e a fertilidade. Testes laboratoriais também podem ajudar a determinar a menopausa no caso de mulheres que não menstruam mais devido a intervenções médicas, como histerectomia parcial (a remoção cirúrgica do útero, mas não dos ovários) ou ablação endometrial (um procedimento para remover o revestimento do útero). Esses procedimentos interrompem a menstruação, mas não a ovulação. Nesses casos, a ocorrência de sintomas da menopausa é o primeiro sinal de menopausa, e exames de sangue para avaliar níveis de estrogênio e outros hormônios, principalmente o FSH e o hormônio inibina B, podem confirmar o diagnóstico. A inibina B regula a produção de FSH e pode servir como um marcador da função ovariana e do conteúdo folicular. Os valores de referência estão na Tabela 2. Quando o estrogênio e a inibina B estão baixos, o FSH está alto *e* a mulher não menstrua há um ano, em geral se considera que ela atingiu a menopausa. Mas pode ser complicado basear o diagnóstico em um único teste de laboratório, porque esses hormônios podem estar mais baixos hoje e mais altos amanhã. A variação também pode ser bem grande. Além disso, um nível elevado de FSH em uma mulher que está tendo ondas de calor e deixou de menstruar regularmente não elimina a probabilidade de ela ainda estar na perimenopausa. Os exames de sangue são particularmente complicados para mulheres na perimenopausa, uma vez que os níveis hormonais variam ao longo do ciclo e o ciclo passou a ser irregular, o que só aumenta a variabilidade. Além disso, ao contrário do que diz a crença popular, os níveis de estrogênio variam bastante na perimenopausa, muitas vezes sendo *mais altos* do que o esperado, e não mais baixos. Também é importante ter em mente que o uso de contraceptivos hormonais, como pílulas anticoncepcionais e alguns DIUs, pode interromper a menstruação e afetar a precisão do exame FSH, dificultando a tentativa de determinar se a pessoa já passou ou não da menopausa.

	PRÉ-MENOPAUSA			PÓS-MENOPAUSA
	Fase folicular	Ovulação	Fase lútea	
Estradiol (pg/mL)	12,4–233	41–398	22,3–341	<138
Progesterona (ng/mL)	0,06–0,89	0,12–12	1,83–23,9	<0,05–0,13
LH (mUI/mL)	2,4–12,6	14–95,6	1–11,4	7,7–58,5
FSH (mUI/mL)	3,5–12,5	4,7–21,5	1,7-7,7	25,8–134,8
Inibina B (pg/mL)	10–200			<5

Tabela 2. Testes de laboratório para a menopausa: intervalos de referência.

Exames de sangue podem prever quando vou entrar na menopausa?
Os exames de sangue não podem prever quando você entrará na menopausa. Quando se trata desta transição, apenas uma coisa é certa: em algum momento, seus ovários ficarão sem folículos e você entrará na menopausa. Todo o restante é totalmente aleatório. Desse modo, a resposta é não. Não existe uma maneira infalível de prever quando você entrará na menopausa, e os exames de sangue estão longe de serem infalíveis nesse caso. Na verdade, seu melhor indicador é... a sua mãe. Se a sua mãe chegou à menopausa cedo, tarde ou em algum ponto intermediário, você pode ter uma boa ideia de quando você vai entrar na menopausa. A experiência e os sintomas da menopausa também são relativamente parecidos entre mãe e filha, de modo que é interessante ter essa conversa o mais cedo possível.

Outro grande indicador de como será a sua menopausa é você. Sua experiência da puberdade e, mais tarde, da gravidez (se for o caso) pode fornecer informações importantes sobre a sua jornada. Exploraremos essa ideia na Parte 2; por enquanto, considere o seguinte: se você teve alterações de humor, irritabilidade ou alterações no estado emocional durante a puberdade, e ainda mais na gravidez ou no puerpério, terá mais chances de ter distúrbios de humor também durante a menopausa. E, se você teve ondas de calor, dificuldades para dormir ou névoa cerebral nesses marcos reprodutivos, também terá mais chances de ter esses sintomas durante a transição para a menopausa. Dito isso, a sua experiência na menopausa é influenciada e pode ser alterada por muitos outros fatores, como estilo de vida, ambiente, histórico médico e crenças culturais.

É necessário fazer exames de sangue para decidir se a terapia de reposição hormonal é indicada?

Os exames de sangue são desnecessários para quem pretende tomar hormônios para aliviar os sintomas. Isso acontece porque não se está tratando os níveis hormonais, e sim os sintomas da menopausa, e esses elementos não se correlacionam. Você pode ter sintomas mesmo se os seus hormônios estiverem no intervalo considerado normal e pode ter níveis muito baixos de estrogênio sem sentir qualquer sintoma.

Exames de saliva e urina são tão confiáveis quanto os exames de sangue?

Um exame de sangue é o único teste preciso para medir os níveis hormonais. Muitos médicos pedem testes de saliva e urina para avaliar os hormônios reprodutivos, mas eles são menos precisos do que os exames de sangue e não são recomendados na prática clínica. O teste de dosagem hormonal pela urina seca (DUTCH) também é menos confiável do que um exame de sangue.

Devo fazer terapia de reposição hormonal antes da menopausa?

A terapia de reposição hormonal pode ser feita tanto antes quanto depois da menopausa. A terapia de reposição hormonal antes da menopausa costuma ser prescrita para tratar problemas específicos, como a falência ovariana prematura e outras indicações médicas. Infelizmente, mesmo quando as pacientes não apresentam essas indicações, muitos médicos tendem a prescrever a terapia de reposição hormonal apenas depois da ocorrência da menopausa, e não durante a perimenopausa. Do ponto de vista científico, a terapia de reposição hormonal foi desenvolvida para ser utilizada na presença de sintomas ativos, que podem ser mais frequentes e intensos antes da menopausa. A decisão de recomendar a terapia de reposição hormonal, o momento e a duração devem se basear nas circunstâncias e nas necessidades individuais de cada paciente.

Há diferentes tipos de menopausa?
Sim, há diferentes tipos de menopausa, principalmente a menopausa espontânea e a induzida, que ocorrem por diversas causas, como cirurgia, radioterapia ou quimioterapia. Esses diferentes tipos estão resumidos na Tabela 1.

É seguro remover os ovários?
As ooforectomias são realizadas com frequência como parte de uma histerectomia (remoção do útero), a segunda cirurgia de grande porte mais comum realizada em mulheres nos Estados Unidos, perdendo apenas para a cesariana. A ooforectomia é a primeira opção de tratamento para o câncer de ovário. Apenas nos Estados Unidos, 14.700 mulheres morrem em decorrência de câncer de ovário todos os anos. A remoção dos ovários com as trompas de Falópio por meio de um procedimento denominado salpingo-ooforectomia bilateral tem benefícios clínicos comprovados em casos de diagnóstico ou suspeita de câncer de ovário. Também é recomendada para pacientes com histórico familiar significativo de câncer de ovário ou predisposição genética comprovada, como mutações específicas no gene BRCA e em pacientes com problemas de saúde conhecidos, como a síndrome de Lynch e a síndrome de Peutz-Jeghers. Falaremos mais sobre isso no Capítulo 11.

Por enquanto, é interessante observar que cerca de 90% de todas as histerectomias, que muitas vezes incluem os ovários, são realizadas por outras razões que não o câncer. Essas condições "benignas" incluem endometriose, miomas, tumores benignos, cistos, torção ovariana e abscesso tubo-ovariano (formação e acúmulo de pus nas regiões das tubas uterinas e dos ovários). Nesses casos, sempre que possível, a prática comum envolve conservar os ovários durante uma histerectomia em mulheres com ovários funcionando normalmente. A razão para isso é que, embora a ooforectomia seja um procedimento de baixo risco, resulta inevitavelmente na menopausa induzida. Desse modo, a ooforectomia é uma intervenção delicada com potenciais riscos para a saúde no longo prazo, e requer orientação e uma análise minuciosa dos riscos e benefícios. Além disso, há cada vez mais evidências de que o câncer de ovário pode ter origem nas trompas de Falópio e foi observado que a remoção das trompas, mas não dos ovários, reduz consideravelmente esse risco sem provocar a menopausa. As recomendações atuais para a conservação dos ovários estão resumidas na Tabela 3.

Também há alguma incerteza sobre a eficácia das ooforectomias preventivas em mulheres na pós-menopausa. Apesar dos debates, os ovários continuam produzindo pequenas quantidades de estrogênio durante anos após a menopausa. Eles também continuam a produzir dois outros hormônios: a testosterona e a androstenediona. As células musculares e as células adiposas (que armazenam gordura) convertem a testosterona e a androstenediona em mais estrogênio. Alguns estudos indicam que, para mulheres sem contraindicações, a preservação dos ovários após a menopausa também pode reduzir o risco de osteoporose, doenças cardíacas e AVC mais tarde na vida. Como resultado, as orientações atuais recomendam a conservação ovariana para mulheres na pós-menopausa sem riscos genéticos ou adicionais que fazem histerectomia por razões benignas (ver Tabela 3).

Apesar dessas novas orientações revistas, mais da metade das mulheres norte-americanas que fizeram histerectomia por essas razões benignas ainda tem os ovários removidos juntamente com o útero. Vinte e três por cento das mulheres norte-americanas entre 40 e 44 anos e 45% daquelas entre 45 e 49 anos ainda são orientadas a submeter-se à salpingo-ooforectomia bilateral eletiva na histerectomia devido a uma condição benigna (não cancerosa).

Então, caso você precise remover o útero e a sugestão médica seja retirar também os ovários, mas você não tenha câncer de ovário nem predisposição genética para isso, discuta com seu médico os prós e os contras desse procedimento considerando todos os aspectos do seu histórico médico e familiar e peça esclarecimentos sobre as razões da recomendação. Há situações nas quais a ooforectomia é indicada mesmo na ausência de câncer ou risco de câncer, e outras situações nas quais a conservação ovariana é mais apropriada.

Quero deixar claro que não estou dizendo para as mulheres recusarem qualquer tratamento necessário. A questão é que os possíveis riscos decorrentes dessas cirurgias muitas vezes não são esclarecidos para as pacientes. Já perdi as contas das vezes que ouvi: "Pena que eu não sabia disso na época". É importante saber as consequências desses procedimentos, tanto em curto quanto em longo prazo, e conhecer as opções de tratamento disponíveis para tomar a melhor decisão para si e para sua saúde.

Indicações	Câncer ginecológico maligno suspeito ou confirmado.
	Cirurgia preventiva (mutações nos genes BRCA1 e BRCA2, síndrome de Peutz-Jeghers, síndrome de Lynch e histórico familiar significativo de câncer de ovário) somente se a mulher não quiser mais ter filhos e tiver mais de 35 anos de idade.
Outras indicações	Dor pélvica crônica.
	Doença inflamatória pélvica.
	Endometriose grave.
Considerações para a preservação dos ovários	Mulheres na pré-menopausa sem predisposição genética a câncer.
	Mulheres sem histórico familiar significativo de câncer de ovário.
	Mulheres sem patologia pélvica anexial (um nódulo no tecido próximo ao útero, normalmente no ovário ou na trompa de Falópio).
	Mulheres na pós-menopausa sem fatores de risco adicionais.

Tabela 3. Salpingo-ooforectomia bilateral: recomendações atuais.

Os efeitos da menopausa são apenas físicos?

De jeito nenhum. A menopausa é uma experiência que envolve o corpo e a mente. Quando os hormônios mudam, nós também mudamos. A menopausa é muito mais que um fenômeno reprodutivo; afeta os pensamentos, os sentimentos, a autoimagem e o comportamento de uma mulher. No próximo capítulo, veremos que muitos sintomas na verdade são uma resposta às mudanças no cérebro causadas pelo processo da menopausa.

4

O CÉREBRO DA MENOPAUSA É REAL

CADA MULHER VIVENCIA A MENOPAUSA DE UM JEITO DIFERENTE

Como já vimos, a menopausa traz muitas mudanças para a vida de uma mulher. Apesar de, em geral, ser vista como um evento isolado, ela é mais parecida com uma síndrome, com mais de trinta sintomas diferentes que surgem e desaparecem de acordo com cada mulher. Para confundir ainda mais as coisas, uma mulher pode sentir apenas alguns ou nenhum desses sintomas. Em geral, entre 10% e 15% das mulheres têm a sorte de não sentir qualquer alteração além de períodos menstruais irregulares que param quando a menopausa é atingida. Mas a maioria de nós apresenta centenas de combinações de sintomas.

Além disso, alguns sintomas são *somáticos* (relacionados ao corpo), afetando a vida do pescoço para baixo, enquanto outros são *neurológicos* (relacionados ao cérebro). É importante notar que o repertório da menopausa apresenta no mínimo o mesmo número de sintomas cerebrais e corporais, embora seja fácil confundir os dois. Por exemplo, muitas mulheres pensam que as ondas de calor são sinal de algum problema dermatológico. Mas a pele não tem nada a ver com isso. As ondas de calor são desencadeadas pelo cérebro e são um sintoma neurológico legítimo. Vamos nos aprofundar na distinção entre esses tipos de sintomas.

Os sintomas corporais mais comuns da menopausa são variados e têm grande impacto. Incluem alterações na menstruação e na frequência da menstruação, bem como sintomas geniturinários, como secura vaginal, relações sexuais dolorosas, incontinência urinária de esforço ou bexiga hiperativa. Alterações musculares manifestam-se como dor e rigidez nas articulações, tensão e dores musculares, enquanto os sintomas relacionados com os ossos incluem fragilidade óssea e maior risco de osteoporose. Também podem ocorrer alterações relacionadas às mamas, como dor mamária, perda de volume dos seios e inchaço. Mas não podemos ignorar os sintomas corporais menos discutidos da menopausa, que podem afetar profundamente a vida e o bem-estar das mulheres. Esses sintomas incluem batimentos cardíacos irregulares e palpitações, que podem ser assustadores, bem como alterações na composição corporal, ganho de peso e metabolismo mais lento, além de problemas digestivos, distensão abdominal, refluxo ácido e náuseas. Outras mudanças incluem queda de cabelo, unhas quebradiças, pele seca e coceira; mudanças no odor corporal; alterações no paladar, boca seca ou ardência; zumbidos, audição abafada ou sensibilidade a ruídos; e até o desenvolvimento de novas alergias. Esses sintomas devem ser levados a sério, pois, por si só, podem afetar consideravelmente a qualidade de vida. Alguns desses sintomas podem até levar à crença equivocada de que você está sendo traída pelo seu corpo ou levá-la a achar que está enlouquecendo ou perdendo o controle.

Mas são os efeitos da menopausa relacionados ao cérebro que tendem a ser mais preocupantes para a maioria das mulheres. Alguns sintomas podem soar familiares, como as ondas de calor, enquanto outros podem ser surpreendentes (ou você pode se surpreender ao saber que eles têm relação com o cérebro, e não com o corpo). O caos hormonal da meia-idade pode desencadear mudanças não apenas na temperatura corporal, mas também no humor, nos padrões de sono, nos níveis de estresse, na libido e no desempenho cognitivo. É importante ressaltar que essas mudanças podem ocorrer mesmo na ausência de ondas de calor. Além disso, algumas mulheres desenvolvem eventos neurológicos, como tontura, fadiga, dor de cabeça e enxaqueca. Enquanto isso, outras relatam sintomas mais extremos, incluindo depressão, ansiedade intensa, ataques de pânico e até sensações de choque elétrico. Nenhum desses sintomas se originam nos ovários, e sim no cérebro. Mas, apesar de todos os avanços nas investigações dos aspectos corporais da menopausa, ainda estamos começando a desvendar o impacto das mudanças emocionais, comportamentais e cognitivas que podem surgir durante essa transição. Infelizmente, poucas mulheres, e talvez ainda menos médicos, estão cientes de como esses sintomas podem ser comuns. Poucos também se dão conta do quanto podem ser desnorteantes, intensos e severos. É por isso que estamos aqui. Neste capítulo, analisaremos os principais "sintomas cerebrais" da menopausa.

ESTÁ QUENTE AQUI OU SOU SÓ EU?

Você pode até não se dar conta imediatamente do desaparecimento gradual da menstruação, mas sintomas como ondas de calor, também conhecidas como fogachos, são difíceis de ignorar. As ondas de calor são consideradas um marco característico da menopausa e até 85% de todas as mulheres apresentam esse sintoma. O termo médico é *sintomas vasomotores*, especificando que são causadas pela contração ou dilatação dos vasos sanguíneos, o que resulta em uma onda repentina de calor, geralmente no rosto, pescoço e peito. Sua pele pode ficar vermelha como se você estivesse corando ou febril, e é comum suar com a mesma intensidade. Se você perder muito calor corporal de repente, poderá sentir calafrios.

Mas não é preciso caracterizar essa experiência como uma onda, como se chegasse em um minuto e desaparecesse no seguinte. Longe disso! Esses sinais da menopausa podem, sim, durar apenas alguns minutos, mas podem persistir por até uma hora, o que, convenhamos, está mais para uma maré. As ondas de calor não só podem demorar para se dissipar como pode acontecer de você ter de conviver com elas por um bom tempo. Uma mulher tem ondas de calor por, em média, três a cinco anos, mas muitas vezes podem durar dez anos ou mais. Cientistas identificaram quatro padrões das ondas de calor:

- *As raras felizardas:* cerca de 15% das mulheres nunca tiveram uma onda de calor.
- *De início tardio:* mulheres que só têm as primeiras ondas de calor perto ou depois da última menstruação. Cerca de um terço das mulheres se enquadra neste grupo.
- *De início precoce:* mulheres que começam a sentir ondas de calor vários anos antes da última menstruação. Felizmente, essas ondas tendem a desaparecer com a última menstruação.
- *Calorentas*: mulheres que sentem ondas de calor ainda jovens, com sintomas que persistem por muito tempo depois da menopausa. Cerca de uma em cada quatro mulheres se enquadra

nessa categoria. As fumantes (tanto as que já pararam quanto as que ainda fumam) e mulheres com sobrepeso têm mais chances de serem calorentas.

Etnia, estilo de vida e fatores culturais provavelmente também têm seu papel. Mulheres afro-americanas e afrodiaspóricas tendem a ter ondas de calor mais frequentes e intensas do que as caucasianas, enquanto as mulheres asiáticas relatam menos ondas de calor, por razões que estão sendo investigadas.

Variando de desconfortáveis a insuportáveis, as ondas de calor são ainda mais incômodas quando ocorrem à noite. Nesse caso, são coloquialmente chamadas de suores noturnos. A maioria das pessoas só entende a diferença depois de sentir os sintomas na pele. De acordo com os livros-texto de medicina, suores noturnos são episódios repetidos de suor intenso durante o sono, intensos o suficiente para encharcar as roupas ou a cama. Mas essa descrição está longe de representar a verdadeira experiência dos suores noturnos. As mulheres que têm suores noturnos relatam algo como acordar com o corpo pegando fogo e, logo em seguida, mergulhar nas águas geladas do Ártico. Esses eventos podem ser profundamente debilitantes, especialmente porque tendem a ser frequentes, podendo ocorrer mais de duas ou três vezes por noite. Isso também ajuda a explicar a reputação de volatilidade emocional atribuída às mulheres na menopausa. Quando você passa meses, ou até anos, sem conseguir ter uma noite de sono decente e, além das ondas de calor, também sofre com uma grave privação de sono... é inevitável ficar de mau humor.

Apesar das experiências debilitantes das mulheres, a maioria dos médicos insiste que os sintomas vasomotores não passam de uma questão de qualidade de vida. Não é verdade. Por exemplo, não faltam evidências de que as mulheres que começam a sentir ondas de calor precocemente podem correr mais risco de doenças cardíacas. Além disso, os suores noturnos foram associados à presença de lesões na substância branca do cérebro. Essas lesões resultam do desgaste da substância branca do cérebro, as fibras nervosas conjuntivas entre os neurônios. Algumas evidências indicam que, quanto mais suores noturnos a mulher tiver, maior será o número de lesões na substância branca do cérebro, com o potencial de causar problemas mais graves no futuro. Em resumo, as ondas de calor são sintomas muito reais que requerem atenção *antes* de se tornarem um problema grave. No mínimo, relatos de sintomas vasomotores graves e frequentes deveriam motivar os médicos a darem mais atenção à saúde cardíaca da mulher, bem como à saúde cerebral. Por sorte, há maneiras de aliviar, reverter e até prevenir os sintomas vasomotores, que discutiremos em capítulos posteriores.

UMA MONTANHA-RUSSA EMOCIONAL

Cerca de 20% das mulheres apresentam alterações de humor e sintomas depressivos na perimenopausa e nos anos imediatamente após a última menstruação. Embora a menopausa por si só não cause depressão, é comum a pessoa se sentir para baixo. Mudanças hormonais podem desencadear alterações de humor, que reduzem a capacidade de lidar com coisas que normalmente não nos afetariam. Além disso, para algumas mulheres, essas abruptas quedas hormonais podem desencadear episódios depressivos, especialmente em mulheres que já tiveram transtorno depressivo maior — um distúrbio também chamado de depressão maior ou apenas depressão. Nesses casos, é possível que os sintomas voltem na fase de transição para a menopausa. Ademais, mesmo mulheres que nunca tiveram depressão na vida podem ficar deprimidas pela primeira vez durante a perimenopausa.

Algumas das mudanças emocionais mais comuns associadas à menopausa incluem irritabilidade, ansiedade e redução da capacidade de lidar com os aborrecimentos cotidianos. Também podem surgir sentimentos de tristeza, fadiga, falta de motivação e dificuldade de concentração, além de vazio emocional, dificuldade para se motivar ou uma sensação de sobrecarga. Não é incomum que o choro ou outras formas de liberação emocional ocorram com mais frequência, intensidade ou de maneira aparentemente inesperada. Embora com menos frequência, algumas mulheres podem até desenvolver ataques de pânico, enquanto outras relatam sentir-se simplesmente iradas — ajudando a alimentar o estereótipo da mulher *louca, má e perigosa* no período da menopausa. Basta imaginar como deve ser ter que conviver com ondas de calor dia e noite e essa irritação deixa de ser um mistério tão grande. Mas a depressão na menopausa em geral ocorre independentemente das ondas de calor ou de outros sintomas.

Se você estiver apresentando alterações de humor ou sintomas depressivos, procure um profissional da saúde que possa ajudá-la a diagnosticar se você está se sentindo mal-humorada, deprimida ou estressada como resultado da menopausa, ou se está sofrendo de depressão clínica de alguma outra origem. Como a depressão na menopausa e a depressão maior têm sintomas em comum, vale muito a pena investigar suas origens para encontrar o melhor tratamento. A boa notícia é que é possível, sim, tratar as oscilações de humor. Se os altos e baixos emocionais durante a perimenopausa afetarem o seu dia a dia ou os seus relacionamentos, converse com seu médico sobre as opções. Há uma variedade de tratamentos disponíveis, incluindo terapia hormonal para a menopausa e/ou antidepressivos, bem como ajustes no estilo de vida, como uma dieta e um plano de exercícios físicos específicos, que discutiremos nas partes 3 e 4 deste livro. Além disso, quando os hormônios se estabilizam após a menopausa, as oscilações de humor também tendem a se estabilizar.

A MENOPAUSA PODE PERTURBAR O SONO

Sono de baixa qualidade e distúrbios do sono são problemas menos conhecidos dessa fase da vida, apesar de muito frequentes. Embora a qualidade do sono caia naturalmente com a idade, a menopausa pode piorar a situação, transformando o que teria sido um processo gradual em um rápido degringolar em direção à privação de sono. Os suores noturnos, em particular, podem acordá-la no meio da noite, reduzindo a qualidade do seu sono, se você tiver sorte, ou a impedindo completamente de dormir, se não tiver tanta sorte assim. E, como já vimos, se a pessoa não estiver dormindo bem, seu humor e seu equilíbrio mental com certeza serão afetados. Distúrbios crônicos do sono podem desencadear não apenas desânimo, ansiedade e até depressão, como também névoa cerebral e exaustão. Níveis mais baixos de estrogênio confundem ainda mais o cérebro, reduzindo a capacidade de lidar com o estresse. Ainda mais preocupante é que o sono é crucial para o processo de formação de memórias, combate inflamações e até reduz o risco de comprometimento cognitivo na velhice — o que torna importantíssimo em longo prazo que a mente possa descansar.

Desse modo, é muito importante abordar os distúrbios do sono que ocorrem durante a fase de transição para a menopausa. Pode não ser uma surpresa para você, mas as mulheres na perimenopausa e na pós-menopausa relatam mais problemas de sono do que qualquer outro grupo da população. Elas também são mais propensas do que outras pessoas a relatar problemas derivados, como ansiedade, estresse, névoa cerebral e sintomas depressivos. De acordo com os Centers for Disease Control and Prevention [Centros de Controle e Prevenção de Doenças dos Estados Unidos]:

- Mais da metade das mulheres na perimenopausa dorme menos de sete horas por noite. Para contextualizar, mais de 70% das mulheres na pré-menopausa dormem mais do que isso, constituindo um grande salto.
- Uma em cada três mulheres na perimenopausa tem dificuldade não só em pegar no sono, mas também em *permanecer* dormindo, acordando várias vezes durante a noite.

Mas, como nem tudo são espinhos, enquanto várias mulheres têm grandes problemas com o sono durante a perimenopausa, muitas acabam encontrando um novo normal, e sua qualidade do sono melhora rapidamente alguns anos após a transição para a fase pós-menopausa. Por outro lado, muitas continuam sofrendo com um sono de má qualidade e, muitas vezes, com a insônia. Para piorar a situação, as mulheres na pós-menopausa têm duas a três vezes mais chances do que as mulheres na pré-menopausa de desenvolver novos problemas de sono, como a apneia do sono. Apesar de, em geral, esse distúrbio ser associado mais aos homens do que às mulheres, no início do processo da menopausa as mulheres também correm maior risco, possivelmente devido a alterações no tônus muscular. A apneia do sono é um distúrbio respiratório crônico que leva a pessoa a parar de respirar repetidamente enquanto dorme. Em geral, isso se deve a uma obstrução parcial ou completa (ou colapso) das vias aéreas superiores, muitas vezes afetando a base da língua e o palato mole, ou devido a um sinal deprimido do cérebro para iniciar a respiração. Esses eventos podem durar dez segundos ou mais, às vezes ocorrendo centenas de vezes por noite, reduzindo muito a qualidade do sono.

A apneia do sono é mais comum do que você imagina. Segundo a National Sleep Foundation [Fundação Nacional do Sono dos Estados Unidos], o problema pode afetar até 20% da população, embora até 85% dos indivíduos com apneia do sono não saibam que sofrem do distúrbio. Esse parece ser especialmente o caso das mulheres, por duas razões. Para começar, muitas mulheres atribuem os sintomas e os efeitos dos distúrbios do sono (como a fadiga diurna) ao estresse, ao excesso de trabalho ou à menopausa, e não à apneia do sono. Em segundo lugar, os sintomas da apneia do sono costumam ser mais sutis nas mulheres do que nos homens (leia-se: as mulheres roncam menos). Em consequência, as mulheres tendem a não procurar especialistas em apneia do sono, o que, por sua vez, atrasa o diagnóstico e o tratamento.

Dada a importância do sono para a saúde, tanto física quanto mental, recomendo fortemente uma boa avaliação do sono se você desconfiar que seus sintomas relacionados a ele possam ser causados pela menopausa, pela apneia do sono ou uma combinação das duas. Há tratamentos para a apneia do sono que em geral incluem mudanças no estilo de vida e o uso de um dispositivo de assistência respiratória à noite, como o aparelho de pressão positiva contínua nas vias aéreas (CPAP). Também é importante tratar os distúrbios do sono causados pela menopausa. Como no caso dos outros sintomas que vimos até agora, há várias soluções disponíveis, que analisaremos na Parte 4.

A NÉVOA CEREBRAL PODE LEVÁ-LA A TEMER UM PROCESSO DE DEMÊNCIA

Junto com a transpiração e os problemas de sono, frequentemente surge algo que muitas mulheres não previam: a chamada névoa cerebral. Poucas coisas são mais desconcertantes do que quando o cérebro mais parece uma pasta amorfa em vez da ferramenta afiada e precisa com a qual você estava acostumada, ou quando sua memória desenvolve a mania de deixar você na mão. Embora *névoa cerebral* não seja um termo médico, é uma boa descrição da confusão mental, dos pensamentos confusos e da dificuldade de processar informações que muitas vezes acompanham a menopausa. É como se o cérebro estivesse imerso em uma névoa densa, com dificuldade de absorver e recordar informações ou focar em tarefas cotidianas, que passam a exigir mais concentração, tempo e esforço. As queixas mais comuns incluem entrar em um cômodo e esquecer porque foi até lá, dificuldade de lembrar palavras e nomes familiares ou perder o foco durante uma tarefa mental. Uma paciente descreveu essa experiência nos seguintes termos: "Parece que não sou mais eu mesma. É como se agora eu fosse só uma concha de quem eu era antes". Outra paciente me contou que se sente letárgica, quase exausta: "Não importa o que eu faça, meu cérebro parece que simplesmente fica desligado".

De acordo com estatísticas recentes, mais de 60% das mulheres na perimenopausa e na pós-menopausa vivenciam a névoa cerebral. A experiência é tão marcante que pode reduzir o senso de eficiência da pessoa, especialmente no caso de lapsos de memória. É importante notar que o esquecimento pode aumentar na perimenopausa, e a mulher pode ficar com medo não apenas de estar enlouquecendo, mas sofrendo de demência precoce. Em outras palavras, estamos falando de milhões de mulheres no auge da vida que de repente sentem que o chão desapareceu sob seus pés — pegas de surpresa por seu corpo, deixadas na mão por seu cérebro e frustradas com seus médicos, que também podem não se dar conta de que estão diante de sintomas da menopausa.

Veja alguns exemplos de como pode ser a sensação de névoa cerebral:

- Problemas com a memória de curto prazo; esquecer detalhes como nomes, datas e, às vezes, eventos; esquecer coisas que você normalmente não teria dificuldade de lembrar (lapsos de memória); confundir datas e compromissos.
- Dificuldade de concentração; dificuldade de manter o foco por períodos mais longos ou tempo de atenção mais curto (maior tendência a se distrair).
- Lentidão mental (fadiga mental); levar mais tempo para terminar as coisas ou sensação de desorganização, com pensamento e processamento mais lentos.
- Problemas para realizar multitarefas, como falar ao telefone enquanto digita, sem perder o foco em uma das tarefas; fica mais difícil fazer mais de uma coisa ao mesmo tempo.
- Dificuldade de encontrar a palavra ou a expressão certa; não conseguir encontrar as palavras certas para terminar uma frase; esquecer o que está dizendo.
- Dificuldade de acompanhar uma conversa.
- Sensação de letargia, cansaço ou falta de energia.

Essas são as más notícias. A boa notícia é que a névoa cerebral (ou o esquecimento da menopausa) *não significa necessariamente* que você está desenvolvendo algum tipo de demência. Como uma especialista na área, acho importante deixar claro que há uma grande diferença entre perceber um declínio na capacidade cerebral e ter um problema de saúde. Os sintomas descritos podem variar de pequenas chateações a dificuldades maiores, mas os picos de energia e as falhas que você vem sentindo não significam que as luzes do seu cérebro estão se apagando (embora o aplicativo "encontre meu telefone" do seu celular possa se tornar seu novo melhor amigo). Na medicina, a névoa cerebral é chamada de *fadiga mental*, sendo que o termo mais técnico é *declínio cognitivo subjetivo*. A palavra-chave aqui é *subjetivo*. Quando aplicada a mulheres de meia-idade, essa definição indica que as pacientes estão "cientes de um declínio em relação a um nível anterior de funcionamento cognitivo e ausência de um comprometimento objetivo". Em outras palavras, mesmo sentindo que seu desempenho caiu em relação aos seus padrões habituais (o que envolve uma percepção subjetiva), é provável que seu desempenho esteja objetivamente dentro do intervalo de referência apropriado — ou compatível com o de outras pessoas da sua idade.

Para você ter uma ideia melhor desse processo, digamos que eu seja a sua neurologista e tenha pedido um teste chamado miniexame do estado mental (MEEM). Trata-se de um teste comum para medir o desempenho cognitivo. A pontuação máxima é 30. Uma pontuação de 25 ou mais reflete um desempenho cognitivo normal. Uma pontuação de 24 ou menos indica um possível comprometimento cognitivo. Quanto menor a pontuação, maior a probabilidade de a pessoa ter demência.

Digamos que, antes da "menopausa", você obtém uma pontuação de 30. Conforme passa pela transição, esse 30 pode cair para 29 ou 28. A queda da pontuação pode ser pequena, mas a mudança é notável no seu dia a dia. Você pode se esquecer de compromissos, viver perdendo as chaves e levar mais tempo para se lembrar de nomes, por exemplo. Mesmo assim, embora o seu desempenho tenha caído em relação à sua própria medida de referência, essa mudança não indica um déficit cognitivo. Para contextualizar, considere as imagens do cérebro que analisamos no Capítulo 1, mostrando alterações cerebrais antes e depois da menopausa. Por mais dramáticas que essas mudanças possam parecer, elas não são indicativas de deficiência cerebral, apenas revelam uma mudança em relação a um nível anterior de energia cerebral. O que as imagens mostram não é um sinal de demência, apenas a menopausa.

Então, o que realmente está acontecendo? Embora a névoa cerebral da menopausa não tenha sido tema de muitos estudos, foram encontradas sólidas evidências de que a mudança tende a ser temporária e que a acuidade mental é recuperada após a menopausa. Esse fenômeno foi bem descrito em um dos estudos mais extensos realizados até o momento, o Study of Women's Health Across the Nation (SWAN) [Estudo da saúde da mulher nos Estados Unidos]. O SWAN monitorou o desempenho cognitivo de mais de 2.300 mulheres de meia-idade ao longo de vários anos. Muitas dessas mulheres estavam na pré-menopausa quando o estudo teve início. Desse modo, os pesquisadores puderam comparar o desempenho cognitivo das mesmas mulheres antes e depois da menopausa, como o que fazemos com exames de imageamento cerebral. O estudo constatou que, com o tempo, conforme as mulheres na pré-menopausa incluídas no estudo entraram na perimenopausa, suas pontuações em alguns testes cognitivos de fato apresentaram queda. Especificamente, as participantes tiveram mais dificuldade de lembrar algumas informações e precisaram de mais tempo para terminar alguns testes em comparação com seu desempenho antes da perimenopausa. Mas o mais importante foi que essas mesmas mulheres recuperaram as pontuações alguns anos mais tarde: depois de atingirem a fase pós-menopausa, o desempenho cognitivo praticamente retomou os resultados anteriores.

Para contextualizar, considere as imagens do cérebro que analisamos no Capítulo 1, mostrando alterações cerebrais antes e depois da menopausa. Por mais dramáticas que essas mudanças possam parecer, não são indicativas de "deficiência" cerebral, só mostram uma mudança em relação a um nível anterior de energia cerebral. O que as imagens revelam não é um sinal de demência, mas sim a menopausa. Como veremos no próximo capítulo, nossos estudos mais recentes revelam que, em muitos casos, o declínio na energia cerebral durante a perimenopausa também acaba se estabilizando — e o cérebro das mulheres tem a capacidade de se ajustar à menopausa e seguir em frente.

Em resumo:

- As preocupações das mulheres sobre suas funções cognitivas são *legítimas e válidas*. Se uma mulher que se aproxima ou já passou da menopausa sente que está com a memória mais fraca, esse sentimento é válido e não deve ser desconsiderado alegando que ela está se ocupando demais — ou, pior, alegando que isso está acontecendo "só porque ela é mulher".
- É comum ter alguns deslizes cognitivos nos anos da perimenopausa e nos primeiros anos da pós-menopausa. Na maioria dos casos, esses problemas duram pouco e desaparecem com o tempo. Você pode passar um tempo com a sensação de que seu cérebro está confuso ou turvo, mas, passado o período de transição, normalmente a névoa se dissipa e o sol volta a brilhar.

Sem querer fazer alarde quanto a isso, mesmo durante essa fase, as mulheres *superam* os homens nos mesmos testes cognitivos que avaliam a memória, a fluência e algumas formas de atenção. E isso acontece *antes* e *depois* da menopausa. Durante a fase de transição para a menopausa, o desempenho cognitivo pode cair, equiparando a média entre mulheres e homens. Em outras palavras, a mulher média na menopausa tem um desempenho tão bom quanto o homem médio da mesma idade que, é claro, não está na menopausa. (Pois é, Darwin, parece que você pisou na bola aí.)

Dito isso, cabe uma advertência importante. Essas descobertas representam um efeito *médio*. Ou seja, a mulher média no processo de transição para a menopausa pode sentir algum declínio cognitivo, que pode permanecer estável ou ser seguido de uma recuperação. Mas a palavra *média* inclui a realidade de que isso não acontece para todas as mulheres. Na verdade, algumas não apresentam *quaisquer* mudanças no desempenho cognitivo, o que é ótimo. Mas outras sentem mudanças mais acentuadas, o que pode ser um sinal de algo mais grave. De acordo com o exemplo acima, se a sua pontuação no MEEM caiu de 30 para 24 ou menos, essa é uma mudança incomum que precisa ser investigada. As mulheres não são imunes ao comprometimento cognitivo — como vimos, dois terços dos pacientes com Alzheimer são mulheres. Para algumas mulheres, o desempenho cognitivo pode de fato deteriorar-se após a menopausa e transformar-se em um diagnóstico de demência no futuro. Da mesma forma, em nossos estudos de imageamento cerebral, algumas mulheres apresentam menos mudanças à medida que passam pela menopausa, enquanto para outras as alterações na energia cerebral, bem como outras funcionalidades importantes, são mais graves. Estas últimas podem ter um risco mais elevado de desenvolver demência no futuro. Em resumo, toda mulher que vivencia a névoa cerebral na meia-idade se beneficiaria de levar essas informações muito a sério e cuidar muito bem do cérebro durante e depois da menopausa.

A doença de Alzheimer leva à confusão mental e também se manifesta na dificuldade de lembrar as coisas, encontrar as palavras certas e organizar os pensamentos. Então, como saber a diferença? Em geral, as alterações da memória durante a menopausa não são funcionalmente incapacitantes — ou seja, não interferem gravemente na sua vida diária. Além disso, elas permanecem estáveis ou desaparecem com o tempo. Ao contrário da confusão mental associada à menopausa, o Alzheimer é uma doença progressiva que se agrava com o tempo e interfere na sua capacidade de realizar tarefas diárias simples e se cuidar. Para contextualizar, ter demência não é só esquecer onde deixou as chaves. Ter demência é esquecer para que servem as chaves.

Se os seus problemas cognitivos na menopausa estão afetando o seu dia a dia e não parecem melhorar com o tempo ou com um tratamento, seja com medicamentos ou mudanças no seu estilo de vida, não deixe de consultar um neurologista ou neuropsicólogo. Por exemplo, se você está na pós-menopausa há três ou quatro anos e ainda está tendo muitos problemas, este seria um bom momento para investigar as causas com um médico, mesmo se for somente para ter paz de espírito. Eu também recomendaria entrar em um programa de prevenção do Alzheimer como o nosso. Nossos pacientes fazem um check-up completo, testes cognitivos e tomografias cerebrais ao longo do tempo, especificamente para investigar quaisquer riscos. Nesses casos, intervimos implementando recomendações baseadas em evidências destinadas a reforçar a saúde cognitiva e reduzir o risco de demência. Muitas opções terapêuticas e de estilo de vida que usamos em nossa prática também se aplicam aos cuidados do cérebro na fase da menopausa e são descritas neste livro. Além disso, nossos artigos científicos estão disponíveis na internet e meu livro *The XX Brain* é todo focado na prevenção da demência para mulheres.

NÃO ESTOU A FIM HOJE...

Por último, mas não menos importante, vamos falar sobre sexo. Tanto nos homens quanto nas mulheres, o desejo sexual pode diminuir com a idade. No entanto, as mulheres têm duas a três vezes mais chances de serem afetadas. As causas da redução da libido podem ser complexas, mas é comum na menopausa, com cerca de 30% das mulheres sentindo uma queda no desejo sexual durante esses anos — um efeito que geralmente atinge o pico durante a perimenopausa e no início da pós-menopausa. Mas, apesar de a menopausa ter passado séculos sendo associada a uma diminuição da libido e a dificuldades sexuais em mulheres, estudos recentes revelam que a sexualidade na meia-idade é muito mais complexa do que isso. Embora seja verdade que algumas mulheres na menopausa podem não hesitar em trocar o sexo por dormir ou comer chocolate, outras relatam exatamente o contrário, apresentando interesse e desejo renovados. Isso tende a acontecer no estágio da pós-menopausa tardia, em geral após os 60 a 65 anos.

As diversas razões por trás dessa variabilidade ainda estão sendo investigadas, mas alguns fatores já foram identificados. Por exemplo, a secura ou a atrofia vaginal, que é o afinamento, ressecamento e inflamação das paredes vaginais que pode ocorrer durante a menopausa, pode causar dor durante o sexo. Outros sintomas da menopausa, como ondas de calor, insônia e fadiga, também podem reduzir a motivação e o interesse sexual ou prejudicar a autoestima. Em alguns casos, a diminuição da libido pode ter origem no próprio cérebro, um sinal muitas vezes negligenciado de turbulência hormonal. Vamos combinar: viver exausta, estressada, com dificuldade para dormir e suada pode não ajudar no apetite sexual.

Mas cientistas verificaram que a maneira como você encara a situação também faz uma grande diferença. Alterações na libido foram associadas, pelo menos em parte, à atitude da mulher em relação ao sexo *antes* da menopausa. Em um estudo, pesquisadores avaliaram 1.390 mulheres de meia-idade no decorrer de quinze anos, pedindo-lhes que avaliassem a importância do sexo para elas à medida que passavam pela menopausa. Cerca de 45% das mulheres do estudo indicaram que o sexo de fato se tornou menos importante conforme passavam pela menopausa. Mas as 55% restantes ou relataram considerar o sexo muito importante ao longo de todo o estudo ou relataram não considerar o sexo muito importante no início do estudo e mantiveram essa opinião no decorrer da fase da menopausa. Curiosamente, as mulheres que relataram ter relações sexuais mais satisfatórias, tanto do ponto de vista emocional quanto físico, foram mais propensas a classificar o sexo como "altamente importante" em qualquer idade. As que tiveram maior probabilidade de classificar o sexo como "não muito importante" após a menopausa também tendiam a apresentar sintomas depressivos, o que sugere o impacto da saúde emocional na sexualidade, entre outros aspectos da vida. Além disso, as mulheres que passaram pela menopausa cirúrgica apresentaram considerável diminuição do desejo, o que pode ser explicado pelas alterações hormonais mais abruptas. Há muito a se considerar sobre a questão. Soluções e sugestões serão abordadas nos próximos capítulos, mas algumas terapias hormonais e não hormonais parecem fazer uma diferença concreta, assim como a terapia cognitiva. Se você encarar sua saúde sexual como outro aspecto da menopausa que requer atenção, tanto agora quanto no futuro, faz sentido abordar quaisquer mudanças que possam afetar sua vida sexual. Ter uma vida sexual saudável, se você assim desejar, pode ser outro aspecto revigorante da sua vida durante e após a menopausa.

O CÉREBRO DA MENOPAUSA É REAL

Com base em todas as evidências que temos até agora, o objetivo deste livro é apresentar e formalizar o conceito de *cérebro da menopausa*. É importante redefinir e entender a menopausa da perspectiva das mulheres que realmente passam pela experiência, e não através das lentes míopes das percepções sociais ou de práticas clínicas ultrapassadas.

O cérebro da menopausa abrange uma série de mudanças na regulação da temperatura corporal, na cognição, no humor, no sono, na energia e na libido vivenciadas durante a fase de transição para a menopausa. Podem variar em intensidade e duração de uma mulher para outra e nem todas as mulheres sentirão essas alterações. Os sintomas mais comuns que contribuem para o cérebro da menopausa incluem:

- Ondas de calor: sensações repentinas de calor intenso acompanhadas de suor, batimentos cardíacos acelerados e rubor no rosto e na parte superior do corpo.
- Dificuldades de sono: alterações nos padrões de sono, insônia ou sono fragmentado.
- Mudanças de humor: variações de humor, irritabilidade, ansiedade ou sentimentos de tristeza ou depressão.

- Lapsos de memória: problemas de memória, como esquecimento ou dificuldade para lembrar nomes, datas ou detalhes.
- Dificuldade de concentração: redução do foco e do tempo de atenção, maior propensão à distração.
- Processamento cognitivo mais lento: nebulosidade ou lentidão mental, dificuldade para pensar com clareza, mais dificuldade para processar informações ou tomar decisões.
- Problemas para lembrar palavras: dificuldade de encontrar as palavras certas ou expressar pensamentos verbalmente.
- Redução da capacidade multitarefa: dificuldade de fazer malabarismos com várias tarefas ou alternar entre tarefas, levando a sentimentos de sobrecarga.
- Energia baixa: fadiga, falta de motivação e redução dos níveis gerais de energia.
- Baixa libido: diminuição do desejo sexual ou do interesse pela atividade sexual.

Já vimos que não é fácil conviver com o cérebro da menopausa. Os sintomas que podem surgir durante essa fase da vida são concretos e precisam ser abordados. Mas não estamos aqui só para falar de problemas — também temos soluções! Nenhuma mulher precisa sofrer desnecessariamente por causa da menopausa. Para começar, podemos respirar aliviadas sabendo que vários sintomas que surgem durante a transição podem desaparecer espontaneamente após a menopausa. A validação de todas as nossas experiências e preocupações também pode ser reconfortante. A fase pós-menopausa da vida de uma mulher não é o "fim" que a sociedade erroneamente tem sugerido. Pelo contrário, pode trazer alívio e uma nova onda de energia, e, felizmente, uma perspectiva mais ampla para a vida.

Sabendo disso, vamos dar uma olhada em como e por que a menopausa afeta o cérebro e o significado desse impacto para a saúde das mulheres. Essas informações são cruciais para entender a menopausa e escolher a melhor maneira de abordar essa importante transição. Na verdade, os sintomas da menopausa não apenas podem ser reduzidos como muitas vezes podem ser completamente eliminados ao seguir o programa descrito nos próximos capítulos. Será mais fácil se beneficiar dos tratamentos disponíveis complementando-os com soluções naturais apropriadas e alterações em seu estilo de vida. As mulheres na pós-menopausa também se beneficiarão muito dessas informações, que fornecem soluções comprovadas para proteger e revigorar a mente em qualquer idade.

PARTE 2

A CONEXÃO CÉREBRO--HORMÔNIO

5

CÉREBRO E OVÁRIOS: PARCEIROS PARA O QUE DER E VIER

A CONEXÃO CÉREBRO-OVÁRIOS

O cérebro humano pode muito bem ser a estrutura biológica mais complexa do planeta. Com seus estimados 100 bilhões de neurônios e 100 trilhões de conexões, é a joia da coroa da nossa espécie e a fonte de todas as qualidades que nos tornam humanos. É o centro da inteligência, o intérprete dos sentidos, o supervisor do comportamento e o iniciador dos movimentos do corpo.

Para fazer tudo isso, ele se mantém em contato próximo e integrado com todas as outras partes do corpo e, por sua vez, é moldado por todas essas interações. Nas mulheres, uma das conexões mais extraordinárias e consequentes é entre o cérebro e os ovários, e a profundidade dessa conexão fica clara quando olhamos para a evolução. A sobrevivência de uma espécie depende, em última análise, da reprodução e da transmissão dos genes às gerações futuras. Nosso corpo é otimizado para ter essa capacidade, com o cérebro no comando. A reprodução humana é altamente complexa, envolvendo muitas interações fisiológicas, emocionais e comportamentais importantes para selecionar um parceiro reprodutivo e manter os relacionamentos necessários para cuidar da prole. Em consequência, o cérebro feminino evoluiu para ser não apenas intrinsecamente configurado tendo em vista a reprodução, mas também para estar profundamente integrado aos ovários e assim garantir que todos esses mecanismos se mantenham em funcionamento.

O SISTEMA NEUROENDÓCRINO E SUAS ROTAS

Essas importantes conexões dependem do *sistema neuroendócrino*, uma rede que conecta o cérebro aos ovários e ao restante do sistema hormonal, cuja complexidade revela um nível impressionante de colaboração entre esses órgãos que ainda está sendo estudado. É nesse ponto que nós entramos. Graças ao monitoramento atento do estrogênio por essas regiões, o cérebro é capaz de coordenar as várias funções físicas e mentais necessárias para a reprodução e muito mais. Vejamos a seguir um resumo simplificado de como tudo isso é feito, uma espécie de guia básico para entender o sistema neuroendócrino.

ROTA 1: O HHG (EIXO HIPOTALÂMICO-HIPOFISÁRIO-GONADAL)

Imagine esse sistema como um mapa do metrô com várias estações, com o cérebro em uma extremidade e os ovários na outra, enquanto destacamos as rotas e paradas mais importantes. Os ovários (também conhecidos como gônadas) têm uma conexão tão forte com o cérebro, especificamente com duas estruturas chamadas hipófise e hipotálamo, que os livros médicos identificam essas conexões como uma única rota: o *eixo hipotalâmico-hipofisário-gonadal* (HHG). O HHG é o pilar do sistema neuroendócrino, dedicado a regular o comportamento reprodutivo em todas as fases da vida. Como mostra a Figura 5, oito glândulas principais fazem parte do HHG. Imagine cada glândula como uma parada da Rota 1.

1. GLÂNDULA PITUITÁRIA. A primeira estação do HHG é a *glândula pituitária* (ou hipófise). Do tamanho de uma ervilha, essa pequena, porém importante glândula tem uma função crucial: produzir hormônios que regulam a atividade de todas as outras glândulas, inclusive os ovários. Os hormônios mais importantes produzidos pela hipófise são o FSH e o LH — os mesmos hormônios que estimulam a ovulação durante os anos reprodutivos da mulher. A glândula pituitária também está envolvida na produção de *ocitocina* (responsável pelas contrações durante o trabalho de parto e pela ejeção do leite na lactação), a *vasopressina* (responsável por controlar o volume de sangue e de água) e *hormônios de crescimento* (promovendo o desenvolvimento do corpo humano como um todo, incluindo o cérebro).

2. HIPOTÁLAMO. Essa glândula monitora todo o sistema nervoso e sinaliza à glândula pituitária qualquer coisa que requeira sua atenção. O hipotálamo é importante pois é responsável por estimular a produção de LH e FSH pela hipófise, o que resulta na produção de estrogênio e progesterona nos ovários. Seria possível dizer que também é responsável pela

homeostase, controlando a temperatura corporal, os padrões de sono, o apetite e a pressão arterial, mantendo o equilíbrio do corpo.

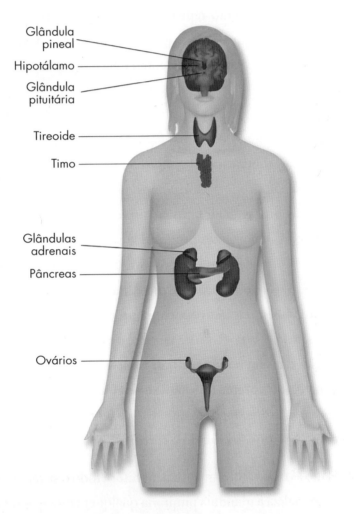

Figura 5. O sistema neuroendócrino.

3. GLÂNDULA PINEAL. Localizada bem no centro do cérebro, essa glândula recebe e transmite informações sobre o ciclo claro-escuro do ambiente e secreta o hormônio *melatonina*.

Tal qual Sandman, o Senhor dos Sonhos, ela é importante por sinalizar quando devemos ficar com sono.

4. GLÂNDULA TIREOIDE. Essa bela glândula em formato de borboleta se localiza no pescoço e regula o metabolismo e a temperatura. A tireoide produz dois hormônios, que você já deve ter visto nos resultados de exames de sangue: a T3 (tri-iodotironina) e a T4 (tiroxina). Ligadas à tireoide estão quatro glândulas do tamanho de um grão de arroz, chamadas *paratireoides*. Essas minúsculas glândulas cuidam da regulação do cálcio, que é importante para a saúde óssea.

5. TIMO. Localizado na parte superior do tórax, o timo é como um guarda-costas, produzindo glóbulos brancos para combater infecções e expulsar células anormais.

6. PÂNCREAS. Esse complexo órgão glandular atua como uma ponte entre os sistemas hormonal e digestivo. O pâncreas produz enzimas para auxiliar na digestão, bem como dois hormônios essenciais para controlar a quantidade de glicose na corrente sanguínea, como a famosa *insulina*.

7. GLÂNDULAS ADRENAIS. Também conhecidas como glândulas suprarrenais, essa dupla dinâmica fica acima dos rins, produzindo hormônios envolvidos na regulação do metabolismo, sistema imunológico, pressão arterial e resposta ao estresse. São famosas por produzir a adrenalina, um hormônio que impede o corpo de entrar em colapso em momentos de luta ou de fuga, mas que também pode causar esgotamento.

8. OVÁRIOS. Chegamos à nossa estação final: os ovários. Além de conter os óvulos necessários para a reprodução, os ovários

produzem estrogênio e progesterona sob a supervisão do hipotálamo, e ainda testosterona.

As vias do HHG e seus principais componentes mostram como esse intrincado sistema não apenas prepara o corpo inteiro para potencialmente iniciar e manter uma gravidez, como também sustenta uma série de comportamentos que levam a esse importante momento, como aquele frio na barriga no primeiro encontro e a empolgação do namoro. Além disso, ao agir sobre esse sistema, constatou-se que o estrogênio, em particular, estimula o metabolismo, protegendo-nos do aumento de peso, da resistência à insulina e da diabetes tipo 2. O estrogênio também é crucial para manter a saúde óssea e para ajudar o coração, mantendo os vasos sanguíneos saudáveis, possivelmente controlando a inflamação e os níveis de colesterol. Por outro lado, essa conexão também é responsável por muitos sintomas físicos ou corporais que acompanham a chegada da menopausa. Por exemplo, o risco de diabetes, osteoporose e doenças cardíacas aumenta após a menopausa. Mas, apesar de todos os benefícios do estrogênio para o corpo da mulher, isso não é nada em comparação com o que faz ao cérebro. Então, vamos seguir para a próxima, e muito menos reconhecida, rota dos hormônios cerebrais: no interior do próprio cérebro.

ROTA 2: A REDE CÉREBRO-ESTROGÊNIO

O sistema neuroendócrino não se restringe ao HHG. Como demonstrado na Figura 6, ele se comunica com muitas outras importantes regiões do cérebro, conhecidas como *rede cérebro-estrogênio*, pois também são suscetíveis aos níveis de estrogênio. As estações mais importantes da Rota 2 são:

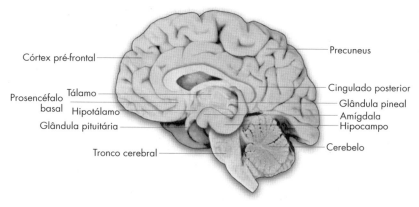

Figura 6. A rede cérebro-estrogênio.

1. SISTEMA LÍMBICO E TRONCO ENCEFÁLICO. O sistema límbico se localiza nas profundezas do cérebro, aninhado logo acima do tronco encefálico, que conecta o cérebro à medula espinhal, que, por sua vez, percorre o resto do corpo. Remontando às nossas raízes evolutivas, essas regiões antigas do cérebro são treinadas em comportamentos instintivos e respostas emocionais. Esses impulsos incluem estresse, apetite, sono/vigília, sentimentos e instintos para cuidar dos outros.

2. HIPOCAMPO. Essa estrutura em formato de cavalo-marinho é considerada o centro da memória no cérebro. Localizado no sistema límbico, o hipocampo é responsável por formar memórias episódicas (lembranças de coisas que você fez no passado), como vivências na infância ou seu primeiro dia de trabalho. O hipocampo também cria associações entre as memórias e os sentidos, por exemplo, associando o verão ao cheiro do mar, ao mesmo tempo que nos ajuda a aprender coisas novas e auxilia no senso de direção.

3. AMÍGDALA. A melhor amiga do hipocampo, a amígdala tem um papel crucial nas respostas emocionais, incluindo

sentimentos como prazer, medo, ansiedade e raiva. A amígdala também reforça as memórias com conteúdo emocional.

4. CÓRTEX CINGULADO E PRÉ-CÚNEO. Essas regiões vizinhas do manto cortical do cérebro são importantes para o processamento emocional, o aprendizado, a cognição social e a memória autobiográfica. Esta última refere-se à nossa capacidade de lembrar nossa história e os eventos da nossa vida, como o que fizemos em uma determinada data e em um determinado momento.

5. CÓRTEX PRÉ-FRONTAL. O córtex pré-frontal é uma região bastante evoluída do cérebro que nos ajuda a definir e atingir metas. Ele avalia informações vindas de diversas regiões do cérebro e ajusta nosso comportamento de acordo. Com isso, contribui para uma grande variedade de funções executivas, incluindo concentração, controle dos impulsos, coordenação das respostas emocionais e planejamento para o futuro. Essa importante região cerebral também contribui para a memória e a linguagem.

Em resumo, as redes altamente especializadas do eixo hipotalâmico-hipofisário-gonadal e do cérebro-estrogênio garantem que o cérebro e os ovários estejam intimamente conectados e que essa conexão tenha amplos e constantes efeitos não apenas no corpo, mas também nas emoções, nas sensações e na capacidade de pensar e lembrar. Como resultado, *a saúde dos ovários está relacionada à saúde do cérebro, e a saúde do cérebro está relacionada à saúde dos ovários*. A medicina ocidental separou o cérebro e os ovários de uma mulher em diferentes áreas e especializações, mas nenhuma mulher do mundo pode se dar ao luxo de separá-los em seu próprio corpo.

Os hormônios que fluem entre eles estimulam esses órgãos a se desenvolverem como parceiros: eles amadurecem juntos, cruzam marcos juntos e, em muitos aspectos, também envelhecem juntos. Graças ao amplo alcance dessa interligação, quaisquer alterações na quantidade e qualidade hormonal podem afetar profundamente não só a saúde reprodutiva da mulher como também sua saúde física e mental.

O CÉREBRO FEMININO É MOVIDO A ESTROGÊNIO

Ao longo deste livro, tentarei reforçar a ideia de que o estrogênio envolve muito mais do que a fertilidade. Além de seu papel na reprodução, esse versátil hormônio está envolvido em vários processos cerebrais. Isso ocorre porque o cérebro das pessoas que nascem com ovários, como os cientistas descobriram nas últimas décadas, é geneticamente configurado para responder preferencialmente ao estrogênio produzido pelos ovários.

Acontece que, dia após dia, moléculas de estrogênio entram diretamente no cérebro em busca de receptores especializados apenas nesse hormônio. Os receptores são como minúsculas fechaduras, esperando a chave molecular certa (no caso, o estrogênio) para serem ativados. Em outras palavras, um conceito crucial deste livro é que o cérebro das mulheres é programado para receber estrogênio. Assim que chega ao cérebro, o hormônio se liga a esses receptores, ativando uma série de atividades celulares. Munido desses receptores, nosso cérebro nasceu pronto para receber o estrogênio.

Saber disso e conhecer o funcionamento do sistema neuroendócrino nos ajuda a entender como a menopausa pode desencadear tamanha cascata de efeitos cerebrais. Se você for uma mulher típica passando pela faixa dos 40 ou 50 anos, sua reserva de óvulos está acabando; e conforme isso acontece, a complexa sinalização hormonal que regula o processo reprodutivo se confunde e os gatilhos desse mecanismo são alterados. Enquanto isso, quando o cérebro e os ovários começam a interpretar mal os sinais que trocam entre si, o cérebro aumenta freneticamente a produção de estrogênio ou, pelo contrário, deixa a peteca cair, lançando o ciclo cérebro--ovários... em um ciclo vicioso. Com o tempo, os ovários param de produzir estrogênio e o relacionamento entre cérebro e ovários chega ao fim. Assim, os sintomas da menopausa são as difíceis consequências de um cérebro cheio de receptores recebendo cada vez menos o combustível necessário para agir.

Vale mencionar que, assim como o cérebro das mulheres seja programado para responder à ativação do estrogênio, o cérebro dos homens é calibrado de maneira semelhante para a testosterona. Isso é importante porque a quantidade e a longevidade do hormônio ativador de cada sexo são diferentes, e a testosterona geralmente só se esgota mais para o fim da vida de um homem. Esse processo de redução gradual leva à andropausa, o equivalente masculino da menopausa. Mas, como os tabloides insistem em nos lembrar, a maioria dos homens permanece fértil até os 70 anos — o que, em poucas palavras, significa que os receptores de testosterona no cérebro dos homens têm mais tempo para se ajustar. O cérebro das mulheres, por sua vez, não tem esse luxo.

Como a ciência descobriu, a interação entre o estrogênio e o cérebro feminino é bastante complexa e facilmente interrompida. Para começar, o estrogênio em si não é tão simples quanto parece. O termo "estrogênio" na verdade se refere a vários estrogênios — não um único hormônio, mas toda uma classe de hormônios com funções semelhantes. No Capítulo 3, vimos que o tipo de estrogênio medido nos exames de sangue é chamado estradiol. O estradiol é um dos três principais tipos de estrogênio. Os outros dois são chamados *estrona* e *estriol*.

- O estradiol é o tipo de estrogênio mais potente e abundante durante os anos reprodutivos da mulher e o principal hormônio do crescimento necessário para o desenvolvimento reprodutivo. É produzido em grande parte pelos ovários e seus níveis reduzidos drasticamente após a menopausa.
- A estrona é produzida por tecido adiposo, rico em gordura, e tem um efeito mais fraco que o estradiol. Após a menopausa, a estrona é o principal tipo de estrogênio que o corpo das mulheres continua produzindo.
- O estriol é o estrogênio da gravidez. Suas quantidades são quase impossíveis de ser detectadas quando a mulher não está grávida.

Quando os médicos falam do estrogênio, eles normalmente estão se referindo aos efeitos combinados dos três tipos. Mas, quando falamos sobre a interação do estrogênio com o cérebro, nos referimos principalmente ao estradiol.

ESTRADIOL: O MESTRE REGULADOR DO CÉREBRO FEMININO

O estradiol é tão importante para uma lista aparentemente interminável de processos cerebrais que ganhou o título de mestre regulador do cérebro feminino. Não posso deixar de ver o estradiol como CEO da Cérebro Feminino LTDA. É um líder genial que conhece todos os aspectos do negócio como a palma de sua mão. As funções mais importantes do estradiol incluem:

- *Neuroproteção.* Tem um papel de defesa do corpo, reforçando o sistema imunológico e dotando as células cerebrais da capacidade de contornar danos e envelhecimento.
- *Crescimento celular.* Além de proteger as células cerebrais que já temos, o estradiol também ajuda no crescimento de novas células, ao mesmo tempo que estimula a reparação celular e a criação de novas conexões por todo o cérebro.
- *Plasticidade cerebral.* Ele aumenta a capacidade do cérebro de responder e de se adaptar a todo tipo de mudança, desde a atualização de nossas redes neuronais para fins de aprendizagem e memória até a preservação da capacidade do cérebro de funcionar mesmo com danos.
- *Comunicação.* Ele também ajuda no funcionamento de vários *neurotransmissores*, os mensageiros químicos do cérebro, responsáveis por sinalizar, comunicar e processar informações.
- *Humor.* O estradiol tem um efeito positivo sobre a *serotonina*, uma substância química que equilibra o humor e promove felicidade e prazer, sem falar do sono. Além disso, ele pode ser considerado um "Prozac natural", fornecendo um efeito antidepressivo por todo o sistema.
- *Proteção.* O estradiol ajuda o sistema imunológico e protege o cérebro do *estresse oxidativo* provocado por radicais livres danosos que podem causar problemas como doenças inflamatórias, câncer e demência.
- *Saúde cardiovascular.* Ajuda a controlar a pressão arterial e a circulação, protegendo o cérebro e o coração contra danos vasculares.
- *Energia.* Esse hormônio também garante a utilização eficiente da glicose, a principal refeição do cérebro. Quando os

níveis de estradiol estão altos, o cérebro fica energizado. Ao estimular a função cerebral, o estradiol afeta tudo, desde a mobilidade até nossas capacidades cognitivas.

Até aí, tudo bem. Só que, depois da menopausa, o estradiol desaparece. Ele anuncia sua aposentadoria, decide que não vai mais trabalhar e pendura as chuteiras. Quando isso acontece, a estrona é promovida para assumir o papel do estradiol. O problema é que a estrona não consegue fazer tudo o que ele fazia. Na ausência do estradiol, o cérebro se distrai com facilidade. As conexões entre os neurônios perdem a eficiência e tendem a ficar mais lentas. Com o tempo, mais conexões são perdidas do que renovadas. As células cerebrais sofrem mais desgaste com menos acesso a reparos, o que também acelera seu envelhecimento. Aquelas substâncias químicas alegres e calmantes que mantinham nossos sistemas equilibrados já não aparecem com tanta frequência. Também é mais difícil manter os radicais livres sob controle, o que torna o cérebro mais vulnerável à inflamação, ao envelhecimento e a uma variedade de problemas de saúde. Em resumo, a perda do estradiol pode ser tão impactante que, pelo menos por um tempo, confunde toda a coreografia mental até então harmoniosa dos pensamentos, emoções e memórias.

OS ALTOS E BAIXOS DA MENOPAUSA

Os efeitos do comportamento volúvel do estradiol são mais intensos nas regiões do cérebro movidas por esse hormônio, que vivenciam diretamente esses efeitos. O hipotálamo é o centro dessa conexão e sofre a maior parte do impacto. Como essa glândula controla a temperatura corporal, o suprimento instável de estradiol impede o cérebro de regular corretamente a temperatura do corpo.

Sabe aquelas ondas de calor? Os cientistas acreditam que é o hipotálamo ficando maluco.

Além de perder o controle da temperatura interna do corpo, o cérebro falha na regulação do sono e da vigília. Em consequência, temos dificuldade para dormir e sofremos alterações no ritmo e nos padrões de sono. E, como todas essas regiões do cérebro estão em comunicação, a situação pode se agravar e podemos ter suores noturnos. A amígdala, que cuida das emoções, ou seu vizinho, o hipocampo, que cuida da memória, também entram na dança, provocando alterações de humor, esquecimento ou ambos. O mesmo acontece com o córtex pré-frontal, responsável pelo pensamento e pelo raciocínio. Você pode sentir a mente envolta em uma névoa e ter dificuldade para se concentrar ou prestar atenção, ou pode levar mais tempo que o normal para encontrar as palavras. Sem falar da eterna busca pelo celular, que parece que resolveu ficar se escondendo!

Quando damos uma olhada no que está acontecendo no cérebro da menopausa, alguns de seus sintomas mais peculiares de repente deixam de causar tanto estranhamento. As mudanças cerebrais que vimos no início deste livro também devem fazer mais sentido. Elas refletem as tentativas do cérebro de lidar com a enorme agitação hormonal e a remodelação que a acompanha. Sugerem que, enquanto o cérebro está ocupado tentando lidar com as consequências da perda do estradiol, seus mecanismos de defesa são reduzidos por um tempo. Em consequência, as enormes mudanças na química e no metabolismo do cérebro podem desencadear os sintomas da menopausa e tornar o cérebro de algumas mulheres mais vulneráveis a uma série de problemas, como a depressão e o declínio cognitivo.

Dito tudo isso, a menopausa é mais do que suas desvantagens. Na verdade, chegamos ao fim de nossa análise do que pode dar *errado* na menopausa. Agora vamos analisar o que pode dar *certo*.

Para começar, a menopausa é uma janela não só de vulnerabilidade, mas também de *oportunidade*, pois é um momento importante para detectar quaisquer sinais de risco médico e interceder com estratégias para reduzir ou prevenir completamente esses riscos. Ao saber *quando* procurar (durante a menopausa) e *o que* procurar (as mudanças cerebrais e seus possíveis sintomas decorrentes), podemos, além de validar a experiência que as mulheres têm da menopausa, abordar o que fazer a respeito. Cuidar melhor do cérebro nos anos da menopausa ajudará a controlar seus sintomas e reduzir muito qualquer risco potencial de problemas no futuro.

E, também muito importante, embora muitas mulheres sejam vulneráveis a alterações neurológicas durante esse período, a maioria da população feminina passa por essa transição sem desenvolver problemas graves no longo prazo. Como vimos no capítulo anterior, sintomas como confusão mental e ondas de calor tendem a diminuir e desaparecer alguns anos após a menopausa. Posso dizer que, no meu caso, saber desses fatos mudou a minha abordagem à menopausa e o foco da minha pesquisa. Como a maioria dos cientistas, quando comecei a investigar a menopausa, meus objetivos iniciais eram investigar os sintomas e os riscos para a saúde que ela pode causar. Eu me pus a procurar por todo tipo de coisas que poderiam dar errado — menos energia, perda de massa cinzenta, placas de Alzheimer... todos os males para os quais queríamos encontrar soluções. Afinal, a medicina tende a retratar a menopausa como uma verdadeira tempestade de sintomas. No entanto, se a menopausa fosse essa catástrofe toda, nenhuma mulher seria capaz de permanecer funcional pelos trinta anos ou mais que se seguem a ela. Então, minha equipe e eu nos propusemos a investigar.

Recrutamos mais participantes e fizemos ainda mais tomografias cerebrais. Reunimos os dados e os examinamos meticulosamente, decididos a extrair uma visão geral. Conforme fomos nos aprofundando e ampliando nossa visão, aprendemos sobre *o lado bom* da menopausa — não apenas o lado ruim do qual só se falava até então. O que descobrimos é uma história mais ampla e ousada, que de muitas maneiras anima mais do que desanima. Falarei sobre isso nos próximos capítulos, mas, por enquanto, gostaria de compartilhar alguns de nossos estudos recentes que mostram que a menopausa não significa apenas vulnerabilidade.

Como vimos no Capítulo 1, nossa primeira descoberta foi que a energia do cérebro diminui durante a fase de transição para a menopausa. Tenho o prazer de informar que fizemos grandes progressos depois daquelas primeiras tomografias do tipo "antes e depois". Ao expandir nossos estudos tanto em tamanho quanto em duração, descobrimos que, pelo menos em algumas regiões do cérebro, as mudanças no nível de energia pareciam ser *temporárias*. Por exemplo, embora a energia cerebral tenha apresentado uma queda durante a perimenopausa e no início da pós-menopausa, seus níveis se estabilizaram ou melhoraram depois de alguns anos. Como mostra a Figura 7, algumas partes do cérebro chegaram a apresentar uma surpreendente recuperação da energia já no estágio final da pós-menopausa, que começa mais ou menos quatro anos após a última menstruação. Observe as setas apontando para o córtex frontal (lembrando que essa é a área do pensamento e da multitarefa).

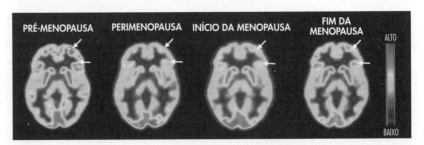

Figura 7. Mudanças na energia cerebral desde a pré-menopausa até o estágio final da pós-menopausa.

A história da menopausa ficou ainda menos desanimadora quando descobrimos uma recuperação tardia, porém muito bem-vinda, da massa cinzenta do cérebro na pós-menopausa. Embora a massa cinzenta tenda a diminuir da pré-menopausa à pós-menopausa, em certas regiões do cérebro essa mudança pareceu estagnar para algumas mulheres com a conclusão do processo da menopausa. Esse fato também se correlacionou com uma melhoria da memória após a menopausa. Como já vimos, a memória pode enfraquecer na perimenopausa, mas, com o tempo, retorna a níveis próximos às medidas de referência, e nossos dados confirmam isso.

É importante salientar que estamos falando de descobertas recentes, todas em processo de corroboração em escala global para podermos tirar conclusões robustas e precisas. Enquanto trabalhamos para isso acontecer, minha conclusão é que a menopausa é uma transição neurológica dinâmica que remodela o cérebro feminino de maneiras únicas. Há indícios de que essa remodelação possa incluir adaptações que ajudam a compensar e manter a função cerebral, apesar da queda nos níveis de estrogênio. Em outras palavras, os ovários podem fechar a lojinha, mas o cérebro tem suas maneiras de manter as portas abertas. Muitas evidências indicam que o cérebro das mulheres tem a capacidade notável, muito subestimada e ainda a ser celebrada, de *adaptar-se* à menopausa. Esses dados são apenas o começo da trajetória de desvendar os segredos da menopausa e melhorar nossa experiência com esse importante marco na vida de cada mulher.

6

A MENOPAUSA EM CONTEXTO: OS TRÊS P'S

PUBERDADE, PUERPÉRIO/GRAVIDEZ E PERIMENOPAUSA

Como mulheres, estamos acostumadas a lidar com alterações hormonais. Seja por conta da puberdade, do seu ciclo mensal, do puerpério, da perimenopausa ou da pós-menopausa, convivemos com os altos e baixos dos hormônios durante a maior parte da vida. Agora que já demos uma olhada no sistema neuroendócrino e em seus hormônios mais importantes, vamos nos voltar às principais transições da vida que distinguem esse sistema e sua interligação. Gosto de me referir a eles como "os três momentos decisivos", ou "os três P's": puberdade, puerpério/gravidez e perimenopausa. Muitas mulheres passam por todos esses estágios no decorrer da vida. Nesses três momentos decisivos, o cérebro e os hormônios se encontram e se transformam de uma maneira exclusivamente feminina. Todo mundo sabe que o corpo de uma mulher muda com essas transições, mas o papel do cérebro nessas mudanças não é tão claro. Segue um breve resumo.

Os níveis de estrogênio decolam na puberdade, se estabilizam quando entramos na idade adulta e flutuam a cada ciclo menstrual; e, se a mulher engravidar, eles voltam a atingir o pico. Os hormônios decolam *toda vez* que uma mulher engravida e despencam quando o bebê nasce. Depois disso, os níveis hormonais voltam a subir de maneira mais ou menos constante até atingir o mais turbulento dos grandes momentos decisivos: a perimenopausa. Quando a perimenopausa chega ao fim, o estrogênio diminui enquanto outros hormônios aumentam. Acreditamos que essa atividade hormonal é orquestrada pelos ovários, mas nosso cérebro discordaria. Durante esses anos todos, nosso cérebro está ao lado dos nossos ovários em uma montanha-russa hormonal verdadeiramente radical, provocando uma montanha-russa mente-corpo igualmente radical.

Na verdade, os três P's são como três ervilhas em uma vagem; fazem parte de uma sequência e têm muito em comum. É interessante analisar seus pontos em comum para contextualizar a menopausa. A partir deles, é possível ver que a menopausa não é um evento tão bizarro como fomos condicionados a acreditar, e sim apenas mais um estágio da jornada reprodutiva *e neurológica* de uma mulher. Além disso, quando vemos essas fases com o olhar de um neurocientista, notamos que cada uma delas representa um momento de vulnerabilidade (manifestando-se como sintomas e riscos à saúde) e resiliência (incluindo a recuperação dos sintomas e o crescimento pessoal). Enquanto exploramos as mais recentes descobertas científicas sobre os três P's, recomendo manter em mente o velho ditado: toda rosa tem seus espinhos.

O CÉREBRO DO NASCIMENTO À PUBERDADE

A maioria das pessoas acredita que o cérebro de um recém-nascido é como uma lousa em branco, pronta para ser preenchida pelo que o mundo tem a escrever. No entanto, de acordo com um enorme volume de evidências científicas, a realidade não é bem essa. O desenvolvimento do cérebro, conduzido pelo DNA, começa já no útero, antes de nascermos. Uma curiosidade: no começo, o cérebro de todos os bebês parece exatamente igual: como o cérebro feminino. É isso mesmo, você leu direito. O *feminino* é a configuração cerebral padrão da natureza. (Pois é, senhor Darwin. Por essa você não esperava.) Só depois de um súbito aumento nos níveis de testosterona é que o cérebro dos meninos começa a adquirir atributos masculinos, o que, como vimos no capítulo anterior, significa que o cérebro masculino é programado para ser mais responsivo à testosterona.

Com o tempo, o estrogênio e a testosterona assumem um papel crucial na diferenciação sexual do cérebro, conforme as estruturas pertencentes ao sistema neuroendócrino começam a diferir um pouco entre os sexos em sua estrutura anatômica, sua composição química e até em suas respostas a situações estressantes. Embora essas diferenças não determinem preferências ou comportamentos sexuais, elas são importantes porque afetam a maneira como o cérebro amadurece e, eventualmente, envelhece.

Quando um bebê nasce, seu cérebro contém algo em torno de 80 bilhões e 100 bilhões de células nervosas, enquanto novas conexões entre os neurônios se desenvolvem a uma velocidade alucinante de até 2 milhões por segundo, levando o cérebro a quase dobrar de volume rapidamente. Depois desse aumento impressionante, a densidade cerebral atinge seu máximo e começa a diminuir. Um processo de refinamento e redução tem início à medida que o cérebro começa a responder ao mundo e às experiências pessoais. Chamada de poda sináptica, este processo de profunda reestruturação se dá conforme as conexões mais utilizadas entre as células se fortalecem e se consolidam e as menos essenciais morrem. Em um exemplo perfeito de "usar ou perder", muitos dos neurônios originais do cérebro são descartados enquanto muitos outros se multiplicam e crescem à medida que a criança interage com o ambiente. Mantenha esse processo em mente — ele vai ser muito importante para entender a menopausa.

Em torno dos 6 ou 7 anos, essa intricada dança de crescimento e descarte se faz visível conforme a criança domina novas capacidades cognitivas, como ler, amarrar os cadarços sozinha, socializar e muito mais. Nesse ponto, o cérebro atingiu aproximadamente 90% de seu tamanho total e, com isso, uma certa estabilidade no comportamento. Mas, apesar de não continuar crescendo muito em tamanho, o cérebro está longe de concluir seu processo de maturação. Na verdade, a maioria das regiões do cérebro ainda está em estado de crescimento e mudança, um processo que atinge o auge bem a tempo do primeiro P da nossa lista, a fase das emoções descontroladas e o rosto cheio de espinhas: a puberdade!

COMO A PUBERDADE MUDA O CÉREBRO

Quando se atinge a puberdade, as portas da central hormonal se escancaram. Durante esse período, o corpo dos meninos produz muito mais testosterona do que o das meninas, enquanto o corpo das meninas passa a produzir muito mais estrogênio do que testosterona. Essas ondas hormonais levam o corpo a se desenvolver até sua forma adulta, com um sistema reprodutivo maduro. Mas o processo de maturação envolve muito mais do que isso. Essa mesma turbulência hormonal também prepara o cérebro para o crescimento e para novas formas de aprendizagem.

O curioso é que, em vez de o cérebro continuar crescendo à medida que amadurece, ele literalmente *encolhe* na puberdade. O processo de poda neural se acelera quando a maturação sexual é atingida: cerca da metade dos neurônios originais do cérebro é eliminada e suas conexões são acentuadamente reduzidas. Essa redução pode causar estranheza à primeira vista, mas esse processo não só é normal, como necessário. Tudo isso acontece para o cérebro ficar mais enxuto, mais ágil e mais eficiente. Considerando que manter os neurônios vivos e em funcionamento requer muita energia, o cérebro tenta atingir seus objetivos com o menor número possível de neurônios, aumentando a eficiência. Também é assim que o cérebro começa a automatizar ações específicas. Por exemplo, um adolescente consegue amarrar os sapatos e andar de bicicleta automaticamente. Os neurônios que ficavam responsáveis por dividir e direcionar essas habilidades em etapas apropriadas para uma criança não são mais necessários e podem ser descartados. A expressão "é como andar de bicicleta" tem tudo a ver com esse caso. Assim, essa consolidação do sistema elimina o antigo e abre espaço para o novo ao mesmo tempo.

Mas não é um processo simples e as mudanças ocorrem em velocidades diferentes, e em diferentes partes do cérebro. Por exemplo, a amígdala e o hipocampo, responsáveis pela emoção e pela memória, entram com tudo desde o início. Já o córtex pré-frontal — a área responsável pelo controle dos impulsos e das habilidades executivas, como ter o controle para dizer "é melhor não fazer isso" — chega atrasado à festa. Como os adolescentes precisam viver com um córtex frontal ainda em desenvolvimento, não é tão fácil para eles acessarem o autocontrole como seus pais gostariam, o que explica os momentos tumultuados de imprudência e mau humor da adolescência. Mas tudo bem, isso também vai passar. Conforme o córtex pré-frontal se desenvolve, os adolescentes ficam mais equipados para resistir aos impulsos e avaliar os riscos potenciais. Ao mesmo tempo, desenvolvem a habilidade de se colocar no lugar dos outros, uma capacidade chamada de *teoria da mente*. Esse superpoder exclusivamente humano nos permite entender as intenções e crenças dos outros. Com isso, somos capazes de extrapolar essas informações para entender e prever comportamentos, ao mesmo tempo que nos integramos melhor à sociedade. Hoje em dia, os cientistas atribuem essa notável capacidade à renovação cerebral que ocorre na puberdade. (Alerta de spoiler: essa perspectiva também nos dá uma prévia do que está por vir nos próximos dois P's.)

É interessante notar que o roteiro de maturação cerebral difere um pouco entre meninos e meninas, atingindo o pico de produção quando as crianças se aproximam da maturidade sexual, o que acontece por volta dos 11 anos para as meninas e dos 14 para os meninos. Pode ser por isso que as meninas adolescentes tendem a exibir conexões mais precoces e mais intensas entre a impulsiva amígdala e o cauteloso córtex frontal do que os meninos adolescentes. Seja devido à genética, ao ambiente ou a ambos, essas diferenças têm sido interpretadas como uma evidência de que as meninas amadurecem mais rápido do que os meninos, mostrando uma ligeira vantagem em tarefas envolvendo a teoria da mente, empatia, habilidades de competência social e compreensão social. Elas também têm melhores habilidades de comunicação, aprendendo a falar mais cedo e em geral atingindo maior fluência — uma diferença que pode persistir ao longo da vida. Mas precisamos tomar cuidado para não cair em estereótipos: não revisamos esses dados para instigar uma competição, mas para entender melhor os pontos fortes naturais das mulheres e entender como essas habilidades podem se desenvolver já na infância e na adolescência e como elas são afetadas pelo envelhecimento e pelas alterações reprodutivas. Porque, pode ter certeza de que, apesar de novas e empolgantes habilidades estarem sendo forjadas, tudo isso tem seu preço.

O CÉREBRO E O CICLO MENSTRUAL

A puberdade marca o início do ciclo menstrual, que pode alterar profundamente os circuitos do cérebro de uma adolescente, afetando a maneira como ela pensa, sente e age ao longo do mês. A ideia de que o ciclo menstrual de uma mulher pode confundir seu cérebro tem raízes profundas na cultura popular. Ouvimos afirmações desdenhosas e muitas vezes depreciativas como "ela deve estar na TPM" praticamente todos os dias. Por mais insensíveis que afirmações como essas possam ser, muitas mulheres de fato ficam vulneráveis a alterações negativas no ciclo menstrual. Mas, apesar de todo mundo conhecer o lado negativo, o outro lado é pouco mencionado. O "cérebro menstrual" nem sempre é negativo.

Graças a um fenômeno neurológico incrivelmente complexo, o tamanho, a atividade e a conectividade do cérebro mudam mensalmente, se não semanalmente, em sincronia com o nosso ciclo. Embora esses microciclos cerebrais em geral sejam sutis, eles são reais. Por exemplo, quando o nível de estradiol sobe na primeira metade do mês, as células cerebrais desenvolvem visivelmente novas sinapses que se estendem e se conectam com outras células, iniciando conversas neuronais com neurônios próximos e distantes. A amígdala e o hipocampo aumentam consideravelmente de tamanho e suas conexões com o córtex pré-frontal parecem ficar mais fortes — o que foi associado a melhores habilidades executivas e maior foco e a atenção. Certas habilidades cognitivas também são intensificadas nesse momento, como fluência verbal, comunicação e capacidade de resposta social.

Por outro lado, à medida que o estradiol diminui na segunda parte do ciclo, algumas conexões entre os neurônios também recuam. Isso foi associado a desânimo, irritabilidade, dores de cabeça e até fadiga ou sonolência em algumas mulheres, enquanto outras podem ficar tristes ou chorosas. É importante considerar essas idas e vindas mensais porque elas esclarecem a natureza da conexão cérebro-hormônio no decorrer da nossa vida reprodutiva, ao mesmo tempo que nos dão uma prévia de como será a nossa vida *não reprodutiva*, quando o ciclo menstrual terminar para sempre. Além disso, o aumento dos hormônios na puberdade e suas flutuações durante a menstruação de uma jovem podem tornar seu cérebro mais vulnerável ao estresse, à ansiedade e ao mau humor. Não é por acaso que a prevalência de depressão, ansiedade e distúrbios alimentares passe de igual entre meninas e meninos antes da puberdade para uma proporção de 2:1 entre mulheres e homens. Além disso, uma em cada quatro mulheres sofre de TPM clínica, uma condição caracterizada por irritabilidade, tensão, humor deprimido, tendência a chorar e alterações de humor em momentos específicos do mês. Os sintomas costumam ser leves, mas podem ser graves o suficiente para afetar consideravelmente as atividades diárias.

O CÉREBRO FEMININO ADULTO

Conforme a adolescência dá lugar à idade adulta, o cérebro continua amadurecendo e seu processo de otimização se mantém até pelo menos os 20 anos. O córtex pré-frontal também se desenvolve nessa fase e talvez seja por isso que, nos Estados Unidos, os jovens só podem comprar bebidas alcoólicas a partir dos 21 anos. Quer se trate de ter o primeiro cartão de crédito ou manter uma planta viva por mais de algumas semanas, muitas de nós descobrimos nessa fase que somos mais capazes do que pensávamos e temos mais discernimento à medida que nosso cérebro domina a capacidade de olhar para o futuro.

O cérebro das mulheres, em particular, chega à idade adulta dotado de uma excelente capacidade de recordar aspectos específicos de informações verbais, como os detalhes precisos de uma conversa, bem como a memória episódica — a capacidade de lembrar detalhes de experiências pessoais, principalmente o quê, onde e quando aconteceu. Isso pode explicar por que tantas mulheres parecem lembrar como se fosse ontem de uma conversa que os maridos juram nunca ter ocorrido! Brincadeiras à parte, as jovens adultas são equipadas com um cérebro maduro, uma memória aguçada e habilidades de comunicação fluentes. Ao mesmo tempo, contudo, os processos internos que criam e recriam o cérebro (ou seja, a morte e o nascimento dos neurônios e a sua atividade flutuante) aumentarão e diminuirão em cada um dos nossos ciclos menstruais e ao longo da nossa vida. Na verdade, mesmo depois de o cérebro ter atingido seu estado maduro, ele mantém a plasticidade, retendo sua capacidade de mudar em resposta às nossas experiências na vida. Essas mudanças cérebro-corpo nunca ficam mais claras do que... quando uma mulher engravida.

Eu gostaria de abrir um parêntese aqui para falar um pouco sobre a gravidez. Sei que nem todas as mulheres escolhem esse caminho, optando por direcionar sua coragem e seu brilho para outro lugar. Espero que cada uma seja celebrada por aquilo que tem de especial em seu devido tempo. Para os fins deste capítulo, falarei sobre o potencial da maternidade, um papel em grande parte negligenciado e que merece o devido respeito. Penso que a maior contribuição que a ciência pode fornecer é destacar como a gravidez e a maternidade alteram o cérebro feminino de uma maneira que, embora nos deixe até certo ponto vulneráveis, libera em nós uma resiliência ainda não reconhecida. Saber como cada um dos três momentos decisivos produz tanto vulnerabilidades quanto resiliência é importante para entender e aceitar não apenas a menopausa, mas a feminilidade como um todo.

COMO A GRAVIDEZ E O PUERPÉRIO MUDAM O CÉREBRO

A jornada para se tornar mãe é, sem dúvida, uma das experiências mais monumentais pelas quais uma pessoa — e um corpo — pode passar. A gravidez envolve um grande número de mudanças, sendo que muitas ocorrem imediatamente: a barriga e os seios crescem, e os enjoos matinais podem se estender até a tarde. Mas todas essas mudanças camuflam um fato importante: trazer uma nova vida ao mundo afeta tanto o *cérebro* quanto o restante do corpo de uma mulher. Como já vimos, os hormônios exercem enorme influência tanto interna quanto externamente. O estrogênio e a progesterona vão às alturas, aumentando de quinze a quarenta vezes além dos níveis normais. A ocitocina, carinhosamente chamada de hormônio do amor, também entra na dança. Como também já vimos, o cérebro está envolvido na produção de todos esses hormônios e, por sua vez, também é afetado por eles. Em consequência, o cérebro de uma mulher pode mudar mais rápida e drasticamente durante a gravidez e o puerpério do que em qualquer outro momento da vida, incluindo a puberdade. Mas, assim como acontece na puberdade, enquanto seu corpo cresce, seu cérebro diminui.

Pesquisas demonstram que a gravidez é marcada por extensas *reduções* na massa cinzenta do cérebro. No estudo mais abrangente feito até agora, pesquisadores fizeram tomografias cerebrais em 25 mães de primeira viagem antes de elas engravidarem e durante as primeiras semanas após o parto. Foi constatado que a massa cinzenta tinha diminuído de maneira tão homogênea que um algoritmo de computador poderia prever com precisão se uma mulher estava grávida apenas olhando para seu cérebro!

Os cientistas ficaram tão intrigados com essas descobertas que decidiram analisar o funcionamento do cérebro das mães sob outro prisma: mostrando-lhes fotos de seus bebês. Os dados levaram a uma revelação importante. Várias das áreas cerebrais que perderam massa cinzenta durante a gravidez foram as mesmas que responderam com a atividade cerebral mais intensa às fotos do próprio bebê em comparação com fotos de outros bebês. Após a revisão dos dados, ficou claro que, quanto maior a diminuição da massa cinzenta durante a gravidez, mais forte será o vínculo entre a mãe e a criança após o parto. Por mais estranhos que esses resultados possam parecer, há uma explicação razoável. Se analisarmos os dados da perspectiva do cérebro, a gravidez não é muito diferente da puberdade. Lembrando que, na puberdade, aumentos acentuados dos hormônios sexuais causam perda de massa cinzenta à medida que conexões cerebrais desnecessárias são podadas, um processo que molda o cérebro do adolescente para assumir sua forma adulta. Essa *perda* leva a um *ganho*: a maturidade. O cérebro menor de um adolescente meramente reflete circuitos cerebrais mais otimizados. Os cientistas acreditam que a gravidez desencadeia um desenvolvimento comparável. À medida que certas conexões entre os neurônios desapareçam para levar à formação de conexões novas e mais valiosas, o cérebro fica mais enxuto para ganhar agilidade e eficiência.

É assim que eu gosto de pensar a respeito: o cérebro não precisa mais manter o espaço neuronal para aquelas habilidades que se tornaram automáticas (fazer contas básicas, cozinhar, dirigir). A função de "piloto automático" permite ao cérebro livrar-se do supérfluo e remodelar novos caminhos mentais, que permitirão às mães responderem melhor às inúmeras exigências e urgências da maternidade. No estudo acima, outra rodada de exames de imageamento cerebral dois anos após o parto mostrou que a perda de massa cinzenta se manteve em algumas partes do cérebro, mas o hipocampo e a amígdala *voltaram a crescer*, com seu tamanho retornando aos níveis anteriores à gravidez. O córtex frontal também apresentou reconstrução semelhante. A funcionalidade dessas regiões também foi extraordinária. Vejamos o exemplo da amígdala, envolvida na experiência do amor e do afeto, mas que também atua como geradora das motivações e emoções que governam os instintos parentais, desde amamentar e proteger o filho até o impulso de interagir e brincar com ele. Enquanto a puberdade se dedica a equilibrar os instintos com a racionalidade, a gravidez nos leva de volta aos instintos, designando um novo espaço para ativá-los — e lhes dar os devidos créditos.

O CÉREBRO DAS SUPERMÃES

É raro ver uma mulher usando uma capa estrelada ou empunhando um escudo mágico, mas a meu ver toda mãe merece o status de super-heroína. Com o passar dos dias, das semanas e dos anos, muitas novas mães notam que adquirem com grande rapidez um impressionante arsenal de habilidades que nem sabiam que existia antes da maternidade. Esses superpoderes não apenas são quase universais, como também cientificamente comprovados. Para começar, uma das primeiras habilidades que você desenvolve depois de ter um bebê é um olfato mais aguçado. Não, isso não é uma piada envolvendo fraldas sujas. De acordo com estudos, quase 90% das novas mães conseguem reconhecer seus filhos *pelo cheiro* graças a uma conexão primordial que o cérebro estabelece com os bebês. Você provavelmente nunca precisou identificar seu bebê dentre um grupo de bebês aleatórios com os olhos vendados, mas pode ter certeza de que conseguiria. Seu cérebro sabe o que fazer.

As mães também desenvolvem o "feitiço do amor", uma nova aptidão que envolve liberar grandes quantidades de ocitocina, especialmente durante a amamentação e o contato pele a pele com o bebê. Esse hormônio estimula o útero a se contrair durante o parto antes de unir forças com a prolactina para estimular a produção do leite materno. Ao mesmo tempo, esse aumento na ocitocina tem um grande efeito sobre os centros emocionais do cérebro, levando uma nova mãe a cair de amores por seu bebê, e vice-versa, de uma forma que as palavras não conseguem descrever. O súbito aumento da ocitocina é combinado com o aumento de outro hormônio, chamado *vasopressina*, acionando um instinto muito primitivo chamado *agressão materna*. Esse termo refere-se ao comportamento de "mãe urso" que uma mulher manifesta ao defender seu filho contra ameaças, movido por um novo "cérebro de mãe urso" equipado com uma espécie de GPS para rastrear e proteger o bebê em todos os momentos. Toda mãe tem essa capacidade. Pode haver outras cinco crianças no parquinho usando um macacão roxo, mas toda mãe tem a incrível capacidade de passar os olhos e localizar seu filho em questão de segundos e correr para salvá-lo.

Ela também recebe uma injeção de adrenalina e outros recursos necessários para realizar a tarefa com desenvoltura. Nesse caso, a injeção de adrenalina começa no cérebro.

E a genialidade da natureza não para por aí. Um dos aprimoramentos mais importantes — talvez o mais importante — é que as regiões cerebrais afetadas pela gravidez são envolvidas na teoria da mente, como acontece na puberdade. Esse é um desdobramento específico de longo prazo envolvendo uma maior capacidade da mãe de ver e reconhecer os estados mentais, sentimentos e sinais não verbais das pessoas, adiantando-se a necessidades e prováveis reações. Seja interpretando a linguagem corporal de um bebê ou seus vários choros e balbucios, é sempre bom ser capaz de entender o que está acontecendo na cabeça de outra pessoa, especialmente quando não há palavras envolvidas. Quando essas habilidades cognitivas são ativadas, somos mais capazes de formar vínculos com os outros — o que é crucial para desenvolver a proximidade com nosso filho e nossa família. Além disso, muitas mães descobrem que podem literalmente ler mentes por meio de um sexto sentido. As mães *simplesmente sentem* que algo errado está acontecendo com seus filhos — uma combinação de instintos maternos, um sentido-aranha materno e todo o tempo passado em proximidade com a criança. As mães percebem coisas que nunca perceberiam em qualquer outro ser humano — a tal ponto que muitas vezes conseguem prever as necessidades dos filhos antes de as lágrimas caírem ou a febre começar.

A maternidade sem dúvida alguma envolve um dos conjuntos de circunstâncias mais complexos e difíceis pelos quais podemos passar na vida. Nosso corpo não apenas precisa passar por uma verdadeira metamorfose para desenvolver e nutrir um novo ser humano, como as nossas prioridades e o nosso dia a dia também devem passar por uma transformação. Nosso cérebro foi configurado para saber disso intuitivamente e promove alterações no processo. A boa notícia é que a gravidez provoca mudanças cerebrais que estimulam os instintos maternos cruciais e, muito possivelmente, ao mesmo tempo reforçam as habilidades de cognição social. A má notícia é que o aprimoramento que seu cérebro acabou de fazer pode ter um custo. A mesma transformação cerebral que fornece novas funcionalidades também pode reorganizar seus arquivos de memória e atenção, desencadear alterações de humor e dar início a uma acentuada curva de aprendizado no novo sistema operacional.

O "CÉREBRO DA GRAVIDEZ", O BABY BLUES E A DEPRESSÃO PÓS-PARTO

O chamado "cérebro da gravidez", também conhecido como "amnésia de mãe" ou *momnesia*, em inglês, refere-se a um estado mental nebuloso e um tanto alterado que pode levar uma nova mãe a ficar mais esquecida ou distraída. Não importa o nome que damos a isso, se você for mãe, deve saber do que estou falando. Misture partes iguais de mudanças hormonais e a extensa reconfiguração que está ocorrendo em seu cérebro, adicione uma boa dose de estresse e privação de sono, e *voilá*: mais de 80% das mulheres grávidas notam um declínio na função cognitiva. Essas mudanças persistem no puerpério, com quase a metade das novas mães tendo sintomas como esquecimento, foco reduzido e névoa cerebral durante meses após o parto. Faz sentido, considerando que o cérebro materno mantém sua nova arquitetura centrada no bebê por pelo menos dois anos após o parto. Essas sensações podem fazer com que as novas mamães sintam que seu cérebro não está mais funcionando como antes de ter o filho.

Vários estudos indicam que algumas habilidades cognitivas, principalmente a memória, realmente podem ser afetadas pela gravidez e pelo puerpério. Essas funções incluem principalmente a multitarefa e a "memória espacial" (a capacidade de lembrar onde as coisas estão). Por exemplo, quando você vai fazer as compras semanais no supermercado de sempre, sua memória espacial permite que você vá direto à prateleira onde fica seu café favorito sem precisar procurar na loja inteira. Mas, se você se vir no meio do supermercado tentando lembrar onde fica o corredor do café, a culpa pode ser do cérebro da gravidez.

E quais as implicações disso tudo?

Para começar, mulheres grávidas e novas mães não estão inventando esses sintomas. Em algum momento, é comum sentir que seu pequeno raio de sol assumiu o controle não apenas de seu corpo, mas também de sua mente. Então, parabéns por manter a calma no processo. Em segundo lugar, e o mais importante, esses sintomas são temporários e desaparecem com o tempo. Em terceiro lugar, estudos demonstraram que, embora muitas mulheres grávidas e novas mães *sintam* uma diminuição na clareza mental ou na capacidade de concentração em comparação com antes da gravidez, seu QI permanece inquestionavelmente inalterado. Por mais preocupantes que possam parecer, esses sintomas se manifestam principalmente como pequenos lapsos de memória ou névoa cerebral que podem distorcer a percepção habitual que temos de nós mesmas, mas estão longe de ser um problema de saúde, física ou mental. (Note como essa experiência é parecida com a névoa cerebral da perimenopausa.) Se você ainda estiver preocupada, *não* foram encontradas quaisquer evidências de que esses deslizes mentais possam estar associados a um risco maior de demência.

O estado mental nebuloso associado à gravidez e ao puerpério é provavelmente uma compensação transitória para o novo e altamente especializado cérebro que está se desenvolvendo. Veja isso como uma espécie de dor do crescimento. Na verdade, os deslizes cognitivos provavelmente resultam de uma mudança das prioridades *no nível neurológico*. A vida passou a ser pautada por um novo conjunto de regras e requisitos, e você e seu cérebro precisam acompanhar essas transformações. O fato de esse processo também poder ser maravilhoso e gratificante não o torna menos desafiador. Especialistas acreditam que o cérebro materno fica tão intensamente focado na segurança e nas necessidades do bebê que coloca outras atividades diárias em segundo plano. Esquecer de comprar leite ou de ligar a máquina de lavar roupas é frustrante, mas a *prioridade* é se lembrar de acordar às três da madrugada para amamentar e se lembrar da intrincada rede de diversas necessidades de um recém-nascido e responder a elas. Ainda mais desconcertante é que a tarefa hercúlea de realizar esse novo trabalho pode passar despercebida, ser vista como nada menos do que o esperado ou não receber o devido valor — embora deixar de fazer uma ou outra tarefa do trabalho anterior pareça chamar mais atenção.

Como cientista e mãe, acho quase ridícula a ideia de que as novas mães sofram de "foco reduzido" ou tenham "déficits de concentração". Podemos estar cozinhando e mandando e-mails ao mesmo tempo enquanto seguramos um bebê, ou dirigindo e tomando o café da manhã enquanto organizamos mentalmente a agenda do dia, mas, de qualquer maneira, o malabarismo de ser mãe nos obriga a fazer mais de uma coisa ao mesmo tempo. Como se não bastasse, fazemos isso com uma frequência e uma maestria que nenhum teste cognitivo padronizado conseguiria medir.

Então, anime-se lembrando que essas mudanças estão a serviço de um objetivo maior e nunca deixaram nenhuma mulher na mão.

No entanto, como mais um exemplo de que "tudo tem seu preço", a gravidez e o puerpério muitas vezes vêm acompanhados de outro desafio: as alterações de humor. Cerca de 70% a 80% de todas as novas mães apresentam alguns sintomas depressivos nas primeiras semanas e meses após o parto. Os sintomas normalmente incluem alterações de humor, crises de choro, ansiedade e dificuldade para dormir. É interessante notar que essas alterações de humor podem ser semelhantes às da TPM — e até relacionadas a ela, já que as mulheres que apresentavam sintomas da TPM antes da gravidez têm mais chances de sofrer alterações de humor e depressão durante a gravidez. E as mulheres que apresentam alterações de humor durante a gravidez têm mais chances de voltar a apresentá-las na menopausa. Essa relação revela ainda mais o fio condutor da continuidade hormonal que perpassa a vida de uma mulher.

Cerca de uma em cada oito novas mães terá sintomas mais graves do que o chamado *baby blues* (tristeza pós-parto) e sofrerá de depressão pós-parto. A depressão pós-parto é uma condição médica caracterizada por episódios depressivos graves, tristeza profunda, uma ansiedade que pode chegar a ser paralisante e uma perda de autoestima que pode durar várias semanas ou mais. Só nos Estados Unidos, meio milhão de mulheres sofrem desse distúrbio todos os anos. Infelizmente, a depressão pós-parto sempre foi marcada por um estigma social. A sociedade só considera aceitável uma única reação diante da maternidade: o encantamento. Qualquer coisa menos que o mais puro encantamento é recebida com uma enorme desaprovação. Também se espera que as mães já se mostrem equipadas e proficientes em suas novas funções desde o primeiro dia. Esse tipo de mensagem social não apenas é infundado, como também é enganoso, exercendo uma pressão indevida sobre a mulher, que já precisa se encarregar de responsabilidades incomparáveis.

As mães que sofriam de depressão pós-parto eram chamadas de loucas e até amaldiçoadas por bruxas — ou ainda, eram consideradas bruxas. É incrível pensar que foi apenas em *1994* que a comunidade psiquiátrica finalmente reconheceu a depressão pós-parto como uma condição médica real. Três décadas depois, o termo se popularizou e foram desenvolvidos tratamentos. Mas muitas pessoas ainda não acreditam que essa condição seja real, classificando-a como "problemas do imaginário feminino". Eu gostaria de deixar claro que ter depressão, mau humor ou ansiedade após o parto não reflete de maneira alguma uma falha ou fraqueza de caráter. As alterações de humor são um dos muitos sinais naturais de que seus hormônios e seu cérebro estão passando por uma transição.

Apesar das mudanças biológicas, ter um filho é um dos propósitos mais nobres da vida de uma pessoa — um propósito que requer uma enorme força de caráter para sequer considerar, quanto mais lidar com os desafios e ir até o fim. A maternidade é fácil e difícil, bela e assustadora, e a experiência de cada mulher é sagrada e importante. Ao desenvolver o cérebro e o comportamento dos nossos filhos, ensinamos a eles as primeiras lições de amor e semeamos sua consciência. Enquanto a sociedade nos exorta a buscar nosso valor isoladamente e além da maternidade, espero que as mães de todo o mundo se conscientizem do valor do que fazem e do alcance de suas ações.

UM CONTO DE VULNERABILIDADE E RESILIÊNCIA

O que tudo isso tem a ver com a perimenopausa? Bem, quando se trata do cérebro das mulheres e dos três P's, cada fase é marcada por vulnerabilidade e resiliência. A palavra puberdade, por exemplo, costuma vir acompanhada de um revirar de olhos e um arrepio. No entanto, apesar de não haver mais dúvidas de que essa fase da vida traz consigo os próprios desafios, hoje sabemos que o cérebro adolescente está longe de ser por acaso. As mesmas mudanças cerebrais que provocam alterações de humor e emoções intensas possibilitam o amadurecimento intelectual e social, ajudando os adolescentes a aprenderem a lidar com a intensidade da vida, um precursor para navegar pela difícil tarefa de crescer e enfrentar tudo o que a vida lhes reserva.

Do mesmo modo, a gravidez e o puerpério são marcados pela vulnerabilidade e pela resiliência. Também nesse caso, o cérebro da mãe é muito mais do que um estado de distração e choro. Esses sintomas indicam que o cérebro está desenvolvendo novos pontos fortes e habilidades excepcionais. As mudanças pelas quais o cérebro passa servem a um propósito evolutivo crucial, preparando a mulher para a maternidade e, com isso, promovendo a sobrevivência de toda a espécie.

O processo tem seus prós e contras, sendo que os dois fazem parte de nascer com ovários e com um cérebro profundamente conectado a eles. Guarde essa informação porque será um tema recorrente enquanto explorarmos o último dos três P's.

7

AS VANTAGENS DA MENOPAUSA

UMA MUDANÇA DE PERSPECTIVA

Como os estudos revelam, o cérebro de uma mulher passa por uma sequência de transições hormonais ao longo da vida, primeiro com a puberdade, então na gravidez e depois na perimenopausa. Embora um verdadeiro tsunami hormonal acompanhe tanto a puberdade quanto a gravidez, é comum a queda da fertilidade ser associada a uma maré vazante — o começo do fim. Tanto na cultura quanto na medicina, a menopausa é estigmatizada como um evento completamente deplorável, com pouco ou nada de positivo a ser dito a respeito. Mas isso é só um lado da moeda. Uma análise mais aprofundada revela que a menopausa é um evento complexo e muito mais individualizado do que os estereótipos que vemos nas comédias ou as representações médicas nos fazem acreditar. Quer estejamos falando de informações transmitidas de mãe para filha ou diretamente de médico para estudante de medicina e depois para paciente, a mensagem é problemática e extremamente imprecisa.

Um dos problemas mais óbvios é que, até pouco tempo atrás, nem a sociedade nem a ciência se preocuparam em verificar a realidade da menopausa. Apesar da insistência em falar das desvantagens, as vantagens permaneceram ignoradas. O que falta nesse diálogo, portanto, é um entendimento preciso de como a menopausa se enquadra na totalidade da vida de uma mulher. Esse entendimento só pode ser obtido vendo a menopausa através dos olhos das mulheres que *vivenciam* o processo em conjunto com os dados científicos mais recentes. Ao explorar esse acontecimento da vida sem preconceitos e sem noções preconcebidas, descobrimos que a perimenopausa não passa de mais uma parada na jornada, não muito diferente da puberdade e da gravidez.

LIGANDO OS PONTOS

Uma análise do cérebro mostra que as alterações hormonais que acompanham a perimenopausa desencadeiam sintomas cerebrais não muito diferentes dos sintomas da puberdade e da gravidez. Mudanças na temperatura corporal, no humor, no sono, na libido e no desempenho cognitivo são muito comuns em todos os três P's. Como mostra a Tabela 4, as semelhanças são impressionantes. Afinal, envolvem o mesmo sistema, o sistema neuroendócrino, que é ativado e desativado em diferentes fases da vida reprodutiva.

	Puberdade	**Puerpério/ Gravidez**	**Perimenopausa**
Mudanças na temperatura corporal	x	x	x
Alterações de humor	x	x	x
Mudanças nos padrões de sono	x	x	x
Mudanças na libido	x	x	x

	Puberdade	Puerpério/ Gravidez	Perimenopausa
Mudanças na memória e na atenção	x	x	x
Mudanças na massa cinzenta do cérebro	x	x	x
Mudanças na energia cerebral	x	x	x
Mudanças na conectividade cerebral	x	x	x

Tabela 4. Semelhanças entre os três P's.

Por exemplo, vamos dar uma olhada nas mudanças na temperatura corporal. A puberdade pode não ser associada às ondas de calor, mas certamente vem acompanhada de suor — muitas vezes, bastante suor —, pois as glândulas sudoríparas do corpo ficam muito mais ativas nessa fase. Além disso, nas adolescentes e jovens, a temperatura corporal muda ligeiramente a cada ciclo menstrual, atingindo o pico com a ovulação e caindo com a menstruação. Na gravidez, esses mesmos mecanismos podem voltar a causar um aumento da temperatura corporal (afinal, temos um pãozinho assando no forno), que às vezes pode se transformar em algo totalmente diferente: ondas de calor. Embora raramente mencionadas, as ondas de calor são outro sintoma que a gravidez e a perimenopausa têm em comum, sendo que mais de um terço de todas as mulheres grávidas também suam mais do que o normal!

E a névoa cerebral? Já se sabe que a maioria dos adolescentes fica com a cabeça nas nuvens, com dificuldade de se concentrar ou de lembrar informações. Para as meninas, esses sintomas podem se intensificar no estágio final do ciclo menstrual. Como vimos, a névoa cerebral também é bastante comum durante a gravidez e o puerpério.

O que difere claramente é a nossa percepção dos dois primeiros momentos decisivos em comparação com o último. A puberdade e a gravidez também estão longe de ser mamão com açúcar, mas, nesses dois casos, tendemos a focar nos aspectos positivos. Quando nossos filhos estão na adolescência, enchemos álbuns com fotos deles na festa de formatura, no campo de atletismo e na sala de aula, celebrando um verdadeiro desfile de marcos da maioridade. Fazemos o mesmo com a gravidez, enchendo as futuras mamães de presentes e festas enquanto compramos roupinhas, berços e carrinhos e nos preparamos para a chegada do bebê. Quando nos vemos diante das dificuldades dessas transições, permanecemos otimistas. Quer sejam acne e menstruação ou tornozelos inchados e enjoos matinais, dizemos a nós mesmas que "isto também vai passar" e tendemos a reagir com empatia e apoio. Se uma adolescente se mostra irritadiça e tem dificuldade para se concentrar, atribuímos isso à adolescência e lhe damos tempo e espaço para tropeçar, levantar a poeira e dar a volta por cima. E, se uma mulher grávida cai no choro sem razão aparente, pensamos que "são os hormônios" e lhe damos um abraço. Nos dois casos, pecamos pelo excesso de otimismo e encorajamento. Embora essa postura possa inadvertidamente resultar em deixarmos de abordar alguns sintomas graves, a intenção é de tolerância e tranquilização.

No entanto, quando esses mesmos comportamentos surgem em uma mulher na perimenopausa ou na pós-menopausa, na maioria das vezes ela encontra a reação oposta: ausência de apoio, contrariedade não disfarçada ou até desdém. Ou, às vezes, negação. A menopausa é pouco discutida e não conta com um vocabulário diferenciado para ajudar os médicos a avaliarem o problema. Por exemplo, entende-se (e aceita-se) que algumas mulheres menstruam todos os meses sem muito desconforto, enquanto outras têm dificuldades, sofrem de TPM ou, em casos mais graves, transtorno disfórico pré-menstrual. Da mesma forma, algumas mulheres transitam alegremente para a maternidade, enquanto outras apresentam sintomas graves de depressão pós-parto, ansiedade e fadiga cognitiva. O fato de termos palavras para descrever essa gama de intensidade dos sintomas não só possibilita um diagnóstico e tratamento precisos, como também valida esses sintomas. Já as mulheres que apresentam sintomas graves da menopausa não contam com uma distinção como essa. O fator compaixão também é inexistente. Especialmente durante a perimenopausa, muitas mulheres se deparam com um amargo "você ainda está menstruando, então coloque um sorriso no rosto e aguente firme".

Não é de admirar que a menopausa seja vista com pessimismo e desesperança, quando as mulheres que passam por ela são ignoradas em vez de acolhidas, sendo que o evento em si é interpretado como puro exagero ou até doença. Mas a ideia de que a menopausa possa colocar as mulheres em desvantagem nos foi imposta pela história e pela cultura — e não pela biologia. Na verdade, de uma perspectiva biológica, algumas das mesmas *vantagens* que se aplicam à puberdade e à gravidez também podem se aplicar à perimenopausa.

Tendo em vista o funcionamento dos dois momentos decisivos anteriores, o fato de o cérebro mudar durante a menopausa (assim como acontece durante os P's anteriores) não será tão surpreendente ou alarmante. Então, eis a pergunta de um milhão de dólares: em que extensão a menopausa também fornece um aprimoramento personalizado ao sistema operacional do seu cérebro?

É plausível que, à medida que o cérebro se aproxima da menopausa, ele tenha outra oportunidade de se tornar mais ágil e eficiente, descartando informações e habilidades que perderam sua utilidade ao mesmo tempo que desenvolve novas. Para começar, como algumas das conexões cérebro-ovário necessárias para fazer bebês deixaram de ser necessárias, elas podem ser descartadas. Além disso, todas as habilidades neurologicamente dispendiosas que vimos no capítulo anterior — decodificar as enunciações orais de um bebê, controlar acessos de raiva e realizar multitarefas de alto nível — perdem a relevância depois que o filho sai de casa. Elas continuam sendo úteis, mas não urgentes. Faz sentido, então, que o cérebro decida podar essas conexões desnecessárias — e não existe momento melhor para fazer isso do que a menopausa. Como já vimos, muitos acreditam que o desenrolar desse último e maior aprimoramento cerebral marca o surgimento das ondas de calor, a névoa cerebral e outros sintomas inconvenientes. Assim que o aprimoramento cerebral for concluído, os sintomas começam a se dissipar (o que pode demorar mais do que os outros dois P's, porque, afinal, agora estamos mais velhas).

Essas informações nos ajudam a ver a menopausa de uma perspectiva muito mais ampla. Mas onde estão as vantagens? Será que a transformação cerebral da menopausa poderia nos equipar melhor para os nossos últimos anos? Será que a menopausa pode trazer sua própria engenhosidade, revelando-se crucial para preparar as mulheres para um novo papel na vida e na sociedade? Apesar da vista grossa da sociedade a quaisquer vantagens da menopausa, há cada vez mais provas de que esse profundo evento hormonal também confira um novo sentido e propósito às mulheres.

A FELICIDADE NÃO É UM MITO

Qualquer importante transição na vida pode ser uma chance de despertar, mesmo se o caminho for difícil. Apesar de o mundo ocidental acreditar que a menopausa só tira coisas de nós, pouco se fala sobre a menopausa também nos dotar de novos dons. Considere, por exemplo, algo que todo mundo quer, mas poucos dominam: a felicidade.

É isso mesmo. Uma das maiores surpresas que tive nos meus estudos foi que as mulheres na pós-menopausa em geral são mais felizes do que as mais jovens — e em geral mais felizes do que elas mesmas foram *antes* da menopausa. De acordo com vários estudos, algumas das vantagens mais notáveis e negligenciadas da menopausa giram em torno de uma saúde mental melhor e de um maior contentamento com a vida. Por exemplo, o estudo australiano Women's Healthy Ageing Project [Projeto para o envelhecimento saudável das mulheres] descobriu que mulheres na pós-menopausa relataram melhor humor, mais paciência, menos tensão e mais expansividade ao entrar nos 60 e 70 anos. Resultados semelhantes provêm de estudos realizados na Dinamarca, nos quais mulheres na pós-menopausa relataram maior senso de bem-estar após a menopausa, com 62% afirmando que se sentiam felizes e satisfeitas. Cerca da metade dessas mulheres também afirmou que nunca esteve tão feliz, mesmo quando era mais jovem. Da mesma forma, o Jubilee Women Study [Estudo de mulheres na casa dos 50 anos] descobriu que 65% das mulheres britânicas na pós-menopausa eram mais felizes do que antes da menopausa, sentindo-se mais independentes e desfrutando de relacionamentos melhores com parceiros e amigos. No mínimo, essas percepções desbancam o estereótipo da mulher infeliz e insatisfeita na pós-menopausa.

Ao contrário das crenças populares, das noções preconcebidas e até das campanhas de marketing, as evidências apontam para uma relação bastante complexa entre a menopausa e a satisfação com a vida. Dê uma olhada na Figura 8. A linha mais grossa marca o efeito da menopausa na satisfação das mulheres com a vida ao longo do tempo (as linhas verticais apontam diferenças entre diferentes mulheres), começando cinco anos antes da menopausa até dez anos depois da menopausa. O tempo 0 marca o momento da menopausa.

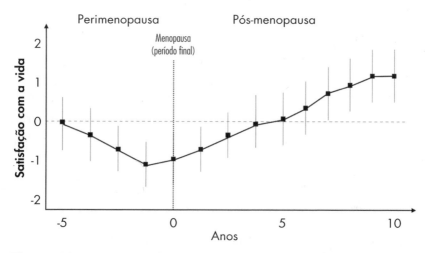

Figura 8. Menopausa e satisfação com a vida.

Os dados mais importantes que todos precisam saber:

- *Perimenopausa*: a maioria das mulheres realmente fica mais infeliz nos cerca de três anos que antecedem a menopausa.
- *Depois da menopausa*: a satisfação com a vida tende a permanecer baixa nos dois a três anos após a última menstruação, mas aumenta muito além do valor inicial e se mantém mais alta ao longo do tempo.

Em resumo, a menopausa tende a afetar a satisfação com a vida principalmente *no curto prazo*. A maioria das mulheres se adapta à mudança, em geral alguns anos depois de entrar na pós-menopausa. Passado esse ponto, a menopausa parece não ter mais um impacto negativo na felicidade e pode até levar a mais satisfação. Esses dados ainda estão sendo avaliados, mas confirmam as observações mais gerais de que a felicidade e a satisfação com a vida tendem a seguir uma curva em forma de U. Vários estudos indicam que o contentamento é relativamente alto na juventude, mas cai lentamente e atinge um ponto baixo por volta dos 50 anos (a idade média da menopausa). Passada essa fase, a satisfação com a vida sobe continuamente a novos patamares. Acredite se quiser, mas, em termos de probabilidade estatística, nunca seremos mais felizes do que aos 60 anos. É claro que cada pessoa é diferente e a experiência pessoal de um indivíduo pode se desviar da norma por várias razões. Mesmo assim, a curva em forma de U reforça a ideia de que a crise da meia-idade na menopausa é apenas *temporária*.

"MENOSTART": A SEGUNDA IDADE ADULTA

Mas será que é a menopausa que traz satisfação com a vida ou as mulheres ficam mais satisfeitas depois da menopausa devido ao desaparecimento dos sintomas?

O fato é que a menopausa, além dos obstáculos que a acompanham, pode afetar positivamente a vida. Por um lado, nem todas as mudanças físicas são negativas. De acordo com estudos nacionais, a melhora do humor e o aumento do otimismo relatados por muitas mulheres na pós-menopausa geralmente se relacionam com o fim da menstruação, da TPM e das preocupações com a gravidez. Para muitas mulheres, o fim da menstruação é por si só um motivo de comemoração. Marca o *grand finale* de várias chateações na vida, como absorventes e cólicas, depois de décadas passando por esses inconvenientes. A menopausa também reduz os miomas uterinos, uma das principais causas de sangramento intenso, e acaba com a TPM, o que, para 85% das mulheres, significa o fim de uma série de sintomas complexos, desde sensibilidade nos seios e irritabilidade até enxaquecas debilitantes. Essa nova liberdade representa uma vantagem enorme para mais mulheres do que você imagina. Poder desfrutar do sexo sem ter de pensar em possíveis imprevistos também é citado com frequência como um dos maiores benefícios da menopausa.

Além disso, muitas mulheres têm atitudes positivas em relação à menopausa — não apenas quando os sintomas diminuem, mas até antes disso. Em um ponto da minha pesquisa, eu me deparei com o termo *menostart* como uma alternativa para *menopausa*, apontando para o fato de que esse marco na nossa vida pode ser um "início" (*start*, em inglês), e não uma "pausa". O termo "menostart" parece se adequar a muitas mulheres que vivenciam essa transição como um ponto de virada após o qual seus interesses, suas prioridades e suas atitudes mudam de forma positiva. Seria como uma segunda idade adulta, ou uma espécie de renascimento. A antropóloga norte-americana Margaret Mead chamou isso — a onda de energia física e psicológica que algumas mulheres experimentam após a menopausa — de "entusiasmo da menopausa". Você pode não ter o pique de uma adolescente, mas pode estar pensando em novos começos: uma nova carreira, novos relacionamentos e interesses, novos lugares para morar ou conhecer, novas práticas de saúde e autocuidado, novas formas de canalizar seu tempo e energia. Muitas mulheres também adoram ter mais tempo para si mesmas à medida que se afastam do trabalho em tempo integral e das responsabilidades familiares.

Esta última vantagem não se deve necessariamente à menopausa, mas a perspectiva de crescimento pessoal e a liberdade de se concentrar nos próprios interesses é um luxo que elas finalmente podem ter. Nas palavras de Oprah Winfrey: "Muitas mulheres com quem conversei veem a menopausa como uma bênção. Descobri que este é o seu momento de se reinventar depois de anos ocupada com as necessidades dos outros". No grande esquema das coisas, se isso não for uma vantagem, não sei o que é.

DOMÍNIO EMOCIONAL

A satisfação com a vida vem acompanhada de outro atributo que todo mundo quer: a autotranscendência. Ou, em termos menos sofisticados, "apertar o botão do f***-se". Esse é um tema recorrente nos relatos de mulheres na pós-menopausa sobre sua experiência com esse marco na vida. Elas se dizem mais capazes de impor limites em relação às necessidades dos outros, finalmente se dando a liberdade de voltar-se às próprias necessidades. Depois de dominar a menopausa, quer tenha sido um mar de rosas ou um mar de espinhos, muitas mulheres tendem a sair da experiência mais confiantes e com um senso renovado de liberdade, com um novo vigor e mais assertivas em relação às próprias vontades e necessidades.

Nesse período, algumas coisas se tornam irrelevantes, como o peso das pressões sentidas pelos jovens, a preocupação com normas sociais convencionais ou qualquer inclinação a usar shortinhos jeans. Ao mesmo tempo, surgem novas perspectivas — um senso renovado de si mesma e um novo olhar sobre novas oportunidades e opções. Esse empoderamento se deve em parte a gatilhos biológicos e em parte ao momento que ocorre a menopausa. Com mais de 50 anos de experiência neste planeta, muitas mulheres na pós-menopausa desenvolveram um bom conjunto de habilidades para a vida, o que lhes dá mais confiança em sua capacidade de lidar com tudo o que surgir pelo caminho. A essa altura, a mulher já passou por vários desafios, perdas, doenças e desilusões, e aprendeu quem ela é, o que quer e o que valoriza na vida. Ela sabe que é mais forte e mais capaz do que imaginava e tem muito menos chances de perder tempo remoendo experiências negativas, erros e gafes.

É interessante notar que muitas mulheres na pós-menopausa também relatam que emoções como tristeza e raiva deixam de ter o mesmo peso que antes, enquanto a capacidade de manter a alegria, o encantamento e a gratidão muitas vezes aumenta. Há uma razão neurológica para essas mudanças. Entre outras coisas, todas as mudanças no cérebro da menopausa podem resultar em um novo aprimoramento de algumas redes envolvidas na teoria da mente. Só que dessa vez a transição resulta em um maior *controle emocional*. Como vimos em capítulos anteriores, a maneira como reagimos a situações emocionalmente carregadas depende, em parte, da configuração do nosso cérebro no momento do evento.

Conexões relacionadas à amígdala (responsável por processar emoções) em comparação com o córtex pré-frontal (que controla os impulsos) podem influenciar nossa abordagem às diferentes situações. A puberdade nos conecta ao córtex pré-frontal racional, enquanto a gravidez nos sintoniza com nossos instintos (ao mesmo tempo que estabelece um equilíbrio entre as nossas emoções e a nossa razão). Agora é a vez da menopausa. Vamos sintonizar a amígdala, encarregada das emoções, de uma forma altamente seletiva e precisa, de maneira que ela se torna menos reativa aos estímulos emocionais *negativos*! Se você mostrar imagens negativas e positivas a mulheres na pós-menopausa e na pré-menopausa e comparar a atividade cerebral desses dois grupos, notará que a amígdala na pós-menopausa responde menos a informações emocionalmente desagradáveis. Ao mesmo tempo, as mulheres na pós-menopausa tendem a ativar mais o córtex pré-frontal racional do que as mulheres na pré-menopausa. Esse resultado reforça a ideia de que, após a menopausa, temos mais controle das emoções, especialmente de nossas reações a emoções tristes ou perturbadoras. Você não acha que isso, por si só, já é um superpoder?

MAIS EMPATIA

Esses novos estudos estão trazendo à luz novas noções de resiliência, bem-estar e flexibilidade emocional relacionadas à menopausa. Por exemplo, a menopausa está sendo associada ao reforço de outra habilidade relacionada com a teoria da mente: a empatia. Constatou-se que mulheres na pós-menopausa são o melhor exemplo de empatia. De acordo com um estudo realizado com mais de 75 mil adultos, as mulheres na faixa dos 50 anos demonstram mais empatia do que os homens, sendo mais propensas não apenas a reagir emocionalmente às experiências dos outros, mas também a tentar entender a situação do ponto de vista do outro.

Outros estudos descobriram que um tipo específico de empatia, denominado preocupação empática ou simpatia, continua aumentando à medida que as mulheres envelhecem. Esse pode ser particularmente o caso quando se trata de cuidar dos... netos. Como vimos no Capítulo 6, cientistas acreditam que as alterações cerebrais ocorridas durante a gravidez podem ser vantajosas mais adiante na vida, quando as mulheres mais velhas assumem o papel de cuidadoras. Em um estudo recente, pesquisadores testaram essa teoria usando exames de imageamento cerebral para explorar as reações emocionais de avós a outras pessoas. Para fazer isso, eles monitoraram a atividade cerebral de um grupo de avós que viam fotos de seus filhos e netos — em vez de imagens de crianças desconhecidas. (Esse estudo é semelhante ao estudo de análise da gravidez, que vimos no capítulo anterior.) Os resultados revelaram informações interessantes sobre o vínculo intergeracional. Quando as avós viram fotos dos netos, houve um aumento na atividade cerebral em áreas associadas à empatia emocional — que é a capacidade de sentir o que o outro está sentindo ou de se colocar no lugar do outro. Porém, quando as avós viram fotos dos filhos em vez dos netos, sua atividade cerebral passou para áreas do cérebro ligadas a outra forma de empatia, chamada de empatia cognitiva. A empatia cognitiva tem mais a ver com entender os sentimentos dos outros em um nível intelectual, concentrando-se não apenas *no que* a pessoa está sentindo, mas também no *porquê*. Curiosamente, quanto mais uma avó estava envolvida em cuidar dos netos, mais seu cérebro era ativado nas *duas* áreas da empatia, tanto a emocional quanto a cognitiva.

Talvez você já tenha percebido isso. Se você tem filhos, já deve ter notado que sua mãe tem com eles um relacionamento diferente do que tinha com você quando você tinha a idade deles. Ela pode parecer mais despreocupada, descontraída e emotiva. Os estudos acima ajudam a explicar por que isso acontece. Como mãe, você é responsável por moldar e orientar seus filhos, muitas vezes tendo em mente tarefas e conquistas voltadas para o sucesso. De modo geral, as mães fazem isso sob o grande peso da responsabilidade e das exigências de cuidar dos filhos. Já a avó não tem mais essa responsabilidade, pois agora cabe aos filhos adultos se encarregarem desse fardo. Tudo bem que as avós podem errar na mão e acabar mimando os netos, mas elas finalmente têm a liberdade de dizer mais sins do que nãos aos pedidos dos netinhos — além de deixá-los repetir a sobremesa! Essa visão mais ampla e sábia está incorporada ao cérebro de uma avó, levando-a a ajudar os filhos a cuidarem dos netos enquanto priorizam a preciosidade do amor incondicional.

O que eu mais gosto nesses estudos é a ideia de que as responsabilidades das mulheres mudam ao longo da vida, quer elas tenham filhos e netos biológicos ou não. Adoro ver como muitas mulheres desempenham diferentes papéis, por vezes se estendendo além dos familiares — e como o cérebro parece ajustar-se e adaptar-se às circunstâncias atuais, em todas as idades e esferas da vida da mulher. Considerando este aspecto, no próximo capítulo veremos como o cérebro das mulheres continua se transformando em um caleidoscópio de novos talentos e pontos fortes a serem usados ao longo da vida ao mesmo tempo que nos aprofundamos na *importância evolutiva* da menopausa.

8

A MENOPAUSA TEM SUA RAZÃO DE SER

MENOPAUSA: UM ACASO DO DESTINO OU UM PROCESSO PROPOSITAL?

Embora a biologia da menopausa — o quando e o quê — seja relativamente bem compreendida, o *porquê* ainda não está claro. Para qualquer pessoa com ovários, a menopausa é uma realidade inescapável, que tendemos a ignorar ou a não pensar muito a respeito. Na verdade, a menopausa é um enigma biológico que os cientistas ainda não conseguiram explicar completamente. Se pararmos para pensar, ela parece ir contra a própria evolução. De uma perspectiva evolutiva, o objetivo da vida é sobreviver, procriar e transmitir os genes à próxima geração. A menopausa põe um fim à possibilidade de uma mulher transmitir seus genes, o que teoricamente seria o único argumento da evolução para a longevidade feminina. Como postulado por Darwin, "se o principal objetivo das fêmeas é propagar a espécie, a natureza deveria, pelo processo de seleção, eliminar as mulheres que entrassem na menopausa muitos anos antes de morrer, a menos que isso tenha vantagens distintas".

Bem, estamos aqui, firmes e fortes, não é? É inegável que a menopausa humana tem algo de especial. Se analisarmos o reino animal como um todo, a maioria das fêmeas morre logo depois de perder a capacidade de procriar. Até as fêmeas dos chimpanzés, nossos parentes mamíferos mais próximos, normalmente não passam da menopausa. As poucas que sobrevivem à menopausa vivem em cativeiro e só resistem alguns anos a mais. Até onde sabemos, as únicas espécies animais que sobrevivem à fertilidade são algumas espécies de baleias, alguns elefantes asiáticos, possivelmente algumas girafas e um inseto, o pulgão japonês. Antropólogos, biólogos evolucionistas e geneticistas têm se debruçado sobre a questão. Até pouco tempo atrás, a menopausa era considerada o resultado *não natural* do aumento da expectativa de vida das mulheres, tratado como a triste consequência de vivermos muito mais do que a natureza pretendia. Uma antiga visão, a hipótese da incompatibilidade evolutiva, insiste que não há benefício algum na menopausa. Segundo essa abordagem, a medicina moderna, que nos mantém vivos por mais tempo, sem querer ludibriou nosso código genético e a menopausa não passa de uma consequência não pretendida desse evento.

Mas não vamos nos precipitar. Também há razões para acreditar que o que realmente acontece é exatamente o contrário. E se a evolução não for tão misógina quanto os cientistas e estudiosos que a conceberam? E se, na verdade, a natureza não mede o valor de uma mulher com base em sua capacidade de gerar o maior número possível de filhos? Se começarmos a pensar fora da caixa, como tantas vezes *deveria* ser feito quando se trata da saúde da mulher, uma hipótese alternativa começa a se formar. E se as forças evolutivas também estiverem por trás da menopausa, mas dessa vez favorecendo as mulheres?

AVÓS: AS HEROÍNAS SECRETAS DA EVOLUÇÃO

A visão da menopausa como um processo de *adaptação* evolutiva em vez de um deslize da evolução foi desenvolvida em 1957 pelo ecologista George C. Williams. Sua teoria só ganhou força muitos anos depois, graças aos dados coletados em campo por Kristen Hawkes, professora de antropologia da Universidade de Utah. Hawkes reuniu uma equipe para estudar extensivamente os hadza, um grupo étnico de caçadores-coletores modernos que vivem no norte da Tanzânia há milhares de anos. Observar comunidades como os hadza foi como entrar em uma máquina do tempo para poder avaliar como nossos antepassados poderiam ter vivido. Mas o foco inicial da pesquisa de Hawkes não era a menopausa, e sim a alimentação.

A semente de uma ideia começou a se desenvolver quando Hawkes observou as mulheres da tribo coletando vegetais. Muitas vezes levando crianças menores no colo, mulheres jovens e idosas faziam excursões diárias para colher frutas silvestres e tubérculos nutritivos. Ficou claro que essas mulheres forrageadoras forneciam a maior parte das calorias e do sustento às suas famílias e à comunidade. Tanto que, embora saíssem para caçar diariamente, os homens voltavam com uma boa caça apenas cerca de 3% das vezes. No fim, o provedor da casa não era o pai, mas sim a mãe. Além disso, pesquisadores observaram uma mudança quando as mulheres mais jovens tinham filhos. Um padrão revelou grupos de avós se encarregando de todas as responsabilidades de coleta e alimentação. A partir daí, muitos estudos sobre caçadores-coletores modernos ao redor do mundo mostraram que as avós fazem grande parte do trabalho. Embora essas mulheres não sejam mais capazes de se *reproduzir*, elas permanecem claramente capazes de *produzir*, fornecendo alimentos e realizando as tarefas necessárias para manter o funcionamento da comunidade. Desse modo, as avós eram fundamentais para manter a segurança de sua comunidade, não apenas garantindo um fornecimento seguro e abundante de alimentos, mas também maximizando o potencial de reprodução e a transmissão dos genes tão preciosos para a evolução humana.

Se essa relação não ficou clara, pense que a ideia é que as mães pré-históricas enfrentavam um conflito entre coletar comida para si e para a família e cuidar de seus bebês. No entanto, se as avós intercedessem para salvar o dia, as mães não precisariam mais escolher entre sacrificar um ou outro. Conforme as mulheres mais velhas assumiam a tarefa de cuidar dos netos, também permitiam que as filhas produzissem mais descendentes, aumentando as chances de sobrevivência da espécie. Evidências sobre a *extensão* da contribuição das avós para a sobrevivência infantil levou Hawkes a reavaliar o que se sabia sobre a menopausa e a evolução humana. Ela deu a essa teoria o nome muito apropriado de *hipótese da avó*, que propõe que fechar a fábrica reprodutiva por volta dos 50 anos e viver para contar a história permitia que as mulheres mais velhas dedicassem tempo e recursos aos netos em vez de gerar e cuidar de mais filhos. Dado que o parto se torna mais arriscado com a idade, essa parece ser a maneira que a natureza encontrou para aumentar as chances de sobrevivência da espécie. Afinal, as avós continuariam garantindo a sobrevivência de seus genes, genes localizados apenas duas gerações abaixo na árvore genealógica. E, se não fosse pela menopausa, essas contribuições seriam impossíveis. De repente, essa suposta anomalia pôde ser vista como mais um exemplo da sabedoria da natureza.

A MENOPAUSA É A CHAVE PARA A LONGEVIDADE HUMANA?

O potencial de a natureza estar do lado da menopausa não termina por aí. Outras evidências apontam para a ideia de que a menopausa pode até explicar como os humanos evoluíram para viver tanto quanto vivemos hoje. Pense que as avós pré-históricas em questão não eram avós *quaisquer*. Estamos falando de avós "naturalmente selecionadas". A seleção natural refere-se à sobrevivência do mais apto. Essas mulheres conseguiram sobreviver a vários partos, *além de* terem a composição genética necessária para sobreviver à menopausa, que, segundo a teoria, foi transmitida aos filhos e netos, transportando os genes da longevidade da avó para as gerações futuras. Com o tempo, esse aumento na sobrevivência poderia ter causado uma mudança evolutiva, favorecendo e selecionando mulheres que sobreviveram por muitos anos depois da menopausa. De acordo com essa hipótese, a vida pós-menopausa se tornou cada vez mais comum até que, com o tempo, todas as mulheres *Homo sapiens* passaram a carregar um DNA, impondo uma idade fértil máxima *bem como* uma maior longevidade.

A teoria é plausível, mas será cientificamente robusta?

Muitos acreditam que sim. Por exemplo, pesquisas sobre baleias assassinas, que também sobrevivem à menopausa, sustentam a hipótese da avó. As sociedades de baleias assassinas são matriarcais e os filhos e filhas passam a vida inteira com as mães, e não com os pais. Além disso, quando as mães se tornam avós, elas ficam por perto para ajudar a criar os netos. No mundo das baleias assassinas, é uma vantagem as mães perderem a fertilidade depois de determinada idade, eliminando qualquer competição reprodutiva com as filhas e noras. Combine isso com estudos recentes que revelaram ainda outras maneiras nas quais as avós-baleias aumentam as chances de sobrevivência de seus netos aquáticos — por exemplo, obtendo e fornecendo alimentos — e começamos a ver um padrão. Considerando o padrão social semelhante encontrado nas antigas sociedades de caçadores-coletores, talvez a menopausa tenha sido a maneira que a natureza encontrou de evitar um conflito semelhante entre mãe e filha também na nossa espécie. Como veremos, a inclinação das avós de manter a barriga dos filhos cheia há muito faz parte da história da humanidade — desde as comunidades paleolíticas até as ceias de Natal nos dias de hoje.

A VOVÓ PREPARANDO O TERRENO

Filhotes de chimpanzés, bonobos, orangotangos e gorilas são todos cuidados exclusivamente pelas mães. Essas mães primatas são extremamente protetoras em relação a seus bebês e muitas vezes não deixam outros macacos tocá-los por meses após o nascimento. Por outro lado, é provável que as avós humanas estivessem presentes para ajudar os netos pré-históricos desde o nascimento dos bebês. Cientistas acreditam que era comum as crianças serem alimentadas e criadas pelas avós, de modo que esse vínculo pode ter promovido a profunda orientação social da nossa espécie. Nós, humanos, nos distinguimos dos outros animais pela nossa capacidade de intuir pensamentos e intenções dos outros (a teoria da mente) e pelo nosso desejo de ajudar (empatia). Além disso, as mulheres, especialmente aquelas na pós-menopausa, se destacam nessas duas habilidades.

Nossas avós ancestrais podem ter tido um papel central no desenvolvimento desses sentidos. Pense dessa forma. Se boas interações com a avó fizeram para uma criança a diferença entre ter uma refeição completa ou passar fome, a conexão e a comunicação bem-sucedidas entre os dois também podem ter criado importantes habilidades sociais nos netos. Vemos sinais disso até hoje. É comum a imagem de uma avó entrando na casa e sendo recebida pelo neto com os braços estendidos e enormes sorrisos, com os dois se abraçando e trocando uma lembrancinha ou um doce. No início da nossa longa história, essa interação primal pode ter começado com a formação de vínculos ao redor de tubérculos e frutas silvestres. Seja qual for o caso, cuidar das crianças e alimentá-las é fundamental para promover formas de cooperação e orientação social que distinguem nossa espécie de outros animais. Nossa capacidade de encontrar soluções pensando em termos colaborativos também diferencia nossa espécie de todos os outros animais. Estudos recentes revelam uma nova imagem da sociedade humana, com os pais caçando e as mães ocupadas tendo filhos e amamentando — enquanto as avós mantinham as engrenagens comunitárias lubrificadas e em bom funcionamento. Parece possível, se não provável, que a evolução da humanidade tenha sido construída com base nesse padrão, resultando no período que ocorre a menopausa e na longevidade feminina que vemos hoje.

MULHERES DE TODAS AS IDADES

Embora todos concordem que as avós podem fornecer apoio e recursos para ajudar a cuidar dos netos, a noção de que elas também foram essenciais para garantir a nossa longevidade tem sido contestada. Enquanto os cientistas trabalham para chegar a um consenso, é reconfortante pensar nas mulheres mais velhas como heroínas evolutivas, especialmente à luz da narrativa alternativa. A crença comum até o momento é que as mulheres na pós-menopausa são uma espécie de dano colateral resultante do fracasso da evolução em sustentar a fertilidade durante toda a vida de uma mulher. Será que essa explicação realmente faz sentido?

Também nesse caso, é interessante observar a menopausa através das lentes da neurociência. Os seres humanos evoluíram sob pressões evolutivas diferentes de outras espécies animais, levando ao desenvolvimento de habilidades cognitivas e sociais distintas. Como vimos nos capítulos anteriores, em diversas encruzilhadas da vida de uma mulher, eventos centrados na conexão entre hormônios e o cérebro promovem melhorias sociais e cognitivas ou vantagens adaptativas. Seja nos preparando para a vida adulta após a puberdade, promovendo habilidades de cuidados com os outros após a gravidez ou nos preparando para importantes papéis sociais depois da menopausa, nossas redes neuroendócrinas parecem ter um plano *em mente*.

A hipótese da avó pode ser controversa, mas a importância dessa figura na vida de muitas famílias é indiscutível, bem como a influência e o benefício de ter mulheres mais velhas em inúmeras sociedades ao redor do mundo. Independentemente de a avó ser alguém da família ou uma amiga, as mulheres mais velhas que cuidam de nós dessa maneira têm um enorme valor nos dias de hoje, do mesmo modo que tiveram há milênios. Qualquer pessoa que teve uma avó em sua vida sabe disso. Como as mulheres hoje vivem muito mais do que antes, chegou a hora de arregaçar as mangas e descobrir como proteger e revigorar nossa mente para garantir esse legado. Os hormônios podem definhar, mas nós não.

PARTE 3

TERAPIAS HORMONAIS E NÃO HORMONAIS

9

TERAPIA DE REPOSIÇÃO COM ESTROGÊNIO

O DILEMA DO ESTROGÊNIO

Por que será que a terapia hormonal é tema de tanta confusão? Será que a reposição hormonal é tão perigosa quanto algumas pessoas afirmam... ou é a solução para todos os problemas, como insistem seus defensores? Seria ótimo ter uma resposta direta para essa pergunta, mas a solução vem acompanhada persistentemente de hipóteses, adendos e oposições. Infelizmente, a busca por essa resposta é comparável a tirar cara ou coroa para decidir se vale a pena ou não optar pela terapia de reposição hormonal.[2] Quando uma mulher começa a navegar pela menopausa, é inevitável pensar na possibilidade de fazer terapia de reposição hormonal. A ideia dessa terapia é substituir os hormônios que os ovários deixam de produzir, principalmente o estrogênio (ou uma combinação de estrogênio e progesterona), pelos mesmos hormônios na forma de

---

2. A terapia de reposição hormonal passou a ser chamada de terapia hormonal da menopausa (THM). Mas vou usar o termo "terapia de reposição hormonal" por ser mais conhecido pela maioria das mulheres.

comprimidos, adesivos e cremes, entre outras opções. Pode fazer sentido, mas o custo-benefício nem sempre é tão claro. Muitas mulheres não querem tomar hormônios devido a alertas sobre o maior risco de câncer, doenças cardíacas e AVC. Outras são desencorajadas pelo próprio médico de fazerem terapia de reposição hormonal sem qualquer explicação. Outras não sabem ao certo se a terapia de reposição hormonal é capaz de tratar com eficácia os sintomas da menopausa e passam anos pesquisando na internet e conversando com as amigas sobre alternativas. Até que admitem que não têm ideia do que fazer e se veem na Amazon em busca de misturas de ervas raras da selva que prometem reduzir as ondas de calor e aumentar a libido ao mesmo tempo! Não é possível que essa seja a melhor solução que temos à disposição.

O objetivo deste capítulo é desvendar parte desse mistério, analisando os verdadeiros riscos e benefícios da terapia de reposição hormonal. Começaremos analisando o que levou a reposição hormonal a conquistar uma reputação tão ruim e depois exploraremos a recente mudança que causou um renascimento no uso dessa terapia para tratar os sintomas da menopausa, com foco nos sintomas cerebrais que analisamos até agora.

A IDADE DE OURO DA TERAPIA DE REPOSIÇÃO HORMONAL

No passado, o tratamento da menopausa era uma verdadeira casa dos horrores, incluindo "terapias" tão diversas quanto o ópio, o exorcismo e a institucionalização. Até que cientistas descobriram o estrogênio e algumas de suas funções, levando à popularização da reposição do hormônio na menopausa. Em 1942, a U.S. Food and Drug Administration (FDA) [Administração de Alimentos e

Medicamentos dos Estados Unidos] aprovou o primeiro medicamento para a terapia de reposição hormonal chamado Premarin, comercializado pela Wyeth Pharmaceuticals (que foi adquirida pela Pfizer). Essa pílula de estrogênio não demorou para se tornar um best-seller nacional.

Apesar de sua ascensão meteórica na década de 1970, a terapia de reposição hormonal encontrou o primeiro de muitos obstáculos. Revelou-se que o Premarin aumentava o risco de câncer endometrial no útero. Então, pesquisadores descobriram que reduzir a dose de estrogênio e incluir uma progestina (uma forma sintética de progesterona) protegia o útero, levando ao lançamento de uma segunda pílula nos Estados Unidos chamada Prempro, contendo estrogênio e progesterona. Passado o susto, a terapia de reposição hormonal voltou a ficar em alta. Em 1992, o Premarin era o medicamento mais prescrito nos Estados Unidos, com vendas superiores a 1 bilhão de dólares. Milhões de mulheres entraram na onda, em parte porque o marketing da Wyeth promovia a reposição hormonal como a chave para uma vida pós-menopausa vibrante e sexy, e em parte porque a maioria dos médicos também entrou na onda, prescrevendo-a às pacientes sem pensar duas vezes. Uma vez que as mulheres começavam a perder estrogênio, os médicos argumentavam que tomar hormônios de reposição poderia curar as ondas de calor, proteger o corpo contra doenças cardíacas, manter os ossos fortes e, ainda por cima, melhorar a vida sexual — o que mais uma mulher poderia querer? A essa altura, as principais associações médicas também apoiavam a terapia de reposição hormonal como uma solução eficaz não apenas para ondas de calor, mas também para a prevenção de doenças cardíacas e osteoporose. Afinal, os primeiros estudos científicos e muitos relatos subjetivos confirmavam as alegações: as mulheres que faziam terapia de reposição hormonal relataram ter menos ondas de calor, ao mesmo tempo que apresentavam menos perda óssea e uma taxa mais baixa de doenças cardíacas do que as que optaram por não fazer a reposição. Embora a terapia de reposição hormonal apresentasse um risco de câncer de mama que valia a pena considerar, as mulheres foram orientadas a não se preocuparem muito com isso, a não ser em casos de histórico familiar da doença. A escolha parecia óbvia: assim que a menopausa chegasse, era hora de começar a tomar hormônios. Assim, nos anos 1990, a terapia hormonal não era administrada apenas para a mulher ser "feminina para sempre", mas também para ser "saudável para sempre".

CAINDO EM DESGRAÇA

Em 2002, uma bomba explodiu no meio médico. O estudo que causou a comoção foi chamado de Women's Health Initiative (WHI) [Iniciativa da saúde das mulheres]. O estudo, financiado pelo governo dos Estados Unidos, teve início nos anos 1990 e pretendia investigar os efeitos da terapia de reposição hormonal. Foi extraordinário tanto em sua escala quanto em sua ambição: quase 160 mil mulheres na pós-menopausa participaram de uma comparação plurianual de pílulas de estrogênio com ou sem progesterona versus placebos. O objetivo foi fornecer evidências conclusivas sobre a eficácia da terapia de reposição hormonal, com foco específico na prevenção de doenças cardíacas. Mas, em 9 de julho de 2002, os pesquisadores do estudo WHI fizeram o anúncio chocante de que estariam encerrando o projeto *três anos antes do planejado*.

Eles explicaram que a terapia de reposição hormonal se revelou "perigosa demais" para a saúde das participantes para continuar o estudo. As mulheres que tomaram hormônios tiveram mais problemas cardíacos do que as que tomaram o placebo, e não o contrário, como se acreditava até então. O risco de ter um AVC também aumentou, assim como o risco de coágulos sanguíneos e câncer de mama. Igualmente surpreendente é que até o risco de demência foi elevado. De alguma forma, descobriu-se que a terapia de reposição hormonal estava fazendo exatamente o contrário do que pretendia e muito mais. Os relatórios do Women's Health Initiative ganharam manchetes por quase seis meses. As advertências foram tão sombrias que milhões de mulheres interromperam imediatamente a terapia de reposição hormonal. As vendas de pílulas de estrogênio despencaram. O desenvolvimento de medicamentos para a menopausa foi interrompido da noite para o dia. De repente, a terapia de reposição hormonal passou a ser considerada mortal.

O ESTUDO WOMEN'S HEALTH INITIATIVE REVISITADO: AS SUBSTÂNCIAS ERRADAS, TESTADAS NA POPULAÇÃO ERRADA

Mais de vinte anos se passaram desde a bomba do estudo WHI. O debate feroz que teve início a partir daí sobre os hormônios, questionando tanto a validade do estudo quanto as suas conclusões, se mantém até hoje. Agora que a poeira baixou, podemos ver que as letras miúdas (e não tão miúdas) sobre o assunto fazem grande diferença.

A IMPORTÂNCIA DE TER (OU NÃO) ÚTERO

Vamos começar com o básico. Se você tem um útero, seu médico provavelmente prescreverá tanto estrogênio quanto progestagênio (um termo genérico que inclui diferentes tipos de hormônios progestagênicos). (Só para lembrar, isso é feito porque o estrogênio sozinho pode aumentar o risco de câncer uterino, enquanto a progesterona reduz esse risco.) Esse tratamento com dois hormônios é chamado de terapia combinada com estrogênio mais progesterona, ou estrogênio combinado com progesterona, ou terapia hormonal combinada, ou terapia estroprogestagênica. Se você fez uma histerectomia e não tem mais útero, não corre risco de câncer uterino e em geral não precisa de progesterona. Nesse caso, a prática padrão é prescrever apenas estrogênio. Isso é chamado de terapia apenas com estrogênio ou terapia com estrogênio sem oposição.

O estudo Women's Health Initiative incluiu dois ensaios clínicos concebidos para refletir essa distinção. O primeiro ensaio, que causou celeuma em 2002, foi concebido para mulheres com útero, às quais foi prescrita a terapia combinada com estrogênio mais progesterona. A progesterona usada nessa combinação é chamada de "progestina", que é uma forma sintética do hormônio. O segundo ensaio envolveu mulheres que fizeram histerectomia e receberam o Premarin, o tratamento apenas com estrogênio. Cada grupo foi comparado a um grupo de mulheres tratadas com placebo, ou seja, que não receberam hormônios. No fim, os dois ensaios acabaram sendo interrompidos devido ao aumento do risco de AVC e trombose. Mas o risco de câncer de mama só aumentou para as mulheres que fizeram a terapia com estrogênio mais progestina. O tratamento apenas com estrogênio teve o efeito oposto, com uma ocorrência 22% *mais baixa* de câncer de mama. O problema é que a mídia se concentrou no medo do câncer causado pelo primeiro ensaio, gerando um pânico em torno dos dois tipos de terapia de reposição hormonal e deixando uma apreensão que se mantém até hoje. Mas já temos uma ideia melhor das condições que podem aumentar o risco do câncer, se é que isso acontece, o que discutiremos mais adiante.

ORAL, TRANSDÉRMICO, BIOIDÊNTICOS, COMPOSTOS... SÃO TANTAS DECISÕES!

Outro problema do creme usado no estudo WHI foi que diferentes preparações de estrogênio podem ter efeitos diferentes. Hoje, temos dois tipos principais disponíveis:

- *Estrogênios equinos conjugados.* O tipo de estrogênio usado nos ensaios do estudo WHI é chamado de *estrogênio equino conjugado.* Trata-se de uma fórmula concentrada produzida a partir da urina de éguas prenhes, que normalmente contém mais de dez formas diferentes de estrogênio, principalmente estrona, e quantidades menores de estradiol.
- *Estradiol.* Hoje em dia, o próprio estradiol está disponível e é chamado *estradiol micronizado.* Em geral é produzido a partir do inhame, cujas moléculas foram ajustadas até serem idênticas, átomo por átomo, ao estradiol produzido pelos ovários. Por esse motivo, também é conhecido como estrogênio bioidêntico.

Replicações sintéticas das preparações equinas, chamadas *estrogênios conjugados sintéticos,* também estão disponíveis, assim como o estradiol sintético (*etinilestradiol*), muito utilizado em contraceptivos hormonais.

Esses são os principais tipos de estrogênio à nossa disposição. Além disso, a forma como o estrogênio é administrado e se os efeitos são locais ou generalizados também fazem diferença. A terapia de reposição hormonal é uma terapia sistêmica, o que significa que é concebida para liberar hormônios pela corrente sanguínea para serem absorvidos pelo corpo todo, tendo, portanto, efeitos sistêmicos. Isso acontece por meio de duas vias principais de administração:

- *Via oral*. Nos ensaios do estudo WHI, o estrogênio (especificamente, o estrogênio equino conjugado) era tomado em altas doses e sempre por via oral, na forma de comprimidos. O estrogênio oral é metabolizado pelo fígado, o que pode causar complicações antes de desenvolver seu trabalho. Os cientistas acreditam que o uso de estrogênio equino conjugado oral pode ter interferido nos resultados dos estudos do WHI, uma vez que algumas pesquisas descobriram que o estradiol oral pode ser mais seguro do que os estrogênios equinos conjugados orais.
- *Via transdérmica (através da pele)*. A pele absorve o estrogênio transdérmico, que entra diretamente na corrente sanguínea, sem passar pelo fígado. Apesar de ensaios clínicos ainda estarem sendo feitos para analisar minuciosamente os efeitos do estrogênio transdérmico, dados observacionais sugerem que é menos arriscado do que a administração oral de estrogênio. O estrogênio transdérmico está disponível na forma de adesivos, gel, creme ou spray.

A terapia de reposição hormonal sistêmica é diferente da terapia local com estrogênio, que é aplicada diretamente na parte afetada e, portanto, tem efeitos tópicos (locais). Preparações de estrogênio em baixas doses são usadas para tratar sintomas vaginais da menopausa, como secura vaginal, irritação e dor. O estrogênio tópico é administrado em creme, supositório, gel ou anéis inseridos diretamente na vagina.

As preparações de estrogênio não são a única peça do quebra-cabeça que requer atenção. Acontece que o tipo de progesterona também pode fazer diferença. Os tratamentos podem usar a progestina, que é uma forma sintética do hormônio, ou a própria progesterona, derivada de fontes naturais. A progestina usada nos ensaios do estudo WHI foi o *acetato de medroxiprogesterona*, que também tem seus problemas. Apesar de o acetato de medroxiprogesterona não ter apresentado risco de câncer uterino, há razões para acreditar que pode ter contribuído para o maior risco de câncer de mama. É importante manter em mente que essa constatação não significa que o acetato de medroxiprogesterona foi o único fator em jogo. Mesmo assim, as formulações mais recentes normalmente contêm *progesterona micronizada*, que, como o estradiol, é uma réplica molecular da progesterona produzida naturalmente pelas mulheres, tornando-a bioidêntica. Há poucas evidências de que a combinação de estrogênio e progesterona bioidênticos aumente o risco de câncer de mama. Também vale observar que, embora o estrogênio possa ser administrado de diferentes maneiras, a progesterona normalmente é administrada por via oral.

Antes de prosseguirmos, eu gostaria de esclarecer alguns fatos sobre os hormônios bioidênticos. O termo *bioidêntico* refere-se a hormônios que são uma réplica perfeita daqueles produzidos pelo corpo das mulheres. Mas alguns estudiosos alegam que os hormônios bioidênticos podem ser "mais seguros" ou mais eficazes do que outros hormônios. Já que estamos falando de formulações aprovadas nos Estados Unidos pela FDA e testadas em rigorosos ensaios clínicos, outros tipos de hormônios são perfeitamente seguros para uso.

Outra fonte potencial de confusão são hormônios bioidênticos compostos e aprovados pelo governo. Nas preparações aprovadas, cada ingrediente é regulamentado e monitorado quanto à pureza e eficácia e testado quanto a efeitos colaterais. Já os hormônios manipulados preparados em uma farmácia de manipulação podem usar formulações não testadas e combinar vários hormônios. Eles também podem ser administrados por vias não padronizadas ou não testadas e às vezes são prescritos com base em testes hormonais salivares ou urinários — uma prática considerada não confiável. Em geral, os benefícios potenciais dos hormônios bioidênticos podem ser alcançados usando produtos licenciados convencionalmente. Hormônios bioidênticos compostos podem ser uma boa alternativa no caso de alergia a ingredientes de uma formulação aprovada pelo governo ou se dosagens específicas não estiverem disponíveis. Agora, vamos voltar ao estudo Women's Health Initiative e, o mais importante, a como usar a terapia de reposição hormonal a nosso favor!

TIMING É TUDO

Outra grande preocupação sobre o estudo do Women's Health Initiative era o momento ideal de começar a fazer a terapia de reposição hormonal. Depois de anos examinando os estudos, constatamos que os riscos e benefícios da terapia de reposição hormonal variam com base em dois outros fatores: a idade da mulher e o tempo que ela passa na menopausa. Essa ideia recebeu o nome de "hipótese do *timing*". Nos termos mais simples possíveis, os efeitos do estrogênio parecem depender do momento em que começamos a tomá-lo.

No início confiante da terapia de reposição hormonal, décadas antes do estudo WHI, a maioria das mulheres começava a tomar hormônios aos 50 e poucos anos devido aos sintomas da menopausa. Ao contrário da utilização na vida real, a maioria das participantes no estudo WHI era mulheres pós-menopáusicas na faixa dos 60 e 70 anos, se não mais velhas, e muito poucas apresentavam quaisquer sintomas da menopausa. Essa diferença de dez a vinte anos levaria a uma enorme diferença nos resultados. Na verdade, muitos estudos científicos esclareceram que a terapia de reposição hormonal é mais eficaz enquanto o corpo ainda está receptivo ao estrogênio. Essa receptividade ocorre quando a mulher está no auge da menopausa e pode se estender enquanto os sintomas persistirem, mas não muito depois desse período. Durante essa janela crítica da menopausa, o estrogênio pode melhorar e proteger a saúde celular por todo o corpo. Mas, se tomado durante muito tempo depois, pode perder o poder de fortalecer ou reparar e tem o potencial de causar efeitos prejudiciais. Esse fato esclarece como a terapia de reposição hormonal poderia beneficiar uma mulher na faixa dos 50 anos, sem ter efeito algum ou até prejudicar uma mulher vinte anos mais velha.

Outro fator que vale a pena avaliar é que, considerando a idade da maioria das mulheres que participaram do estudo WHI, muitas já poderiam ter desenvolvido alguns problemas de saúde que o ensaio buscava prevenir. Por exemplo, como as artérias das mulheres têm maior propensão a enrijecer após a menopausa, o início atrasado da terapia de reposição hormonal pode ter reduzido a eficácia da terapia hormonal em reverter ou reduzir esse problema. Como a terapia de reposição hormonal também aumenta o risco de trombose e as mulheres mais velhas são mais suscetíveis à formação de coágulos sanguíneos, administrar a terapia de reposição hormonal pode ter contribuído para uma maior ocorrência de ataques cardíacos. Preocupações semelhantes foram levantadas em relação ao aumento dos riscos de câncer de mama e demência.

Por que, você poderia perguntar, o ensaio clínico mais famoso da história da saúde da mulher selecionaria mulheres que já tinham passado da menopausa?

Em primeiro lugar, quando o WHI foi lançado, havia ainda poucos estudos para investigar o funcionamento do estrogênio no corpo e no cérebro feminino. Como vimos no Capítulo 2, esses mecanismos só foram descobertos alguns anos depois do início do WHI. A hipótese do *timing* discutida acima só foi formulada nada menos que uma década depois. Portanto, o estudo WHI foi feito na ausência de algumas informações muito importantes. Além disso, como é comum acontecer em pesquisas, a decisão de recrutar mulheres com 60 anos ou mais foi tomada com base em considerações estatísticas. O estudo WHI foi concebido principalmente para testar a terapia de reposição hormonal para a prevenção de doenças cardíacas, mas o ensaio estava programado para ser realizado por apenas oito a nove anos. Como ataques cardíacos e AVCs tendem a começar a ocorrer após a menopausa, o estudo WHI só tinha como determinar se a terapia de reposição hormonal poderia prevenir esses problemas recrutando mulheres que já tivessem idade suficiente para atingir essa zona de perigo antes do fim do estudo. Infelizmente, esse plano saiu pela culatra.

A decisão de usar acetato de medroxiprogesterona e estrogênio equino conjugado oral como os únicos hormônios de teste baseou-se em parte nas opções limitadas de terapia de reposição hormonal da época e em parte devido a considerações financeiras. Não é nada barato fazer ensaios de medicamentos. A Wyeth se ofereceu para fornecer terapia de reposição hormonal gratuitamente durante todo o estudo, o que já foi uma grande ajuda. Além disso, esses mesmos hormônios já eram usados por milhões de mulheres, de modo que fazia sentido testá-los em ensaios rigorosos. Ainda bem que isso foi feito. Embora não tenha sido a intenção dos pesquisadores, o estudo WHI revelou um fato importantíssimo:

administrar a mulheres mais velhas na pós-menopausa pílulas orais contendo altas doses de estrogênio equino conjugado e acetato de medroxiprogesterona (basicamente o padrão da época) não era uma boa ideia.

São essas constatações do estudo que deveriam ter ganhado manchete na mídia em vez do que a maioria das mulheres ouviu nos noticiários em 2002. Além disso, dezenas de estudos realizados posteriormente restauraram a confiança de que, para mulheres saudáveis que experimentam os sintomas da menopausa, os benefícios de tomar hormônios — administrados em doses mais baixas e muitas vezes por via transdérmica — geralmente superam os riscos. Mas essas descobertas foram feitas aos poucos, sem causar o alvoroço midiático provocado pelos resultados do estudo WHI. O que acabou acontecendo é que a reputação da terapia de reposição hormonal nunca se recuperou totalmente, levando a amplas consequências. Com o antigo estudo ainda ressoando em nossa mente, dá para entender que a maioria das mulheres não sabe ao certo se deve ou não usar a terapia de reposição hormonal para aliviar os sintomas da menopausa.

A JANELA DE OPORTUNIDADE

Já vimos que é melhor interromper a terapia de reposição hormonal depois de um tempo, mas qual é o melhor momento de começar? Será que a terapia de reposição hormonal é mais segura para mulheres *mais jovens* do que as participantes do estudo WHI — mulheres na perimenopausa e mulheres na pós-menopausa que ainda apresentam sintomas, o que é um sinal de que seu corpo e cérebro ainda estão em transição?

A hipótese do *timing* está ganhando força. Um grande número de estudos científicos demonstrou que a terapia de reposição hormonal iniciada no momento certo pode reduzir os sintomas da menopausa, ao mesmo tempo que tem o potencial de proteger contra doenças cardíacas e outras condições crônicas. Por exemplo, estudos em primatas mostraram que o estrogênio pode ser muito eficaz para proteger contra doenças cardíacas quando administrado durante a menopausa em fêmeas. Quando o estrogênio é administrado a primatas no momento equivalente a seis anos humanos após esse período, o efeito protetor é anulado — a janela já fechou. Cientistas que usam ratos para encontrar uma cura para a doença de Alzheimer estão descobrindo um padrão semelhante. Quando o estrogênio é administrado a camundongos na perimenopausa ou que entraram recentemente na pós-menopausa, ele estimula o crescimento celular, ajuda no funcionamento cerebral e pode até prevenir a formação de placas de Alzheimer. Mas, quando administrada muito tempo após a menopausa, a terapia de reposição hormonal não traz benefício algum e pode ser prejudicial aos animais.

Em geral, várias linhas de evidência sugerem que a terapia de reposição hormonal pode ser benéfica contra essas condições quando iniciada a tempo. Por exemplo, o estudo WHI incluiu uma pequena porcentagem de mulheres na casa dos 50 anos ou, em termos mais gerais, até dez anos após o início da menopausa, quando o ensaio teve início. Para essas mulheres, a terapia de reposição hormonal foi associada a um risco *reduzido* de ataques cardíacos e mortes por doenças cardíacas e a uma taxa de mortalidade geral mais baixa do que a de mulheres que não tomaram hormônios. Novos estudos também sugerem que a terapia de reposição hormonal pode proteger contra o declínio cognitivo, pelo menos para algumas mulheres, uma questão que discutiremos mais adiante. Felizmente, um número crescente de evidências positivas levou a uma mudança de atitude sobre a prescrição da terapia de reposição hormonal na prática clínica.

RECOMENDAÇÕES ATUALIZADAS PARA O USO DA TERAPIA DE REPOSIÇÃO HORMONAL

Até pouco tempo atrás, a maioria das associações médicas recomendava *extrema* cautela ao prescrever a terapia de reposição hormonal. As mulheres eram orientadas a usar a terapia de reposição hormonal para um número limitado de sintomas, na dose mais baixa possível e pelo menor tempo possível. Então, em 2022, após uma revisão minuciosa de muitas descobertas positivas acumuladas ao longo do tempo, a North American Menopause Society [Sociedade Norte-Americana de Menopausa] publicou uma declaração de posicionamento atualizada, incluindo revisões surpreendentes sobre os riscos e benefícios da terapia de reposição hormonal. Essas revisões, que foram corroboradas por outras vinte organizações internacionais, conferem mais flexibilidade, ao mesmo tempo que levam em consideração que nenhuma mulher é igual a outra. Vamos dar uma olhada nessas atualizações.

A TERAPIA DE REPOSIÇÃO HORMONAL AUMENTA O RISCO DE CÂNCER DE MAMA?

A primeira dúvida que passa pela cabeça das mulheres que se aproximam da menopausa é se a reposição de estrogênio aumentará o risco de câncer de mama. Devo tomar hormônios e me livrar das ondas de calor, mas correr o risco de ter câncer, ou devo recusar a terapia de reposição hormonal e aguentar firme até os sintomas desaparecerem?

Como vimos, essas dúvidas foram instigadas pelos resultados do estudo WHI — especificamente, o risco 26% mais alto de câncer de mama observado com a formulação de estrogênio mais progestina. Também nesse caso, é importante analisarmos as letras miúdas. De todo o conjunto, 38 mulheres que receberam a terapia de reposição hormonal desenvolveram câncer de mama, em comparação com trinta do grupo de placebo. Basta fazer algumas contas simples para ver que isso representa 26% mais casos. Mas, em números concretos, tomar terapia de reposição hormonal resultou em apenas 8 casos de câncer de mama a mais no total. Então, outra maneira de ver esse resultado é que, para cada 10 mil mulheres que tomaram hormônios (ou seja, aquela combinação específica de estrogênio equino conjugado oral mais progestina), 8 mulheres a mais desenvolveram câncer de mama. Agora estamos falando de chances muito menos chocantes do que as sugeridas por um risco aumentado de 26%.

Outra consideração importante é que o aumento do risco de câncer de mama só surgiu após cinco anos de tratamento — e, vinte anos depois, a taxa de mortalidade das mulheres que tomaram hormônios não foi superior à do grupo de placebo. Também é importante lembrar do outro ensaio do WHI, no qual o tratamento apenas com estrogênio para mulheres com histerectomia resultou em sete casos de câncer de mama *a menos* do que o placebo — o que representa uma *redução* de 24%. São detalhes importantes, mas pouco mencionados pela mídia.

Com base nessas informações e em dados adicionais coletados após o fim do estudo, a maioria das associações médicas concordou que o risco geral de câncer de mama relacionado com a terapia de reposição hormonal de fato é baixo, sendo que as orientações atuais o definem como uma "ocorrência rara". Nas palavras de JoAnn Pinkerton, diretora-executiva da Sociedade Norte-Americana de Menopausa, "a maioria das mulheres saudáveis com menos de 60 anos ou dentro de dez anos após a última menstruação pode fazer terapia hormonal sem medo se tomar estrogênio isolado ou combinado com progesterona". Quando iniciada nesse período, a terapia de reposição hormonal pode ajudar a aliviar muitos sintomas da menopausa, além de ser associada a um risco reduzido de fratura de quadril, doenças cardíacas, câncer colorretal e diabetes em longo prazo. Cabe aqui uma advertência: isso depende de não haver histórico anterior de câncer de mama, uma vez que o risco de recorrência do câncer continua sendo uma possibilidade. Se esse for o seu caso, pule para o Capítulo 11, que se concentra especificamente nesse tema. Para mulheres que nunca tiveram câncer, vejamos alguns números:

- A terapia combinada com estrogênio mais progesterona não aumenta consideravelmente o risco de câncer de mama em curto prazo (menos de cinco anos), mas está associada a um aumento relativamente pequeno do risco em longo prazo (mais de cinco anos). Esse aumento está mais intimamente associado ao estrogênio equino conjugado oral combinado com acetato de medroxiprogesterona (a forma sintética de progesterona utilizada no estudo WHI) do que às formulações mais recentes, como o estrogênio e a progesterona bioidênticos.
- A terapia apenas com estrogênio não aumenta o risco de câncer de mama em mulheres que não tiveram câncer e não têm útero (ou seja, que fizeram histerectomia) quando

administrada durante um período de até dez anos. Ainda não temos dados definitivos suficientes após esse período de dez anos, mas estudos observacionais sugerem que o risco de câncer pode permanecer baixo por períodos mais longos.

- O estrogênio vaginal (tópico) não foi associado a um risco aumentado de câncer de mama em curto ou longo prazo.

Também é interessante contextualizar o risco de câncer de mama associado à terapia de reposição hormonal. Na verdade, vários fatores comuns de saúde e de estilo de vida representam um risco semelhante ou até maior de câncer de mama em comparação com a terapia de reposição hormonal. Por exemplo, o simples fato de ter uma vida sedentária acarreta um risco semelhante de câncer de mama em comparação com a terapia de reposição hormonal. Além disso, consumir duas taças de vinho por dia ou estar consideravelmente acima do peso pode dobrar o risco de câncer de mama em comparação com qualquer forma de terapia de reposição hormonal. Então, embora seja importante analisar e discutir a relação entre a terapia de reposição hormonal e o risco de câncer, é igualmente importante considerar essa discussão no contexto da saúde como um todo, do estilo de vida e das escolhas médicas.

USO EM CURTO PRAZO OU LONGO PRAZO

As diretrizes médicas passaram muitos anos orientando as pacientes a usar a menor dose de terapia de reposição hormonal pelo menor tempo possível para manter os sintomas sob controle e, mesmo assim, somente quando indicado. Hoje, a comunidade médica reconhece que essa abordagem pode ter sido inadequada e até prejudicial para algumas mulheres. O consenso atual é que a terapia de reposição hormonal não precisa ser interrompida rotineiramente em mulheres com mais de 60 anos, especialmente na presença de sintomas persistentes da menopausa ou problemas de qualidade de vida. De acordo com as associações médicas, os dados já não suportam esse ponto de corte e não devem ser impostos limites arbitrários à duração do tratamento se os sintomas persistirem, embora a recomendação seja sempre fazer uma reavaliação individualizada dos riscos e benefícios.

MENOPAUSA ESPONTÂNEA, PRECOCE E CIRÚRGICA

A principal conclusão das últimas duas décadas de pesquisa é que a idade faz diferença nos resultados da terapia de reposição hormonal. Ao contrário do que se costuma pensar, a terapia hormonal é, sim, recomendada para mulheres que passam pela menopausa precoce, na ausência de contraindicações. Ela pode ajudar pessoas com menopausa prematura ou precoce resultante de fatores genéticos, falência ovariana prematura ou distúrbios autoimunes ou metabólicos e particularmente em caso de menopausa cirúrgica resultante de uma ooforectomia. A menopausa cirúrgica é uma experiência muito mais difícil para a maioria das mulheres em comparação com a menopausa espontânea. Infelizmente, as mulheres que se submetem a esse procedimento em geral recebem pouca orientação ou preparação e muitas vezes não fazem ideia do que acontece depois. Então, é muito importante deixar claro que a terapia de reposição hormonal é uma opção viável para muitas mulheres que passam pela menopausa precoce após a ooforectomia. Especialistas acreditam que as pacientes elegíveis devem ser incentivadas a iniciar a terapia de reposição hormonal o mais rápido possível após a cirurgia e a *manter* o tratamento pelo menos até a idade média da menopausa, aproximadamente aos 51 anos. Foi demonstrado que esse regime é eficaz para tratar ondas de calor e desconforto vaginal e proteger contra a perda óssea. Dados observacionais também mostram que a terapia de reposição com estrogênio, combinado com progesterona, se o útero for mantido, pode reduzir o risco de futuras doenças cardíacas e de comprometimento cognitivo após a ooforectomia.

INICIANDO A TERAPIA DE REPOSIÇÃO HORMONAL APÓS A MENOPAUSA

E se você tem mais de 60 anos ou entrou na menopausa há mais de dez anos? É seguro iniciar a terapia de reposição hormonal nesse caso? Considerando tudo o que sabemos e o que não sabemos com base nas pesquisas, essa decisão requer a avaliação de vários fatores. Se há algo que aprendemos com o estudo WHI é que começar a tomar altas doses de estrogênio oral muito depois da menopausa pode aumentar o risco de alguns problemas crônicos, como doenças cardíacas. Se a terapia de reposição hormonal for iniciada após os 60 anos ou mais de dez anos após a menopausa, as associações médicas recomendam doses baixas de hormônios e, de preferência, opções transdérmicas, como adesivo ou gel, para aliviar os sintomas persistentes da menopausa ou problemas de qualidade de vida. Na ausência de contraindicações, que já são raras, o estrogênio vaginal pode ser iniciado em qualquer idade.

CONTRAINDICAÇÕES E INDICAÇÕES APROVADAS PARA A TERAPIA DE REPOSIÇÃO HORMONAL

As contraindicações atuais para a terapia hormonal sistêmica incluem:

- Gravidez.
- Sangramento vaginal sem explicação conhecida ou anormal.
- Doença hepática ativa.
- Hipertensão não controlada (pressão alta).
- Câncer sensível a hormônios conhecido ou suspeito, como câncer de mama.
- Tratamento atual para câncer de mama.
- Doença tromboembólica arterial ativa ou recente (ou seja, um coágulo sanguíneo que se desenvolve em uma artéria).
- Tromboembolismo venoso prévio ou atual (ou seja, coágulos sanguíneos nas veias, pernas ou pulmões).
- Doença coronariana prévia ou atual ou doença arterial coronariana, AVC ou infarto do miocárdio.

Mas pode haver exceções com base no histórico de saúde pessoal, que deve ser discutido com seu médico. Por exemplo, ter tido um coágulo sanguíneo é considerado uma contraindicação "leve" que requer uma avaliação mais aprofundada. A via de administração da terapia de reposição hormonal também pode fazer diferença, pois o risco de AVC e coágulos sanguíneos é menor com as vias transdérmicas. É importante ressaltar que ter um histórico familiar de qualquer uma das condições acima não é uma contraindicação, embora justifique uma avaliação médica. Para esclarecer esse conceito, a terapia hormonal em geral não é recomendada se *você mesma* tem (ou teve) câncer estrogênio-dependente — e não porque alguém da sua família tem (ou teve) câncer de mama.

Para mulheres elegíveis, a terapia de reposição hormonal não é apenas recomendada, mas também aprovada pela agência estadunidense FDA para:

• • • Sintomas vasomotores

A terapia de reposição hormonal continua sendo a primeira opção de tratamento para o alívio dos sintomas vasomotores moderados a graves da menopausa, também conhecidos como ondas de calor e suores noturnos. Em ensaios clínicos, tanto os regimes de estrogênio isolado como de estrogênio mais progesterona reduziram o número de ondas de calor em cerca de 75% das mulheres, ao mesmo tempo que reduziram sua intensidade. As formulações transdérmicas parecem ser tão eficazes quanto as opções orais.

• • • Prevenção da osteoporose

Foi demonstrado que a terapia de reposição hormonal previne a perda óssea e reduz fraturas em mulheres sem osteoporose. Se a paciente já tiver osteoporose, outros medicamentos são melhores.

• • • Sintomas geniturinários (genital-urinários)

A síndrome geniturinária da menopausa inclui secura vaginal, queimação e irritação, dor e redução da lubrificação durante a atividade sexual, bem como incontinência urinária, bexiga hiperativa e infecção urinária de repetição. O tratamento preferencial é o estrogênio vaginal em baixas doses, administrado na forma de cremes, comprimidos, anéis e géis, que podem ser aplicados na área vaginal para reduzir irritações, ressecamento e afinamento dos tecidos. Infelizmente, apenas 25% das mulheres que sofrem de atrofia vaginal utilizam esse tratamento, em parte devido ao temor de câncer de mama. Como se isso não bastasse, o governo norte-americano incluiu uma etiqueta preta de advertência na embalagem, o que desencorajou ainda mais médicos e pacientes a considerarem essa opção. Mas essas advertências baseiam-se nas conclusões do WHI, que simplesmente não avaliou o uso do estrogênio vaginal. Vale a pena ler de novo: baixas doses de estrogênio vaginal *não* foram associadas a um risco aumentado de câncer. Em casos raros, algumas pacientes podem não ser elegíveis para o estrogênio de administração local; nesse caso, o melhor tratamento é um hidratante vaginal não hormonal. Note que o estrogênio vaginal pode não aumentar a libido ou o interesse sexual. Nesse caso, a melhor opção é a terapia de reposição hormonal sistêmica, e as formulações transdérmicas de estrogênio podem ser preferíveis às formas orais. A terapia com testosterona é outra opção, que discutiremos no próximo capítulo.

OUTRAS INDICAÇÕES

Embora a terapia de reposição hormonal atualmente tenha sido barrada nos Estados Unidos pela FDA para alterações de sono, humor ou desempenho cognitivo durante a menopausa, muitos médicos a prescrevem com base em relatos de seus benefícios, especialmente durante o caos hormonal dos anos da perimenopausa. Especificamente:

••• Distúrbios do sono

Embora sejam necessárias mais evidências, vários estudos indicam que baixas doses de estrogênio, com ou sem progesterona, podem reduzir os distúrbios do sono em mulheres na perimenopausa, em parte devido à redução da sudorese noturna, ao mesmo tempo que reduzem a insônia em mulheres na pós-menopausa.

● ● ● Sintomas depressivos

Nesse caso, é importante investigar primeiro se os sintomas são decorrentes de depressão da perimenopausa ou de depressão maior. Trata-se de uma resposta hormonal ou tem alguma outra causa? O tratamento apropriado dependerá disso. Antidepressivos ou psicoterapia são o tratamento mais indicado para a depressão maior, enquanto a terapia com estrogênio é o melhor tratamento para os sintomas depressivos leves associados à perimenopausa. Produz efeitos semelhantes aos medicamentos antidepressivos enquanto atua na causa dos sintomas. A terapia com estrogênio pode ser combinada com antidepressivos, se necessário. No entanto, ela não é recomendada para sintomas depressivos *severos*, de modo que é importante consultar um profissional da saúde qualificado para tomar uma decisão informada. De acordo com as orientações atuais, a terapia de reposição hormonal pode não ser eficaz como um tratamento para a depressão após a menopausa, embora possa ajudar a melhorar a resposta clínica aos antidepressivos, especialmente para mulheres na pós-menopausa que ainda têm ondas de calor.

● ● ● Névoa cerebral e esquecimento

Acho que já deu para entender que a saúde cognitiva das mulheres está no centro do meu trabalho, o que naturalmente me levou a investigar a terapia de reposição hormonal como uma maneira de manter a memória e prevenir a demência. Uma das primeiras questões que busquei esclarecer foi: a terapia de reposição hormonal pode melhorar a queda na função cognitiva na perimenopausa? Os resultados são encorajadores, pois há evidências de que a terapia com estrogênio iniciada durante a perimenopausa ou na menopausa precoce pode manter e até melhorar alguns aspectos da cognição, principalmente a memória. Embora sejam necessárias pesquisas mais rigorosas, a terapia de reposição hormonal parece ajudar a dissipar a névoa cerebral e reduzir o esquecimento, pelo menos para algumas mulheres. Esses benefícios são especialmente claros para mulheres que fizeram procedimentos de histerectomia ou ooforectomia.

A outra grande questão é: a terapia de reposição hormonal pode prevenir a demência no futuro? Infelizmente, o estudo WHI continua sendo o único ensaio clínico que testou os efeitos da terapia de reposição hormonal na prevenção da demência. Como vimos, o WHI analisou mulheres que já estavam na pós-menopausa. Como seria de se esperar, elas não apresentaram quaisquer efeitos (positivos ou negativos) dependendo do tipo de terapia de reposição hormonal utilizado. A combinação de estrogênio equino conjugado oral com acetato de medroxiprogesterona aumentou o risco de demência quando iniciada em mulheres na pós-menopausa no fim da faixa dos 60 anos ou mais. Por outro lado, o estrogênio isolado não aumentou o risco de demência em relação ao placebo, o que é tranquilizador, mas ainda não é a resposta que gostaríamos de ouvir. Devemos manter em mente duas coisas importantes: não sabemos se outras formulações de terapia de reposição hormonal podem produzir resultados diferentes e é preciso testar as formulações em mulheres que estão no *auge* da menopausa, e não décadas depois.

Infelizmente, não há ensaios clínicos com mulheres mais jovens recebendo terapia de reposição hormonal no momento em que a terapia tem mais chances de ser eficaz, ou seja, durante a fase de transição para a menopausa ou logo depois. Ainda não foi feito qualquer ensaio clínico para investigar os efeitos da terapia hormonal na prevenção da demência em mulheres na perimenopausa, o que é simplesmente inaceitável. No entanto, novas análises dos resultados das poucas mulheres mais jovens (de 50 a 59 anos) incluídas no estudo WHI forneceram evidências importantes de que a terapia de reposição hormonal iniciada na meia-idade de fato pode ajudar a reduzir o risco de demência. Os resultados mostram que, à medida que essas mulheres envelheciam, as que tomaram estrogênio na meia-idade não desenvolveram declínios cognitivos com a mesma frequência das que receberam o placebo. Vários estudos observacionais relatam resultados semelhantes, levando muitos médicos a defender a terapia de reposição hormonal durante a perimenopausa ou na menopausa precoce para manter a saúde neurológica em idades mais avançadas. Por enquanto, na ausência de resultados mais conclusivos, a terapia de reposição hormonal não é recomendada para prevenir ou tratar o declínio cognitivo nem a demência. Embora ainda não tenhamos chegado lá, espero que essas recomendações mudem e evoluam ainda mais conforme reunimos mais evidências.

A PRÓXIMA GERAÇÃO DA TERAPIA DE REPOSIÇÃO HORMONAL: OS "DESIGNER ESTROGENS"

Quando se trata de terapia de reposição hormonal, muitas pessoas se sentem impelidas a tomar partido. Usar ou não usar? Pegar ou largar? Como a partida de pingue-pongue em torno desse tópico continua interminável, na prática espera-se que as mulheres façam uma escolha entre os seios e o cérebro. Como cientista, acredito que estamos fazendo a pergunta errada. Não precisamos perder tempo discutindo as opções atualmente disponíveis — precisamos de soluções melhores. A pergunta que deveríamos estar fazendo é: seria possível desenvolver um tipo de terapia de reposição hormonal que comprovadamente mantivesse e ajudasse a função cerebral *ao mesmo tempo que* não aumentasse o risco de câncer? Parece simples demais ou bom demais para ser verdade?

Entra em cena a nova geração dos chamados "designer estrogens", estrogênios projetados especificamente para fazer o que as mulheres precisam que seja feito. Esses compostos são chamados SERMs, a sigla em inglês para Moduladores Seletivos do Receptor Estrogênico. Os SERMs têm a capacidade de bloquear os efeitos do estrogênio em certas partes do corpo enquanto atuam como o estrogênio e potencializam seus efeitos em outras partes. Desse modo, podem oferecer muitos dos benefícios do estrogênio sem alguns de seus possíveis riscos. Muitos SERMs estão disponíveis na prática clínica. Por exemplo, um SERM chamado tamoxifeno é muito utilizado como a primeira opção de tratamento para o câncer de mama. O tamoxifeno bloqueia os receptores de estrogênio no tecido mamário, pois isso, na prática, impede o estrogênio de ligar-se às células cancerosas da mama, o que promoveria seu crescimento. Ao mesmo tempo simula os efeitos do estrogênio em outras partes do corpo, como nos ossos, onde pode ter efeitos positivos. É essa capacidade de bloquear o hormônio em certas áreas do corpo e ativá-lo em outras que torna os SERMs... seletivos.

Após anos de rigorosas pesquisas, Roberta Diaz Brinton (minha mentora e colega) conseguiu desenvolver um SERM *para o cérebro*. É chamado de FitoSERM. *Fito* significa que o estrogênio vem de plantas. Essa formulação genial foi desenvolvida para fornecer seletivamente estrogênio ao cérebro, ao mesmo tempo que se mantém em grande parte inativa ou mesmo inibitória no tecido reprodutivo — ou seja, não aumenta o risco de câncer de mama ou do útero. Pense no FitoSERM como um GPS de estrogênio à base de plantas para o cérebro: ele contorna os órgãos reprodutivos, entregando todos os benefícios do estrogênio diretamente ao cérebro. Em 2022, em colaboração com Brinton, lançamos um ensaio clínico, patrocinado pelos National Institutes of Health — NIH [Institutos Nacionais de Saúde dos Estados Unidos], randomizado e controlado por placebo (ou seja, um ensaio clínico completo e meticuloso) para testar os efeitos do FitoSERM no suporte à energia cerebral e à função cognitiva em mulheres na perimenopausa e com menopausa precoce. O ensaio tem o potencial de levar a resultados promissores. Com a validação clínica, nossa esperança é que essa formulação estrogênica se revele valiosa não apenas para tratar os sintomas da menopausa, mas também para fornecer uma proteção adicional ao cérebro, em particular contra a demência. Os resultados do ensaio deverão estar disponíveis por volta de 2025, o que, a julgar pela maneira como o tempo voa, vai ser em um piscar de olhos.[3]

TOMANDO UMA DECISÃO INFORMADA

É justo dizer que as mulheres na menopausa têm sido negligenciadas de uma maneira que pode ser considerada um dos grandes pontos cegos da medicina. Mas, à medida que um número crescente de pesquisas esclarece os riscos e benefícios da terapia de reposição hormonal, a situação se revela muito menos desalentadora do que nos últimos vinte anos. É hora de substituir o medo não só pelo conhecimento, mas também pela inovação. A decisão de fazer ou não

---

3. É importante esclarecer que não tenho interesse financeiro algum no ensaio e não estou tentando vender nada. Só estou apresentando a próxima fase da nossa pesquisa.

a terapia de reposição hormonal passou muitos anos baseando-se na abordagem genérica dos ensaios clínicos randomizados. Hoje se sabe que cada pessoa requer atenção personalizada, com um monitoramento contínuo de seus resultados individuais. Não estou dizendo que o risco de câncer de mama não seja um fator importante a considerar, mas também é importante levar em conta o controle dos sintomas e a qualidade de vida — e cada mulher não só tem prioridades diferentes, mas também preferências diferentes e níveis diferentes de tolerância ao risco. É importante adotar uma abordagem holística e individualizada para o manejo da menopausa, examinando orientações abrangentes e imparciais sobre o papel da terapia de reposição hormonal, bem como todo o rol de fatores de estilo de vida e tratamentos não hormonais disponíveis.

A introdução adequada da terapia hormonal pode transformar a vida de muitas mulheres da água para o vinho. Mas, embora seja necessário atualizar nosso entendimento sobre esse tratamento, é igualmente importante deixar bem claro que o estrogênio não é uma solução mágica ou uma cura milagrosa. Embora eu entenda perfeitamente o desejo de oferecer a terapia de reposição hormonal a mulheres para as quais esse tratamento é indicado, o uso indiscriminado da terapia de reposição hormonal não conta com o apoio da ciência ou das orientações das associações médicas voltadas à menopausa e corre o risco de nos levar de volta à década de 1960. São muitos fatores envolvidos na determinação do custo-benefício, e qualquer pessoa que acredita na existência de uma resposta fácil para essa questão não está dando ouvidos aos argumentos científicos nem lendo as letras miúdas. O estrogênio pode fazer muitas coisas — pode ajudar a reduzir ondas de calor, distúrbios do sono causados pelas ondas de calor, sensação de desânimo na menopausa precoce e ajudar na prevenção da osteoporose. Formulações de estrogênio vaginal podem ajudar se o sexo for doloroso e para infecções recorrentes da bexiga. No entanto, mais pesquisas precisam ser feitas antes que a terapia de reposição hormonal possa ser usada para a prevenção ou o tratamento de outros problemas de saúde, como doenças cardíacas, depressão grave ou demência. Além disso, a terapia de reposição hormonal simplesmente não é eficaz para todas as mulheres, independentemente do tipo ou da dosagem.

Além disso, apesar da importância de reavaliarmos a terapia de reposição hormonal como uma opção viável para o tratamento da menopausa, as mulheres que não podem fazê-la devido a problemas de saúde ou efeitos colaterais, as que não precisam dela, as que não se sentem bem com o tratamento e as que preferem não tomar hormônios podem se sentir desanimadas ou excluídas. Sabendo disso, gostaria de deixar claro que o respeito pela diversidade das experiências e escolhas das mulheres em relação à própria saúde é de enorme importância. É preciso reconhecer e respeitar a diversidade das pessoas e ter em mente que cada caso é um caso. Todas nós merecemos tomar as próprias decisões munidas de informações e das opções disponíveis. Desde medicamentos não hormonais até mudanças no estilo de vida, há vários outros métodos para controlar os sintomas da menopausa, melhorar a qualidade de vida e ajudar a manter a saúde do cérebro, o que discutiremos nas próximas páginas. Nunca se esqueça de que só você sabe o que é melhor para *você*.

10

OUTRAS TERAPIAS HORMONAIS E NÃO HORMONAIS

AVALIANDO OPÇÕES

Na nossa exploração do panorama da menopausa nos últimos capítulos, ficou claro que a experiência da menopausa é tão individual e intransferível quanto a impressão digital de uma pessoa. Os métodos para encontrar um alívio para os sintomas incômodos podem ser igualmente individualizados. Nos últimos anos, o retorno da popularidade da terapia de reposição hormonal trouxe consolo e conforto para muitas mulheres que têm sintomas relacionados à menopausa. No entanto, embora a terapia de reposição hormonal possa ser o tratamento mais conhecido, está longe de ser o único.

Neste capítulo, nos aprofundaremos em outras opções farmacológicas para o tratamento dos sintomas da menopausa. Essas opções incluem algumas terapias hormonais, como terapia com testosterona e alguns métodos anticoncepcionais, bem como medicamentos prescritos não hormonais. O manejo não hormonal é uma possibilidade especialmente importante quando os hormônios não são indicados devido a contraindicações médicas, como no caso de um câncer hormônio-dependente. À luz da recente ênfase na promoção da terapia de reposição hormonal, as pacientes com câncer — que já estão lidando com todo o estresse físico e emocional de seu diagnóstico e tratamento — podem se sentir excluídas ou como se só tivessem opções inferiores ao tratamento ideal para os sintomas da menopausa. Por isso é importante deixar claro que os medicamentos não hormonais representam uma alternativa absolutamente válida e confiável para tratar os sintomas da menopausa. Por exemplo, a paroxetina, um medicamento antidepressivo, é aprovada pela FDA para o tratamento de ondas de calor. Outros antidepressivos, assim como medicamentos como a gabapentina e a clonidina, também apresentam evidências de eficácia no alívio dos sintomas da menopausa. Recentemente, em 2023, a FDA aprovou o fezolinetante, um novo medicamento não hormonal desenvolvido para tratar ondas de calor de moderadas a graves. As mulheres devem discutir todas as opções disponíveis para ter acesso a tratamentos apropriados e eficazes para suas necessidades e circunstâncias individuais.

TERAPIA COM TESTOSTERONA

Conforme a menopausa se aproxima, ondas de calor, alterações de humor, redução de energia e baixa libido podem invadir a festa, levando muitas mulheres a buscarem uma solução. É então que entra em cena a testosterona, o hormônio equivalente ao segurança na porta de um clube, pronto para impedir a entrada desses sintomas inconvenientes. Mas será que esse hormônio é realmente um guarda confiável?

Apesar de a testosterona ser considerada um hormônio masculino, as mulheres também precisam dela. Na verdade, nosso corpo produz três vezes mais testosterona do que estrogênio antes da menopausa, em parte porque a testosterona é necessária para produzir estrogênio. A testosterona é produzida pelos ovários, bem como pelas glândulas suprarrenais e pelo tecido adiposo do corpo. Desse modo, seus níveis não caem tanto quanto os níveis de estradiol após a menopausa. Mas, com o envelhecimento, a testosterona também diminui, muitas vezes levando consigo o desejo sexual. Mulheres com baixos níveis de testosterona também podem apresentar sintomas de ansiedade, irritabilidade, depressão, fadiga, alterações de memória e insônia. Além disso, embora seja verdade que o declínio dos níveis de testosterona em geral se deva ao processo de envelhecimento e não à menopausa espontânea, a menopausa *induzida* pode estar associada a uma queda muito mais abrupta da testosterona, o que pode ser uma experiência bastante difícil. Mulheres com falência ovariana prematura também podem apresentar reduções mais graves nos níveis de testosterona. Essas diferenças são ignoradas com uma frequência estarrecedora quando as opções de tratamento são avaliadas.

Atualmente, a única indicação clínica para a prescrição da testosterona é a baixa libido. Essa prática se baseia em muitos estudos e ensaios clínicos que mostram que a terapia com testosterona pode ser eficaz para aumentar o desejo, a satisfação e o prazer sexual após a menopausa. Na maioria das vezes, a terapia de reposição hormonal é suficiente para aliviar esses problemas. Mas, se depois de alguns meses de terapia de reposição hormonal você ainda sentir a libido baixa, bem como cansaço e fadiga, vale a pena conversar com seu médico sobre a possibilidade de incluir a testosterona ao seu regime de terapia de reposição hormonal. Conforme recomendações atuais, a terapia com testosterona combinada com a terapia de reposição hormonal é considerada apropriada se:

- Você estiver na pós-menopausa, estiver fazendo terapia com estrogênio e estiver sentindo redução do desejo sexual sem outras causas identificáveis.
- Você teve redução do desejo sexual, depressão e fadiga após a menopausa induzida cirurgicamente e a terapia com estrogênio não aliviou seus sintomas.

Embora essas recomendações não abordem especificamente a perimenopausa, nada impede as mulheres mais jovens de também se beneficiarem da terapia com testosterona. Isso é particularmente relevante considerando que as alterações na libido muitas vezes ocorrem no início da fase de transição para a menopausa.

Atualmente, a testosterona não é recomendada para melhorar o humor ou a cognição. Apesar do que você pode ter visto na mídia, a terapia com testosterona para apoiar a função cognitiva, em particular, permanece tão controversa quanto abacaxi na pizza. A razão é que, embora alguns estudos tenham sugerido que a testosterona pode melhorar a função cognitiva, as evidências disponíveis são muito limitadas. Por um lado, alguns ensaios clínicos de pequena escala demonstraram melhoria em alguns aspectos da cognição em mulheres na pós-menopausa tratadas com testosterona em comparação com o grupo de placebo. Por outro lado, aproximadamente o mesmo número de estudos menores não encontrou melhoria alguma. Estudos realizados para investigar os efeitos da testosterona no humor das mulheres são ainda mais escassos. Em resumo, não temos evidências suficientes sobre esses potenciais benefícios para tirar conclusões confiáveis. Como sempre, precisamos de mais pesquisas!

Se você tiver interesse em experimentar a testosterona, não deixe de ponderar as três considerações a seguir. Para começar, a terapia com testosterona para a menopausa normalmente envolve a administração de uma dose baixa do hormônio por via transdérmica, por meio de um adesivo, gel ou creme. Em segundo lugar, não é necessário fazer um exame de sangue para decidir se a testosterona é uma boa opção para você. Isso porque um baixo nível de testosterona no sangue não se correlaciona com a libido baixa ou outros sintomas. Também significa que você não precisa começar a usar testosterona se o seu nível sanguíneo de testosterona estiver baixo. Mas, caso decida iniciar a terapia, pode ser interessante monitorar os seus níveis de testosterona ao longo do tempo para ajustar o tratamento conforme necessário. Também é recomendável fazer um check-up anual com seu médico para avaliar o manejo dos sintomas e se informar sobre riscos e benefícios individuais ao longo do tempo. Em terceiro lugar, se você tiver problemas com baixa libido, muitos médicos também recomendam tratar qualquer secura ou desconforto vaginal com estrogênio vaginal ou outros remédios. No caso de dor durante o sexo, é recomendável procurar um especialista para examinar seu assoalho pélvico e resolver qualquer problema de desconforto ou dor antes de começar a tomar medicamentos para a libido.

Por fim, apesar de algumas mulheres se beneficiarem da terapia com testosterona, é de vital importância ponderar com muito cuidado os riscos e benefícios potenciais de acordo com seu caso específico. Também precisamos de estudos mais rigorosos para fornecer evidências claras que confirmem a eficácia e a segurança em longo prazo da terapia com testosterona, especialmente no que diz respeito a seus efeitos nos tecidos mamário e endometrial. A vantagem é que a terapia com testosterona tem poucos efeitos colaterais — em grande parte é apenas um aumento de pelos corporais no local da aplicação. Ao contrário do que se costuma acreditar, queda de cabelos, acne e hirsutismo (aumento da quantidade de pelos no corpo) são efeitos incomuns, assim como a voz mais grave.

ANTICONCEPCIONAIS

Outra maneira possível de controlar alguns sintomas da menopausa é um tratamento que você pode ter pensado que nunca mais precisaria considerar: anticoncepcionais. Embora o principal objetivo dos anticoncepcionais seja prevenir a gravidez, métodos anticoncepcionais hormonais, como contraceptivos orais combinados, pílulas de progestina isolada e dispositivos intrauterinos hormonais (DIUs), fornecem pequenas doses de estrogênio e/ou progesterona que ajudam a regular os níveis hormonais, equilibrando o ciclo menstrual. Esses anticoncepcionais podem ajudar a reduzir o sangramento e as cólicas menstruais bem como aliviar sintomas de doenças como a síndrome dos ovários policísticos e a endometriose. (O DIU de cobre não contém hormônios e não é abordado aqui.)

Veja como os anticoncepcionais hormonais podem ajudar durante a menopausa:

- *Regulação do ciclo menstrual.* Ao fornecer um suprimento consistente de hormônios, os contraceptivos hormonais podem ajudar a regular os ciclos menstruais e a reduzir o sangramento irregular durante a perimenopausa.
- *Redução de ondas de calor.* Ensaios clínicos demonstraram que contraceptivos orais em baixas doses podem reduzir a frequência e a intensidade das ondas de calor e suores noturnos. Em vários estudos com mulheres na perimenopausa, as que

receberam contraceptivos orais em baixas doses experimentaram uma redução média de 25% nos sintomas vasomotores.
- *Saúde óssea.* Tomar contraceptivos orais durante a perimenopausa pode ajudar a aumentar a densidade óssea, reduzindo o risco de osteoporose no futuro.
- *Redução do risco de câncer endometrial e ovariano.* O uso de contraceptivos orais foi associado a um risco reduzido de desenvolvimento de câncer de endométrio e de ovário.

Em geral, o controle da natalidade à base de hormônios pode oferecer algum alívio a mulheres que apresentam sintomas da menopausa. Mas, como é o caso de qualquer medicamento, é importante considerar os possíveis efeitos colaterais, riscos à saúde e reações individuais ao tratamento. O contraceptivo hormonal pode não ser adequado para todas as mulheres, especialmente as que tiverem histórico de trombose, certos tipos de câncer ou outros problemas de saúde. Os efeitos colaterais podem incluir ganho de peso, sensibilidade mamária e náusea. Alterações de humor e diminuição da libido são menos comuns.

Nos últimos anos, uma possível ligação entre o controle da natalidade e a saúde mental tem chamado a atenção e gerado controvérsia. Esse debate foi instigado por alguns estudos que relataram associações entre contraceptivos hormonais e um risco aumentado de depressão. O mais amplo estudo até o momento analisou dados de mais de 1 milhão de mulheres dinamarquesas com idade entre 15 e 34 anos e mostrou que aquelas que utilizavam contracepção hormonal apresentaram maior probabilidade de começar a tomar antidepressivos em comparação com as que não utilizavam contracepção hormonal. Esses resultados renderam manchetes, suscitando sérias preocupações. Mas, quando analisamos os dados, é importante notar que o aumento no número de casos foi relativamente baixo. Na verdade, apenas cerca de duas a três mulheres do primeiro grupo (usuárias de contracepção hormonal) começaram a usar antidepressivos todos os anos em comparação com uma a duas mulheres do segundo grupo (não usuárias de contracepção hormonal). Desse modo, estamos falando de uma diferença de apenas uma ou duas mulheres. Mesmo assim, as mulheres que consideram a contracepção hormonal devem discutir com seu médico seu histórico de saúde mental, especialmente um histórico de depressão, e quaisquer considerações relacionadas para poder tomar decisões informadas sobre suas opções.

Em geral, a contracepção hormonal pode ser uma alternativa interessante de terapia hormonal com benefícios contraceptivos durante a perimenopausa, muitas vezes aliviando os sintomas vasomotores. Se você tiver interesse nessa opção, veja a seguir algumas perguntas frequentes:

Tomar contraceptivos pode atrasar ou acelerar a perimenopausa ou o início da menopausa?
Não, o controle da natalidade não atrasa nem precipita a menopausa. Mas o que pode acontecer é ocultar as irregularidades menstruais que geralmente dão os primeiros sinais de que você está se aproximando da menopausa. As pílulas combinadas (pílulas com estrogênio e progesterona) causam a chamada "hemorragia de privação" mensal (o sangramento que ocorre no intervalo entre duas cartelas de pílula) que pode ser igual a uma menstruação. Mesmo depois da menopausa, você pode continuar tendo sangramentos similares à menstruação. Se usar um contraceptivo só com progestagênio, em forma de pílula, implante, injeção ou DIU, você pode não ter

menstruação. Nesse caso, pode ser difícil saber se você completou a fase de transição para a menopausa. A melhor maneira de determinar se você está na menopausa enquanto toma anticoncepcionais é fazer uma avaliação com um ginecologista.

A terapia de reposição hormonal pode ser usada no lugar da contracepção?
Não, pois a terapia de reposição hormonal não é um método contraceptivo.

Posso parar de usar anticoncepcionais na perimenopausa ou pós-menopausa?
Embora a probabilidade de engravidar diminua depois dos 45 anos, ainda há uma boa chance. Você ainda pode ovular (produzir óvulos) enquanto ainda estiver menstruando, mesmo se a produção for irregular. De acordo com as recomendações atuais, as mulheres com menos de 50 anos são orientadas a continuar usando métodos contraceptivos por dois anos após a última menstruação para evitar a gravidez. As mulheres com mais de 50 anos são aconselhadas a usar métodos contraceptivos por um ano após a última menstruação. Seu médico pode lhe dar orientações específicas com base em sua situação individual e seu histórico de saúde.

Posso tomar anticoncepcionais simultaneamente à terapia de reposição hormonal?
Muitos métodos anticoncepcionais podem ser usados com segurança juntamente com a terapia de reposição hormonal.

ANTIDEPRESSIVOS

Embora as terapias hormonais possam ajudar com uma ampla variedade de sintomas físicos e cerebrais da menopausa, não podemos deixar de falar sobre o papel dos antidepressivos. No campo do tratamento da menopausa, os antidepressivos ganharam uma reputação um tanto negativa, principalmente porque mulheres que apresentam sintomas da menopausa não raro são diagnosticadas erroneamente com ansiedade ou depressão. Nesse caso, antidepressivos podem ser prescritos em vez de um tratamento direcionado para a menopausa. Esse erro de diagnóstico perpetua a ideia de que os antidepressivos são uma solução inadequada ou inapropriada. Mas, quando usados corretamente e sob orientação de um profissional qualificado, esses medicamentos podem fornecer um grande alívio dos sintomas da menopausa, como ondas de calor e depressão, ao mesmo tempo que melhoram a qualidade de vida de muitas mulheres. Na verdade, antidepressivos específicos são recomendados como a primeira opção de tratamento para ondas de calor em mulheres que não podem tomar estrogênio, como aquelas com câncer hormônio-dependente. É importante ressaltar que muitos estudos foram realizados em mulheres com histórico de câncer de mama, indicando que esses medicamentos podem reduzir em 20% a 60% as ondas de calor em comparação com um placebo.

Também é importante observar que antidepressivos podem ser tão úteis quanto a terapia de reposição hormonal em circunstâncias específicas, incluindo o tratamento de sintomas depressivos graves durante a perimenopausa, o tratamento da depressão após a menopausa e o tratamento da depressão profunda antes ou depois da menopausa.

Os antidepressivos testados para o alívio dos sintomas da menopausa incluem *inibidores seletivos da recaptação de serotonina* (ISRSs) e *inibidores da captação de serotonina-norepinefrina* (ICSNs). Os cientistas ainda não desvendaram o mecanismo exato pelo qual os ISRSs e os ICSNs aliviam as ondas de calor, mas acredita-se que seus efeitos sobre os neurotransmissores serotonina e noradrenalina ajudam na regulação do controle da temperatura corporal. Nos Estados Unidos, o ISRS paroxetina (Parox e Paxil) foi aprovado pela FDA para o tratamento de ondas de calor moderadas a graves e suores noturnos decorrentes da menopausa. A paroxetina em baixas doses pode reduzir consideravelmente a frequência e a intensidade das ondas de calor e dos suores noturnos, ao mesmo tempo que melhora o sono, sem efeitos negativos na libido e sem causar ganho de peso.

Outros antidepressivos — citalopram (Cipramil), escitalopram (Lexapro), venlafaxina (Efexor) e desvenlafaxina (Pristiq) — também se mostraram eficazes em mulheres na menopausa. Em ensaios clínicos, a desvenlafaxina reduziu as ondas de calor em 62% e diminuiu sua intensidade em 25%. O escitalopram reduziu a intensidade das ondas de calor em cerca de 50%. Por outro lado, antidepressivos comuns como a fluoxetina (Prozac) e a sertralina (Zoloft) não apresentam a mesma eficácia para os sintomas da menopausa em comparação com os outros antidepressivos mencionados.

Também é importante notar que os antidepressivos podem ter uma ação rápida, muitas vezes fornecendo alívio após apenas algumas semanas de uso. Mas a eficácia desses medicamentos varia de um indivíduo para outro e alguns pacientes podem não sentir um alívio considerável ou podem apresentar efeitos colaterais. O efeito colateral mais comum são sintomas de abstinência. Além disso, alguns antidepressivos, como a paroxetina, podem interferir com o tamoxifeno, um medicamento comum contra o câncer, com o potencial de reduzir sua eficácia. Nesse caso, o citalopram, o escitalopram e a venlafaxina são opções mais seguras.

FEZOLINETANTE

O fezolinetante (vendido nos Estados Unidos sob o nome comercial Veozah) é um novo medicamento não hormonal aprovado pela FDA, concebido especificamente para tratar ondas de calor moderadas a graves. É um tipo de medicamento denominado antagonista seletivo do receptor da neuroquinina-3 (NK3). O fezolinetante atua visando uma proteína conhecida como neurocinina B, que se liga aos receptores NK3 no hipotálamo (a região do cérebro que regula a temperatura corporal). Ao bloquear a ligação da proteína aos receptores, o medicamento reduz a intensidade e a frequência das ondas de calor. O fezolinetante pode ser um divisor de águas para mulheres que não são elegíveis para a terapia de reposição hormonal ou para aquelas interessadas em tratamentos alternativos. A aprovação pela FDA também aponta para um maior reconhecimento dos sintomas da menopausa e da importância de abordá-los, abrindo caminho para o desenvolvimento de mais opções não hormonais em um futuro próximo.

O fezolinetante é um comprimido oral tomado uma vez ao dia. Sua segurança e eficácia foram avaliadas em ensaios clínicos randomizados de fase 3 e controlados por placebo, com a participação de mais de 2 mil mulheres com idades entre 40 e 65 anos que tinham sete ou mais ondas de calor por dia. Os resultados demonstraram redução significativa na frequência de ondas de calor moderadas a graves em 48% das mulheres que tomaram uma dose mais elevada do medicamento e em 36% das que tomaram uma dose mais baixa, em comparação com 33% do grupo do placebo. No entanto, como os ensaios duraram apenas um ano, os efeitos de longo prazo do medicamento permanecem desconhecidos. O fezolinetante pode ter alguns efeitos colaterais, incluindo problemas gastrointestinais e transaminases hepáticas elevadas, que podem indicar um possível dano hepático. Portanto, a recomendação é fazer exames de sangue antes e durante o tratamento para monitorar a função hepática.

GABAPENTINA

A gabapentina (Neurontin) é um medicamento aprovado pela FDA para tratar a epilepsia e que, em vários ensaios, reduziu a frequência e a intensidade das ondas de calor e, talvez mais ainda, dos suores noturnos. Alguns médicos acreditam que a gabapentina pode ser uma boa opção para mulheres que sofrem de distúrbios do sono relacionados à menopausa por promover a sonolência. Pode ser tomado em dose única antes de dormir (se as ondas de calor incomodarem mais à noite) ou durante o dia. A gabapentina pode ser tomada com tamoxifeno e inibidores da aromatase. Os possíveis efeitos colaterais incluem vertigem, instabilidade e sonolência, que normalmente melhoram após duas semanas de uso, bem como sintomas de abstinência.

PREGABALINA

Uma prima da gabapentina, a pregabalina (Lyrica), é comumente usada para convulsões, dor e fibromialgia. Pode ajudar a aliviar as ondas de calor, embora seja menos estudada do que a gabapentina para esse fim. No entanto, pode ajudar a reduzir a ansiedade na menopausa e pode ser tomada com tamoxifeno e inibidores da aromatase. Seus efeitos colaterais são semelhantes aos da gabapentina, mas menos perceptíveis.

CLONIDINA

A clonidina (Atensina) é um medicamento que reduz a pressão arterial e pode ser usada para prevenir enxaquecas. Pode ser prescrita para reduzir as ondas de calor da menopausa, embora pareça menos eficaz que os antidepressivos ou a gabapentina. É usada com menos frequência do que outros medicamentos devido a seus possíveis efeitos adversos, incluindo pressão baixa, dores de cabeça, tonturas e efeitos sedativos. As orientações atuais não recomendam a prescrição da clonidina antes de tentar outras opções.

OXIBUTININA

A oxibutinina é usada para tratar bexiga hiperativa e incontinência urinária, mas também pode ajudar a aliviar as ondas de calor. Pode ser tomada com tratamentos contra o câncer, como tamoxifeno e inibidores de aromatase. O efeito colateral mais incômodo é a boca seca.

11

TRATAMENTOS CONTRA O CÂNCER E O CHEMOBRAIN

O ESTROGÊNIO PODE AUMENTAR AS CHANCES DE TER CÂNCER DE MAMA?

Todo mundo fica com medo ao ouvir a palavra câncer, que pode levar a um enorme sentimento de impotência. A preocupação com o câncer de mama é uma realidade para muitas mulheres, especialmente quando se trata de tratamentos hormonais. Quase todo mundo conhece alguém que tem ou já teve câncer de mama. Mesmo se nós mesmas não tivemos a doença, estamos muito cientes do risco, em parte devido às histórias de outras mulheres.

Todos os anos, 1,4 milhão de mulheres ao redor do mundo são diagnosticadas com câncer de mama, resultando em mais de 400 mil mortes anualmente. Embora o câncer de mama seja uma doença multifatorial, entre 60% e 80% de todos os casos são associados com hormônios sexuais. Muitos tumores cancerígenos de mama contêm as chamadas células positivas para receptores de estrogênio, equipadas com receptores específicos que se ligam ao hormônio.

À medida que se ligam ao estrogênio que flui na corrente sanguínea, os tumores crescem e ficam mais fortes. Em consequência, o tratamento para esses tipos de câncer visa bloquear ou suprimir o estrogênio para impedir o crescimento da doença e, em seguida, prevenir sua recorrência. O tratamento pode ser feito em paralelo com a quimioterapia e, em algumas situações, com a cirurgia de remoção do tecido mamário (*mastectomia*).

Dois dos tratamentos hormonais prescritos com mais frequência para o câncer de mama, conhecidos como terapia endócrina nos círculos médicos, são:

- *Moduladores seletivos do receptor de estrogênio* (SERMs, na sigla em inglês), também conhecidos como *bloqueadores de estrogênio*. Como o nome indica, a função dos bloqueadores de estrogênio é bloquear os receptores de estrogênio nas células cancerígenas. Eles atuam como uma chave quebrada em uma fechadura. Ao se ligar aos receptores (a fechadura), eles impedem a entrada da chave correta (o estrogênio), inibindo o crescimento do tumor. O medicamento mais comum é o tamoxifeno.
- *Inibidores da aromatase*. Esses medicamentos interrompem a produção de estrogênio no corpo todo ao obstruir a ação da aromatase, a enzima necessária para produzir estrogênio. Os inibidores da aromatase podem ser esteroides, como o exemestano, e não esteroides, como o anastrozol e o letrozol. Em termos gerais, a diferença entre eles é a maneira como esses medicamentos inibem a enzima aromatase.

Essas terapias podem literalmente salvar vidas, muitas vezes erradicando completamente a doença no corpo ou pelo menos prolongando a vida de milhões de mulheres. O problema é que elas afetam a ação e a produção de estrogênio não apenas no tecido mamário, mas também em outras partes do corpo. Por exemplo, podem afetar os ovários, interrompendo a ovulação e a menstruação. Pode ser um efeito colateral temporário ou permanente — nesse último caso, provocando a menopausa médica independentemente da idade da mulher. Esses medicamentos também podem estimular sintomas típicos da menopausa. Por exemplo, cerca de 40% das mulheres que tomam tamoxifeno, um bloqueador de estrogênio, têm ondas de calor. Outros sintomas cerebrais também são comuns, incluindo névoa cerebral e alterações de humor e de memória, também conhecido como "chemobrain". Esses sintomas podem ser tão graves que fazem os pacientes com câncer se perguntarem se não estão tendo demência precoce. Como você deve ter notado, a percepção da capacidade cognitiva diminuída a ponto de temer a demência é um tema recorrente neste livro, algo que merece ser abordado com seriedade.

Em 2018, escrevi um artigo opinativo para o *The New York Times* sobre a ligação entre a menopausa e a doença de Alzheimer. A ideia foi conscientizar as pessoas sobre essa transição crucial como sendo um elemento importante, mas em grande parte negligenciado, da saúde cerebral das mulheres. Eu esperava que o artigo pudesse causar controvérsia em alguns grupos, mas me surpreendi com a quantidade de e-mails que recebi de pacientes com câncer de mama. Como destaquei a ligação entre a falta de estrogênio e a possibilidade de maior risco de Alzheimer, até hoje recebo e-mails de mulheres preocupadas com as chances de seus medicamentos contra o câncer poderem estar prejudicando sua saúde cerebral.

Quando escrevi o artigo, não havia dados suficientes para responder a essas questões. Mas, nos últimos anos, testemunhamos uma crescente conscientização sobre a importância do estrogênio para a saúde do cérebro — e sem dúvida também contribuiu para que mais mulheres começassem a exigir informações precisas sobre essa importante ligação e todas as suas possíveis implicações. Esse cenário não só gerou um novo interesse pelo tema como também levou a mais pesquisas para investigar o impacto da terapia endócrina na saúde cognitiva de pacientes com câncer, bem como discussões bastante acaloradas sobre o possível papel da terapia de reposição hormonal. São essas informações atualizadas que vou compartilhar neste capítulo.

CÂNCER DE OVÁRIO

Antes de começar, é importante falar também sobre o câncer de ovário. O câncer de ovário geralmente anda de mãos dadas com o câncer de mama, em parte devido à conexão hormonal, raramente abordada, entre os seios e os ovários. Assim como o câncer de mama, as chances de ter câncer de ovário aumentam com a idade, havendo um risco maior após a menopausa. Os seios e os ovários também estão ligados por um componente genético, como demonstra o fato de algumas mutações genéticas poderem aumentar o risco dos dois tipos de câncer e o fato de a presença de um câncer poder aumentar o risco do outro.

Normalmente, o tratamento contra o câncer de ovário também envolve uma combinação de quimioterapia e cirurgia, sendo a ooforectomia a primeira opção de tratamento. A ooforectomia pode ser unilateral (apenas um ovário é removido) ou bilateral (os dois ovários são removidos). Quando os ovários são removidos juntamente com as trompas de Falópio, o procedimento é chamado de salpingo-ooforectomia bilateral. A salpingo-ooforectomia bilateral tem um benefício confirmado quando o câncer de ovário é identificado ou suspeito. O procedimento também é recomendado para pacientes com histórico familiar significativo de câncer de ovário ou predisposição genética comprovada, como mutações específicas no gene BRCA (sigla de BReast CAncer, ou câncer de mama), e para pacientes com síndrome de Lynch e síndrome de Peutz-Jeghers. No entanto, cada vez mais evidências sugerem que o câncer de ovário pode, na verdade, ter origem nas trompas de Falópio. Desse modo, a remoção das trompas sem os ovários pode ser uma estratégia viável para reduzir esse risco para algumas pessoas em tratamento preventivo.

Uma desvantagem da salpingo-ooforectomia bilateral realizada antes da menopausa é que o procedimento resulta na menopausa cirúrgica, que, combinada com a quimioterapia, pode levar a uma experiência mente-corpo especialmente complexa. É importante ter isso em conta porque as pacientes nem sempre são informadas das potenciais consequências de longo prazo desses tratamentos ou das opções disponíveis para lidar com os possíveis sintomas.

O CHEMOBRAIN NÃO É FRUTO DA SUA IMAGINAÇÃO

Muitos pacientes com câncer sofrem com o que descrevem como uma espécie de nebulosidade mental antes, durante e depois do tratamento contra a doença. Infelizmente, o chamado "chemobrain" é outro exemplo clássico de como as preocupações das mulheres em relação à sua saúde cognitiva e mental são negligenciadas pela medicina. Apesar do que as pacientes com câncer passaram *décadas* relatando, até muito pouco tempo atrás os médicos insistiam em atribuir esses sintomas à fadiga, depressão, ansiedade e ao estresse devido ao câncer e ao tratamento. A convicção das pacientes de que seus sintomas *não* se deviam à depressão, ansiedade ou fadiga não era levada a sério, seja porque alguns médicos não acreditavam que o tratamento contra o câncer pudesse ter efeitos negativos no cérebro ou por não serem qualificados para abordar essas questões específicas. Infelizmente, muitas pacientes encontram essas barreiras até hoje.

Se você ou alguém que você conhece está enfrentando esses problemas, estou aqui para garantir que vocês não estão imaginando os sintomas do chemobrain. *O chemobrain existe de verdade.* É uma *condição real e diagnosticável* que está recebendo cada vez mais validação e atenção.

O principal fator que levou à maior aceitação do chemobrain como uma condição médica real foram os avanços na tecnologia do imageamento cerebral. Em alguns estudos de imageamento cerebral foi verificado que o chemobrain está associado a mudanças mensuráveis na substância branca do cérebro, particularmente nas fibras que conectam o hipocampo e o córtex pré-frontal. Como já vimos, essas áreas do cérebro estão envolvidas na memória e no funcionamento cognitivo superior. Outras partes do cérebro envolvidas nas funções cognitivas também podem sofrer alterações tanto na conectividade quanto na atividade depois da quimioterapia. Essas constatações contribuíram para uma mudança de atitude ao demonstrar o impacto direto de certas terapias contra o câncer na estrutura e funcionalidade do cérebro e ao confirmar os relatos de pacientes que sofrem com o chemobrain.

Na medicina, o chemobrain é chamado de comprometimento cognitivo relacionado ao tratamento contra o câncer, alteração cognitiva relacionada ao câncer ou comprometimento cognitivo pós-quimioterapia. Não acredito que o chemobrain envolva algum tipo de *deficiência* ou *deterioração* do cérebro por razões que discutiremos em breve; de qualquer maneira, o chemobrain é um sintoma relatado por até 75% dos pacientes com câncer. Muitas vezes é descrito como dificuldade de processar informações e sentir que o pensamento está mais lento e mais nebuloso em comparação com antes do câncer ou de iniciar o tratamento. As tarefas do dia a dia exigem mais concentração e mais tempo e esforço para serem realizadas. Como você deve ter notado, isso não é muito diferente da névoa cerebral sentida por mulheres na menopausa. Veja alguns exemplos do que os pacientes com chemobrain podem sentir:

- Problemas com a memória de curto prazo; esquecer detalhes como nomes, datas ou eventos; esquecer coisas que você normalmente não teria dificuldade de lembrar (lapsos de memória); confundir datas e compromissos.
- Dificuldade de concentração; foco reduzido; tempo de atenção mais curto.
- Sensação de lentidão mental (fadiga mental); levar mais tempo para terminar as coisas ou sensação de desorganização, com pensamento e processamento mais lentos.
- Dificuldade de aprender coisas novas.
- Dificuldade de realizar multitarefas.
- Dificuldade de encontrar a palavra ou a expressão certa, como não conseguir encontrar as palavras certas para terminar uma frase.
- Dificuldade de acompanhar uma conversa ou iniciar uma.
- Dificuldade de se orientar.
- Sensação de letargia, cansaço ou energia baixa.

- Sentir-se desajeitada ou desastrada, como se houvesse algum problema com suas habilidades motoras.

O que causa o chemobrain? Apesar do nome chemobrain ("cérebro da quimioterapia", em tradução literal), as causas podem ser variadas. Pode ser causado pelo próprio câncer, pela quimioterapia ou por problemas de saúde secundários, como a anemia. Embora seja mais comum associá-lo à quimioterapia, outros tratamentos, como terapia endócrina adicional, radioterapia e cirurgia, também podem estar associados ao chemobrain — sem mencionar a inflamação que pode resultar desses tratamentos. Em outras palavras, pacientes com câncer podem sentir os sintomas do chemobrain, mesmo sem ter feito quimioterapia.

Qualquer pessoa pode desenvolver problemas cognitivos antes, durante ou depois de fazer o tratamento. Não importa a duração, o chemobrain pode prejudicar seriamente a qualidade de vida e afetar o desempenho tanto no trabalho quanto em casa. Em geral, o chemobrain é um problema de curto prazo e a função cognitiva normalmente melhora após o término da terapia. Na maioria das vezes, a sensação de névoa mental desaparece entre seis e doze meses após o tratamento bem-sucedido do câncer. Mas, em alguns casos, os sintomas podem durar meses, às vezes anos, depois do término do tratamento. Essas dificuldades cognitivas de longo prazo não podem deixar de ser reconhecidas e abordadas.

Como sempre, ninguém aqui está sugerindo que os pacientes devam recusar ou evitar o tratamento para o câncer. Longe disso. Estou compartilhando essas informações porque acho importante que todos saibam das possíveis consequências desses procedimentos, tanto para o corpo quanto para o cérebro. De maneira alguma estou tentando convencer alguém a abandonar os medicamentos ou tratamentos contra o câncer, sabendo que isso pode pôr em risco a vida das pessoas. A ideia é chamar a atenção para essas questões que ainda são, em grande parte, pouco estudadas.

O CHEMOBRAIN É UM SINAL DE DEMÊNCIA?

O fato de os bloqueadores de estrogênio e os inibidores da aromatase suprimirem a função do estrogênio gerou preocupações sobre um possível risco de demência. O complicado é que a terapia endócrina (hormonal) pode ser feita com ou sem quimioterapia e é difícil distinguir efeitos desses dois tratamentos. No entanto, vários estudos têm demonstrado que a quimioterapia é a principal responsável pela névoa cerebral e pelos lapsos de memória, enquanto a terapia endócrina tem efeitos mais variáveis, que dependem de vários fatores, principalmente a idade do paciente e o tipo de tratamento. Por exemplo, o tamoxifeno — o bloqueador de estrogênio mais comum, normalmente prescrito para mulheres que ainda não entraram na menopausa — pode ter efeitos negativos na memória e na produção da fala. Nem é preciso dizer que, se uma mulher estiver fazendo quimioterapia e tomando tamoxifeno, sua confusão mental pode ser pior do que se ela recebesse apenas um dos tratamentos. Por outro lado, os inibidores da aromatase não parecem ter efeitos negativos evidentes no desempenho cognitivo, pelo menos em mulheres na pós-menopausa.

Especificamente no caso da doença de Alzheimer, apesar do número ainda insuficiente de pesquisas sobre o tema, alguns estudos demonstraram que os pacientes tratados com tamoxifeno não apresentaram um risco aumentado de demência em comparação com pacientes que estavam recebendo outros tratamentos. Como é possível? Embora o tamoxifeno bloqueie os receptores de estrogênio no tecido mamário, ele tem efeitos neutros ou positivos em outras partes do corpo. Com base nesses resultados, é possível dizer que, após um impacto negativo temporário no desempenho cognitivo, o medicamento pode ter efeitos leves ou nenhum efeito em longo prazo. Quanto aos inibidores da aromatase, há algumas diferenças entre as formulações esteroides e não esteroides. O exemestano, um inibidor esteroide da aromatase, foi associado a um risco possivelmente menor de demência em comparação com os medicamentos não esteroides anastrozol e letrozol. Muito mais pesquisas são necessárias para confirmar essas descobertas, mas essa informação já pode servir como um ponto de partida para os pacientes conversarem com seus médicos sobre o câncer e a saúde cerebral, uma vez que as recomendações atuais permitem a escolha entre diferentes regimes de tratamento. Eu, particularmente, também defenderia uma abordagem mais integrativa ao tratamento do câncer, que também incluísse neurologistas, além de oncologistas e cirurgiões. Se um paciente estiver preocupado com um possível comprometimento cognitivo ou demência, ou se continuar tendo dificuldades consideráveis com sintomas cognitivos e reintegração funcional entre seis e doze meses após o fim do tratamento, uma avaliação neurológica adequada com imagens cerebrais e testes neuropsicológicos pode fazer toda a diferença.

Além disso, quero deixar claro que o chemobrain e a percepção de declínio da capacidade cognitiva não constituem necessariamente um comprometimento, uma deficiência ou uma deterioração cognitiva, independentemente dos termos que seu médico use para descrever os sintomas. É verdade que muitos pacientes com câncer sentem um declínio no desempenho cognitivo durante ou após o tratamento, mas essas alterações raramente são graves o suficiente para ser caracterizada como uma "deterioração" cognitiva, muito menos para justificar um diagnóstico de estado cognitivo deficiente ou demência. Infelizmente, muitos médicos ignoram essa importante distinção e usam o termo *deterioração* para descrever qualquer declínio no desempenho cognitivo, seja mensurável ou percebido. Precisamos tomar mais cuidado com as palavras que usamos. Dizer aos pacientes que eles têm alguma deficiência cognitiva quando não é o caso pode ter efeitos negativos em sua qualidade de vida, bem como em seus níveis de estresse e ansiedade, sem falar de sua autoestima. Nos termos mais claros possíveis, sofrer de chemobrain *não significa que o paciente esteja desenvolvendo demência*. Por mais difíceis e assustadores que esses sintomas possam ser, o cérebro têm uma enorme capacidade de se recuperar. Se a recuperação parecer difícil, consultar um neurologista pode lhe dar a ajuda e as informações necessárias para lidar com a transição. Se você estiver considerando a possibilidade real de estar desenvolvendo demência, especialmente se os sintomas do chemobrain persistirem ou se você tiver histórico familiar de demência, recomendo consultar um neurologista ou gerontologista. Ao pedir os exames adequados, incluindo exames de sangue, avaliações cognitivas e exames cerebrais específicos, esses especialistas podem fornecer orientação sobre o que fazer.

TRATANDO O CHEMOBRAIN

Se os sintomas do chemobrain estiverem causando problemas no seu dia a dia, pergunte ao seu médico se pode ser o caso de ele indicar algum especialista, como um psicólogo ou psicoterapeuta, neuropsicólogo, fonoaudiólogo, terapeuta ocupacional ou terapeuta vocacional. Esses profissionais podem examiná-la e recomendar maneiras de ajudá-la a lidar melhor com os problemas que você está enfrentando. Em geral, algumas medidas comprovadas que podem ajudar muito incluem:

- Reabilitação cognitiva, envolvendo atividades para melhorar a função cerebral, como aprender sobre o funcionamento do cérebro e maneiras de absorver novas informações e fazer novas tarefas; realizar repetidamente algumas atividades que se tornam mais difíceis com o tempo; e usar ferramentas para ajudar a manter a organização, como calendários ou agendas.
- Exercitar-se e manter-se fisicamente ativa faz bem tanto para o corpo quanto para o cérebro, melhorando o humor, aumentando o nível de alerta e reduzindo a fadiga.
- A meditação pode aumentar seu foco e sua consciência tanto de si mesma quanto do mundo ao seu redor, além de reduzir o estresse.
- Descansar e dormir podem ajudar seu corpo e seu cérebro a se ajustar e a se curar.
- Evite álcool, cafeína e outros estimulantes que possam alterar seu estado mental e padrões de sono.
- Peça ajuda. Compartilhe quaisquer dificuldades que estiver tendo com a família, os amigos e sua equipe médica. O apoio e a compreensão deles podem tranquilizá-la para se focar na cura.

TIVE/TENHO CÂNCER DE MAMA E/OU DE OVÁRIO. POSSO FAZER TERAPIA DE REPOSIÇÃO HORMONAL?

Embora as práticas mencionadas anteriormente sejam bem aceitas na comunidade médica, o papel da terapia de reposição hormonal no alívio do chemobrain e os efeitos de longo prazo da menopausa induzida em pacientes com câncer são tema de discussões acaloradas. A maioria dos especialistas concorda que as terapias não hormonais devem ser a primeira abordagem no tratamento dos sintomas da menopausa em sobreviventes de câncer de mama e do ovário. Falamos sobre medicamentos não hormonais no Capítulo 10 e abordaremos muitas opções envolvendo mudanças no estilo de vida na Parte 4 deste livro. Quando se trata da terapia de reposição hormonal, associações médicas afirmam que não há dados confiáveis suficientes para recomendar o uso de terapia de reposição hormonal sistêmica (oral ou transdérmica) em mulheres que tiveram câncer de mama ou de ovário. O risco de recorrência do câncer de mama com a terapia de reposição hormonal é maior em pacientes com câncer receptor hormonal positivo, mas pacientes com câncer de mama com receptores de estrogênio negativos também podem ter um risco aumentado de crescimento do câncer. No entanto, a terapia de reposição hormonal pode (a North American Menopause Society [Sociedade Norte-Americana de Menopausa] acrescenta "em casos excepcionais") ser oferecida a pacientes com sintomas graves da menopausa se mudanças no estilo de vida e as opções não hormonais não forem eficazes. Além disso, a terapia hormonal "pode ser considerada para mulheres na pré-menopausa submetidas à ooforectomia para remover completamente o câncer, com base nos muitos benefícios da terapia de reposição com estrogênio em casos de menopausa precoce". Vale lembrar que, para a maioria das mulheres, doses baixas de estradiol vaginal e DHEA (um hormônio que o corpo pode converter em estrogênio e testosterona) são seguras e eficazes no tratamento de sintomas como secura vaginal e sintomas geniturinários, sem aumentos perceptíveis nos níveis de estrogênio no sangue.

Todas essas informações só confirmam a necessidade de ter conversas profundas e individualizadas com sua equipe de saúde, para poder tomar decisões informadas que priorizem tanto o tratamento quanto o manejo dos sintomas, sempre levando em consideração sua tolerância pessoal ao risco. Essas conversas com seus médicos lhe permitirão navegar pelas complexidades das opções de tratamento e adaptá-las às suas necessidades específicas. Não vejo a hora de a próxima geração de estrogênios cerebrais, ou SERMs, também ser disponibilizada aos pacientes. Como vimos no capítulo anterior, SERMs podem ser projetados para fornecer seletivamente estrogênio ao cérebro com efeitos neutros ou até protetores nos órgãos reprodutivos. Assim que esse tipo de terapia for totalmente testada, a esperança é que seja seguro para todas as mulheres, incluindo pacientes com câncer.

E SE EU TIVER HISTÓRICO FAMILIAR DE CÂNCER DE MAMA OU DE OVÁRIO?

Em 2013, Angelina Jolie revelou que tinha uma mutação genética associada a um alto risco de câncer de mama e de ovário. O gene envolvido é o BRCA-1. Suas mutações são responsáveis por cerca de 12% de todos os casos de câncer de mama e por outros 10% a 15% dos casos de câncer de ovário. Mesmo sem ter o diagnóstico de câncer, ela decidiu tomar medidas preventivas e remover os seios e os ovários. Ao fazer isso, ela reduziu o risco de ter os dois tipos de câncer aos níveis normais (de referência). A decisão de Angelina Jolie deixou a mídia em polvorosa. A história foi tão divulgada que levou muitas mulheres a procurarem um médico para fazer testes genéticos e exames de mama — e para saber como proceder depois.

Se você ficou sabendo da história, deve no mínimo ter tido esse impulso. Agora, se você teve seus ovários removidos, provocando uma menopausa precoce, é seguro fazer terapia de reposição hormonal? A recomendação de iniciar a terapia de reposição hormonal o mais rápido possível após a ooforectomia se aplica a mulheres com mutações genéticas ou com histórico familiar de câncer de mama, ou ambos?

A terapia de reposição hormonal é, sim, uma opção. Vários estudos indicam que a terapia hormonal é viável para mulheres com mutações genéticas ou histórico familiar de câncer de mama, mas que *ainda* não foram diagnosticadas com câncer. O mesmo se aplica a portadoras da mutação que optaram pela cirurgia preventiva. Então, se você ou alguém que você conhece estiver nessa situação e avaliando as possibilidades, pode ser interessante saber que a terapia de reposição hormonal é, sim, uma opção viável. É igualmente importante considerar fazer alterações não hormonais e de estilo de vida, pois esses fatores também têm um importante papel para tratar os sintomas da menopausa e manter a saúde do cérebro. No fim das contas, a decisão deve basear-se em uma extensa e profunda avaliação das circunstâncias individuais e em um processo decisório colaborativo entre cada paciente e seus médicos.

VENCENDO O MEDO, JUNTAS

No meu ramo de trabalho, sou lembrada muitas vezes de todos os meus privilégios, não só por ter uma boa saúde, mas também contar com plano de saúde e acesso a hospitais — sem falar de um nível de instrução que me ajuda a fazer as perguntas certas, a entender informações difíceis e nem sempre claras e tomar decisões bem embasadas para mim e minha família.

Decidi escrever este livro e usar meu privilégio em benefício de todas as mulheres. Sei muito bem que, em algum lugar do mundo, talvez até ao meu lado no elevador, há uma mulher como eu, com habilidades semelhantes e o mesmo amor pela família, que está esperando o resultado dos exames para descobrir se tem câncer, que precisa fazer uma cirurgia oncológica ou que já fez um tratamento de câncer. Ela pode não ter dinheiro para pagar a consulta ou pode estar preocupada com a possibilidade de ser demitida se tiver que ficar muito tempo de licença devido ao câncer — ou se perguntando se sobreviverá para ver os filhos crescerem.

Nos Estados Unidos, uma em cada oito mulheres terá câncer de mama em algum momento da vida. Uma em cada nove fará uma ooforectomia, em muitos casos devido ao câncer. Uma em cada quatro sofrerá menopausa induzida.

Mantenho-me firme na minha crença de que as mulheres que passam por qualquer uma dessas realidades são verdadeiras guerreiras. Elas aprendem a abordar e ver a vida de um jeito diferente. Encararam a própria mortalidade de uma maneira extraordinariamente profunda. Enfrentaram o perigo, o estigma, o medo e toda a loucura do sistema de saúde, que oferece tão pouco apoio às mulheres na menopausa em geral e às sobreviventes do câncer em particular. Muitas de vocês podem ter sobrevivido a essa temida doença e têm muito a nos ensinar. Da minha parte, farei o que puder com o meu tempo, meu conhecimento e minha voz para respaldar e validar todas as histórias e experiências das mulheres e para garantir que nenhuma voz se perca no ruído de uma narrativa genérica que não reflete qualquer uma dessas realidades. Foi com esse objetivo que lancei um programa de pesquisa clínica dedicado à saúde feminina e espero que este livro ajude mais mulheres a se conscientizar desses problemas e se a informar sobre possíveis soluções. Esperamos que muitas outras se solidarizem ou até tenham um senso de dever e responsabilidade para com mulheres menos privilegiadas e que precisam urgentemente de ajuda.

O principal objetivo, é claro, é oferecer soluções e cuidados de saúde melhores para todos. Até agora, falamos sobre os riscos e os benefícios das terapias hormonais para o câncer, sobre o que fazer e o que não fazer quanto à terapia de reposição hormonal e as alternativas realistas fornecidas pelos medicamentos não hormonais. Na Parte 4, abordaremos várias opções que as sobreviventes do câncer têm para proteger a saúde da mente e do corpo à medida que avançam em sua jornada de cura. Essas opções não se limitam a tomar hormônios ou medicamentos, também envolvem otimizar o estilo de vida e seu entorno para promover a saúde do cérebro. Para dar uma prévia, técnicas comprovadas de estilo de vida e comportamentais incluem educação alimentar com suplementos apropriados e rotinas de exercícios específicos, bem como terapia cognitivo-comportamental, hipnose e técnicas de relaxamento. Nunca se esqueça de que as pequenas decisões que você toma no seu dia a dia têm o poder de fazer uma enorme diferença em sua vida. Esse conceito é de vital importância e espero que você o mantenha sempre em mente.

12

TERAPIA DE AFIRMAÇÃO DE GÊNERO

SEXO E GÊNERO

Nos capítulos anteriores, usei o termo *mulheres* para me referir a pessoas nascidas com dois cromossomos X e características reprodutivas como mamas e ovários — conhecidas como mulheres cisgênero. Essa combinação de fatores passou muito tempo sendo considerada a definição biológica do sexo feminino. Embora a noção binária de feminino ou masculino, XX ou XY, tenha raízes profundas na nossa sociedade, nossa compreensão de gênero evoluiu com o tempo. Na ciência médica, reconhecemos que ter um sistema reprodutor feminino não determina a identidade de gênero de uma pessoa. Alguns indivíduos não se identificam com o sexo que lhes foi atribuído no nascimento, expressando o gênero em um espectro, o que levou à expansão da comunidade LGBTQ para a comunidade LGBTQIA+ (lésbicas, gays, bissexuais, transgêneros, queer ou questionadores, intersexuais, assexuais, entre outros) nas últimas décadas.

Os indivíduos transexuais, que representam cerca de 0,5% da população dos Estados Unidos, e os indivíduos intersexuais, que representam aproximadamente 2%, enfrentam muitas dificuldades para ter acesso a cuidados de saúde adequados. Muitos profissionais da saúde não são qualificados para atender indivíduos transgêneros, deixando até a metade de todos os transexuais na posição de terem de informar os profissionais da saúde sobre suas necessidades específicas. Agora inclua hormônios à mistura e a situação se complica ainda mais. Profissionais especializados em terapias de afirmação de gênero, que podem incluir tratamentos hormonais e cirúrgicos, em geral levam em conta apenas o *corpo* do paciente. Poucos são qualificados para tratar também o bem-estar cognitivo e mental.

Nesta nossa exploração dos efeitos dos hormônios na saúde cerebral, consideraremos as experiências de indivíduos transexuais que passam por transições hormonais durante a terapia de afirmação de gênero. Este capítulo se foca em homens transgêneros, a quem foi atribuído o sexo feminino no nascimento, mas que fizeram a transição para o gênero masculino e podem, sem saber, estar tendo alterações cerebrais relacionadas tanto ao tratamento quanto a alterações hormonais causadas pela menopausa ou semelhantes à menopausa. Essas mudanças cérebro-corpo são muito menos pesquisadas e compreendidas do que as transições hormonais que ocorrem em mulheres cisgênero, dificultando encontrar informações confiáveis sobre o tema. Falaremos também sobre mulheres transgênero, às quais foi atribuído o sexo masculino no nascimento e que fizeram a transição para o gênero feminino, já que elas também podem enfrentar dificuldades similares.

Não sou psicóloga nem socióloga e devo acatar o conhecimento de outros profissionais no que diz respeito aos aspectos emocionais e sociais da transição de gênero, mas estou empenhada em descobrir como as possíveis alterações hormonais podem afetar a saúde e o bem-estar cognitivo de um indivíduo. Além do meu desejo de garantir que este livro seja inclusivo, eu quis discutir os impactos das terapias de afirmação de gênero no cérebro porque a primeira opção de tratamento para homens transgêneros costuma envolver o uso da testosterona combinada com medicamentos supressores de estrogênio, o que pode induzir a menopausa ou alguns de seus sintomas. Um melhor entendimento do efeito desses tratamentos não apenas ajudará no avanço dos cuidados para transgêneros como também contribuirá para um conhecimento mais amplo das diversas experiências de todas as pessoas que passam por esse marco hormonal.

IDENTIDADE DE GÊNERO: ALGUMAS INFORMAÇÕES BÁSICAS

Nem todo mundo conhece o conceito de identidade transgênero, que pode ser confundida com a homossexualidade. Um bom ponto de partida é pensar nos seguintes termos: sexualidade é sobre por quem você tem atração. Já a identidade de gênero é sobre quem você sente que *é* no que diz respeito ao gênero. A identidade de gênero de uma pessoa pode não ter nada a ver com sua preferência sexual.

Vamos nos aprofundar um pouco mais. As mulheres cisgênero identificam-se com o gênero que lhes foi atribuído no nascimento. Elas nasceram com um sistema reprodutivo atribuído ao sexo feminino e se sentem à vontade com seus órgãos sexuais e a identidade de gênero associada a eles. O mesmo vale para homens cisgênero que nasceram com órgãos sexuais atribuídos ao sexo masculino e associados a essa identidade de gênero. Já os indivíduos transexuais identificam-se com o gênero oposto ao que lhes foi atribuído. Nos livros médicos, a incongruência entre o senso de gênero de uma pessoa e o gênero atribuído a ela no nascimento ou a maneira como a pessoa se apresenta socialmente é chamada *disforia de gênero*. A disforia de gênero é um conceito mais amplo, envolvendo mais do que apenas atributos físicos. Pessoas trans podem ter disforia corporal e/ou disforia social, sendo que uma pode ser mais intensa do que a outra. Em geral, o desconforto de sentir que seu corpo não corresponde ao gênero com o qual você se identifica pode causar um grande sofrimento psicológico, aumentando o risco de estresse, ansiedade e depressão.

TERAPIA DE AFIRMAÇÃO DE GÊNERO

Indivíduos transgênero podem recorrer a várias áreas de afirmação de gênero, incluindo afirmação social (por exemplo, mudança de nome e pronomes), afirmação legal (por exemplo, mudança de marcadores de gênero em documentos emitidos pelo governo), afirmação médica (por exemplo, supressão da puberdade durante a adolescência ou uso de hormônios de afirmação de gênero) e/ou afirmação cirúrgica (por exemplo, vaginoplastia, cirurgia facial, aumento de mamas, reconstrução do tórax masculino, entre outros). Vale notar que nem todas as pessoas transexuais buscarão todos os tipos de afirmação de gênero, pois essas decisões são extremamente pessoais e individuais.

Neste livro, me concentrarei na terapia médica de afirmação de gênero, também chamada de terapia de mudança de gênero, à qual cada vez mais indivíduos transgêneros e não binários estão recorrendo para interromper ou impedir a transição para a puberdade ou para se adequar à sua identidade de gênero após a puberdade. Desse modo, a terapia médica de afirmação de gênero inclui uma transição, usando hormônios ou cirurgias em alguns casos. A terapia de afirmação de gênero normalmente é utilizada para reduzir as características corporais do gênero de nascimento do indivíduo e induzir características do gênero com o qual ele se identifica. O tratamento hormonal é a via mais utilizada. Cada vez menos pessoas transexuais estão optando por cirurgias, seja por questões sociais, médicas ou financeiras, ou apenas por preferência pessoal. Esses procedimentos e tratamentos são associados à melhoria da qualidade de vida e da saúde mental de muitos indivíduos transgênero.

Há dois tipos principais de terapia de afirmação de gênero, dependendo do gênero para o qual a pessoa está fazendo a transição:

● ● ● Terapia hormonal masculinizante (ou terapia hormonal transmasculina, de feminino para masculino)

A terapia hormonal masculinizante é a terapia de afirmação de gênero mais utilizada por homens trans, bem como por outros indivíduos transmasculinos e intersexuais. O objetivo é mudar as características sexuais secundárias de femininas ou andróginas para masculinas, para ter um corpo mais de acordo com a identidade de gênero masculina. A terapia masculinizante normalmente leva a uma voz mais grave e ao desenvolvimento de um padrão masculino de distribuição de pelos, gordura e músculos. Se iniciada antes da puberdade, a terapia de afirmação de gênero pode impedir parte do desenvolvimento das mamas e da vulva. Se iniciado após a puberdade, a terapia não tem como reverter o desenvolvimento das mamas e da vulva, o que pode ser resolvido com cirurgias e outros tratamentos.

A base da terapia masculinizante é a testosterona. Várias formulações estão disponíveis, incluindo injeções intramusculares, adesivos transdérmicos, géis, implantes (pellets) e comprimidos. Terapias antiestrogênicas também são usadas para reduzir a produção de estrogênio e progesterona pelo corpo. Esses medicamentos incluem os chamados antagonistas do hormônio liberador de gonadotrofina (GnRH). O termo *antagonistas* refere-se ao fato de que essas drogas suprimem a liberação dos hormônios LH e FSH, para interromper a produção de estrogênio e progesterona nos ovários. Alguns bloqueadores de estrogênio e inibidores da aromatase, como os medicamentos usados no tratamento contra o câncer que vimos no capítulo anterior, também podem ser utilizados. Além disso, alguns homens trans optam por fazer cirurgias para remover os seios, o útero e/ou os ovários e podem escolher fazer cirurgias reconstrutivas posteriormente. Essas mudanças também alteram o ambiente hormonal dos homens trans.

O aumento do crescimento dos pelos no corpo, a queda dos cabelos no couro cabeludo e o aumento da massa e da força muscular ocorrem, em geral, um ano após o início da terapia masculinizante. A menstruação cessa depois de apenas dois a seis meses de tratamento. A única coisa que esse tratamento não interrompe necessariamente é a ovulação. Essa exceção significa que os homens transgênero podem engravidar (a menos que usem métodos contraceptivos) e que passarão pela menopausa quando chegar a hora. Conforme encontramos novas maneiras de validar a fluidez de gênero das pessoas, esbarramos no fato de que a nossa fisiologia pode não ser tão flexível quanto a nossa identidade de gênero. Para esclarecer, se uma pessoa nasce com ovários e teve um ciclo menstrual em algum momento da vida, ela inevitavelmente passará pela menopausa.

Desse modo, estamos diante de uma *dupla* transição: a afirmação de gênero e a menopausa. Essas transições podem conflitar entre si, o que pode causar complicações. No caso de homens transgênero, a menopausa pode ocorrer espontaneamente, ao longo do tempo ou devido a uma cirurgia. Homens transgênero que fizeram uma ooforectomia (a remoção cirúrgica dos ovários, possivelmente com o útero) desenvolverão a menopausa logo após a cirurgia, incorrendo nos mesmos riscos que uma mulher cisgênero submetida à menopausa induzida. Como vimos ao longo deste livro, as ooforectomias antes da menopausa podem aumentar o risco de doenças cardíacas e osteoporose, bem como ansiedade, depressão e até comprometimento cognitivo na idade avançada. Infelizmente, é raro os homens transgênero serem informados sobre as implicações da menopausa, seja ela espontânea ou induzida. Espero que este livro ajude a esclarecer o que esperar e como mitigar possíveis sintomas e efeitos colaterais.

● ● ● Terapia hormonal feminizante (ou terapia hormonal transfeminina, de masculino para feminino)

A terapia hormonal feminizante é a terapia de afirmação de gênero mais utilizada por mulheres transgênero, bem como por outros indivíduos transfemininos e intersexuais. Nesse caso, a terapia de afirmação de gênero é utilizada para adequar o corpo à identidade de gênero feminino. O tratamento normalmente envolve terapia de estrogênio oral, transdérmico ou injetável, muitas vezes em conjunto com análogos do GnRH. Os medicamentos GnRH estimulam a produção de estrogênio e progesterona (em oposição aos antagonistas do GnRH mencionados acima). Medicamentos antiandrógenos também podem ser usados, no caso para suprimir a testosterona.

A TERAPIA DE AFIRMAÇÃO DE GÊNERO MUDA O CÉREBRO?

Agora que revisamos os principais tipos de terapia de afirmação de gênero, voltemos à minha especialidade: a saúde cerebral. Os tratamentos masculinizantes e feminizantes têm efeitos significativos no cérebro?

É importante notar que a introdução de hormônios externos reduz drasticamente a produção hormonal do próprio corpo, afetando o corpo inteiro, inclusive o cérebro. Embora os efeitos dos hormônios na aparência física e nas características sexuais sejam claros, ainda precisamos compilar pesquisas clínicas adequadas para saber exatamente como a terapia de afirmação de gênero afeta o cérebro. Pesquisas com indivíduos transgênero ainda estão em estágio inicial e a maioria dos poucos estudos realizados até agora centra-se em mulheres transgênero. Quase não há estudos sobre o cérebro de homens transgênero, destacando, mais uma vez, o estigma e a marginalização por parte da área médica como vimos ao longo deste livro. Outra questão é que a maioria dos estudos até agora se limitou a jovens transgênero na faixa dos 20 e 30 anos, se não mais jovens. Mesmo assim, vamos dar uma olhada nos dados que temos até o momento.

Como vimos no início deste livro, pesquisas com indivíduos cisgênero mostraram que o cérebro de homens e o de mulheres apresentam algumas diferenças. As mais citadas são que o cérebro dos homens tende a ser maior e o cérebro das mulheres tende a ser mais interconectado. É interessante manter esses fatos em mente ao analisarmos as maneiras como a terapia de afirmação de gênero pode afetar o cérebro.

Alguns estudos usaram exames de ressonância magnética para observar o cérebro antes e depois da terapia de afirmação de gênero em indivíduos trans, principalmente mulheres trans. As imagens permitiram aos pesquisadores analisar a massa cinzenta do cérebro para monitorar se ela ficou mais espessa ou mais fina após a feminização resultante da terapia de afirmação de gênero e para examinar quaisquer mudanças na conectividade entre regiões cerebrais próximas e distantes. Os resultados são intrigantes. Depois de seis meses a um ano de tratamento com medicamentos antitestosterona, algumas regiões cerebrais específicas das mulheres trans de fato diminuíram, enquanto sua conectividade aumentou. Em outras palavras, a terapia de afirmação de gênero levou o cérebro das mulheres transgênero a exibir algumas características estruturais de um cérebro feminino cisgênero, tipicamente menor e mais interconectado em comparação com o cérebro dos homens cisgênero. Embora o número de estudos seja menor, padrões semelhantes também foram encontrados em homens transgênero. No caso, o tratamento com testosterona e medicamentos antiestrogênicos teve o efeito exatamente oposto no cérebro, aumentando seu volume como um todo, inclusive em várias regiões tipicamente maiores em homens cisgênero. Em geral, a terapia de afirmação de gênero parece alinhar o cérebro da pessoa com características comparáveis ao gênero com o qual a pessoa se identifica, pelo menos até certo ponto. Esses resultados também sugerem que a terapia de afirmação de gênero definitivamente altera o cérebro, talvez de uma forma que possa ajudar a aliviar a sensação de incongruência entre o corpo e a identidade de gênero. Mas o que pode surpreender é que essas mudanças também podem afetar o humor, os níveis de energia, os padrões de sono, o desempenho cognitivo e até a saúde de longo prazo de uma pessoa, como veremos a seguir.

COMO ESSAS MUDANÇAS AFETAM A SAÚDE DE UMA PESSOA?

Do ponto de vista clínico, além das mudanças desejadas na aparência corporal, a terapia de afirmação de gênero tem alguns prós e contras adicionais. Por exemplo, homens transgênero que fazem terapia com testosterona tendem a relatar aumento de energia, concentração, apetite e libido, juntamente com diminuição da necessidade de sono. Essa é a boa notícia. A notícia não tão boa é que o tratamento pode desencadear ondas de calor, névoa cerebral, episódios depressivos e outros sintomas cerebrais da menopausa. Essas alterações podem ser mais graves quando os ovários são removidos, o que pode ocorrer já na puberdade. A terapia masculinizante também pode causar atrofia e secura vaginal. Nesse caso, cremes e lubrificantes tópicos com estrogênio podem ajudar (veja o Capítulo 9). Em longo prazo, esse tipo de tratamento pode aumentar o risco de osteoporose e síndrome dos ovários policísticos, que foi associada à diminuição da fertilidade e a um possível aumento do risco de câncer do endométrio se não for tratada. É importante reconhecer e abordar esses riscos, bem como os riscos relacionados à ooforectomia antes da idade natural da menopausa.

Já as mulheres transgênero podem sentir mudanças opostas após a terapia antitestosterona e/ou estrogênio, como redução da libido e alterações no humor, sono e sensibilidade à temperatura, o que também não é muito diferente do cérebro da menopausa. De acordo com alguns estudos voltados a analisar os efeitos de longo prazo, a terapia de afirmação de gênero pode submeter as mulheres transgênero a um risco maior de doenças cardíacas e de câncer de mama em comparação com homens cisgênero.

EFEITOS DA TERAPIA DE AFIRMAÇÃO DE GÊNERO NO DESEMPENHO COGNITIVO

Considerando o que sabemos sobre os efeitos das mudanças hormonais na saúde do cérebro, não podemos deixar de nos perguntar se a terapia de afirmação de gênero também poderia impactar o funcionamento cognitivo. Ainda precisamos de mais informações, uma vez que as pesquisas sobre os riscos e benefícios em longo prazo da terapia de afirmação de gênero ainda são escassas e os poucos estudos existentes sobre o tema se limitam a jovens transgênero, principalmente mulheres transgênero. No entanto, o estudo mais extenso até agora, que combina dados de várias centenas de jovens adultos transgênero, homens e mulheres, não indica efeitos negativos claros de curto prazo. Pelo contrário, a terapia com testosterona levou homens transgênero a apresentar um desempenho visuoespacial um pouco melhorado, enquanto mulheres transgênero em terapia com estrogênio exibiram uma ligeira melhora na memória verbal. Como vimos nos capítulos anteriores, apesar de as possíveis diferenças cognitivas entre os gêneros ainda estarem sendo estudadas, esses resultados se alinham com as vantagens cognitivas comparáveis ao gênero com o qual a pessoa se identifica (as mulheres cisgênero tendem a ter memória verbal melhor do que os homens cisgênero, enquanto os homens cisgênero podem ter melhores habilidades visuoespaciais do que as mulheres cisgênero).

Dito isso, é estarrecedor constatar que os cientistas praticamente não sabem nada sobre os efeitos da terapia de afirmação de gênero em pessoas transgênero com mais de 30 anos, especialmente homens trans. Dados confiáveis ainda estão longe de ser suficientes para nos dar uma ideia de como a terapia de afirmação de gênero e a menopausa combinadas podem afetar a saúde cognitiva e mental em grupos de pessoas, quanto mais em indivíduos. Vale muito a pena investigar essa dupla, especialmente considerando as taxas mais elevadas de ansiedade e depressão apresentadas por muitos indivíduos transgênero já antes da menopausa. Enquanto desenvolvemos os estudos necessários para orientar e proteger as pessoas trans durante suas transições com sensibilidade e conhecimento, esperamos que mais estudos sejam feitos para investigar o impacto da terapia de afirmação de gênero na cognição.

Nesse meio-tempo, os cuidados preventivos se fazem ainda mais importantes. Enquanto esperamos os dados, minha recomendação para os indivíduos transgênero é a mesma que dou para todos. À medida que confirmamos o papel crucial dos hormônios para uma infinidade de funções cerebrais e desvendamos como a menopausa pode afetar essas funções, devemos fazer tudo o que pudermos para cuidar do cérebro. Meu conselho é que você trate seu cérebro com a atenção e o respeito que você dedicaria ao seu melhor amigo em todas as idades e fases da vida. O objetivo deste livro é conscientizar os leitores da importância de priorizar seu cérebro e sua saúde mental usando técnicas cientificamente validadas que comprovadamente funcionam. À medida que a nossa cultura e a medicina integram as mais recentes descobertas científicas, cabe a nós reforçar o bem-estar do nosso cérebro utilizando as ferramentas discutidas nestas páginas.

PARTE 4
ESTILO DE VIDA E SAÚDE INTEGRATIVA

13

EXERCÍCIOS FÍSICOS

O ESTILO DE VIDA FAZ TODA A DIFERENÇA

Até agora falamos sobre medicamentos prescritos que podem ajudar a aliviar os sintomas da menopausa e ajudá-la nessa jornada. Mas muitas mulheres preferem remédios naturais, dieta e exercícios. Por sorte, essas opções são perfeitamente viáveis e você pode adotar uma ampla gama de práticas e mudanças no estilo de vida para se cuidar. É importante ressaltar que essas abordagens também podem ajudar se você estiver fazendo a terapia de reposição hormonal ou usando outros medicamentos.

Quando se trata de estilo de vida, a menopausa é um momento perfeito para adotar novos hábitos saudáveis e manter os bons hábitos que você já tem. Tendo isso em mente, quero que você pense em seu cérebro como um músculo. Você pode incorporar comportamentos que fortaleçam seu cérebro, do mesmo modo como treina seus músculos. Você pode exercitá-lo, lhe dar os nutrientes necessários, cuidar bem dele — e o resultado será um desempenho muito melhor do cérebro, em qualquer idade. Coisas como ter uma dieta nutritiva, evitar toxinas e manter o estresse sob controle podem fazer uma diferença enorme, assim como exercitar-se, dormir bem e ver a vida com base em fatos, e não em ficções. Seu corpo e seu cérebro cuidarão de você se você cuidar deles.

Manter hábitos saudáveis pode, inclusive, afetar a maneira como seu cérebro *responde* à menopausa, fazendo você se sentir melhor, mais leve e com mais energia no decorrer da jornada. Se estiver passando por dificuldades no período que antecede a menopausa, é interessante lembrar que há como controlar o estilo de vida, o ambiente e a atitude mental. Esses fatores têm o potencial de transformar toda a sua perspectiva sobre sua experiência da menopausa. Assim como as alterações hormonais podem afetar o sono, o foco e a composição corporal, os hábitos diários também podem influenciar os níveis hormonais e a intensidade de seus efeitos no corpo.

Eu gostaria de deixar claro que não estou aqui para sugerir uma espécie de "receita de bolo" para você "superar" ou "vencer" a menopausa. Lembre-se de que a menopausa não é uma inimiga. Acima de tudo, não tenho interesse algum em convencê-la da existência de algum programa milagroso que tornará seu cérebro imune à menopausa ou que terá o poder de conduzi-la pela menopausa sem quaisquer dificuldades ou desafios. Isso não passaria de uma grande ficção. Os hábitos de estilo de vida que discutiremos a seguir são baseados em pesquisas testadas e comprovadas. Você sentirá benefícios concretos com tempo, constância e persistência. Então, vamos lá!

EXERCÍCIOS PARA UMA MENOPAUSA SAUDÁVEL

Acho que você já sabe que a maioria de nós não se exercita o suficiente — longe disso! De acordo com os Centros de Controle e Prevenção de Doenças dos Estados Unidos, menos de 40% dos adultos praticam pelo menos duas horas e meia de atividade física por semana. E adivinhe: as mulheres na faixa dos 40 ou mais são, de longe, o maior grupo demográfico a se exercitar de maneira irregular ou inconsistente. Muitas não fazem qualquer exercício. Essa queda na atividade física tem seu custo e não poderia ocorrer em pior momento.

Não faltam bons motivos para ser fisicamente ativa. Se você está se aproximando da menopausa, tem ainda mais motivos para se exercitar. A atividade física pode desencadear alterações hormonais positivas que reduzem diretamente o número e a intensidade das ondas de calor, além de melhorar o humor e a qualidade do sono. Também reforça a capacidade cognitiva, ao mesmo tempo que aumenta a resistência e melhora a qualidade de vida. Esses benefícios por si só já seriam suficientes para tirá-la do sofá. Mas não é só isso. Problemas de saúde que muitas vezes pioram com a menopausa ou que tendem a surgir com a menopausa, como problemas metabólicos e resistência à insulina, podem ser reduzidos ou até *revertidos* com os exercícios. A atividade física regular pode ajudar a reduzir o risco de uma lista aparentemente interminável de doenças crônicas, incluindo doenças cardíacas, AVC, hipertensão, diabetes tipo 2, osteoporose, obesidade, câncer do cólon, câncer de mama, ansiedade, depressão e até demência! Se existisse uma pílula para isso, todo mundo estaria tomando. Mas podemos escolher uma combinação de exercícios que gostamos de fazer e nos divertir no processo.

Pense que, quando se trata do nosso corpo, tudo está conectado, e o efeito dominó é inegável. Os exercícios físicos podem estabilizar os níveis de glicose no sangue, proporcionando mais energia, o que por si só tem grandes chances de melhorar o humor. Mais vitalidade e uma visão mais positiva podem nos levar a continuar nos exercitando, nos ajudando a controlar o peso. O controle do peso é uma excelente maneira de reduzir as ondas de calor ao mesmo tempo que melhora nossa confiança e nossa autoestima. Menos ondas de calor melhoram a qualidade do sono, o que pode nos ajudar a controlar o estresse. E por aí vai. Com o tempo, essas interações mútuas criam um fluxo positivo no corpo e na vida, transformando um ciclo vicioso em um ciclo vitorioso. Os exercícios físicos podem ser uma boa maneira de assumir as rédeas da menopausa, e usufruir de um novo e estável galope quando antes nos sentíamos à mercê de um cavalo selvagem.

Não tem como evitar. Manter um regime regular de exercícios é uma meta realista para qualquer pessoa que queira ter uma menopausa mais saudável e tranquila ao mesmo tempo que se prepara para muitos anos de bem-estar no futuro. Você vai sentir os benefícios dos exercícios físicos em diferentes áreas da vida. Vejamos algumas delas:

PESO E METABOLISMO SAUDÁVEIS

Perto da menopausa, muitas mulheres passam por um aumento na gordura corporal que elas simplesmente não têm como explicar. Já bastariam as noites maldormidas devido às ondas de calor comparáveis a um vulcão em erupção e que resultam em níveis de estresse nas alturas, mas agora aquele jeans que até alguns meses atrás entrava sem problemas também se voltou contra você. Dá para entender a sua frustração e confusão.

Mas nós sabemos qual é o culpado: é um ataque em múltiplas frentes. Você é atacada pelos vilões do envelhecimento, da menopausa e da redução da atividade física, sua taxa metabólica pode cair e você pode perder massa muscular magra. Na meia-idade, as mulheres tendem a ganhar em média 2 quilos em poucos anos. A medida da cintura também aumenta cerca de 2,2 centímetros. No entanto, ao contrário do que muita gente acredita, enquanto o envelhecimento *pode* causar ganho de peso, a menopausa em si não. Mas a menopausa, pode, sim, aumentar a gordura abdominal. O que acontece é que a flutuação nos níveis de estrogênio pode desencadear o armazenamento de gordura no corpo, e o lugar preferido do corpo para armazenar gordura é a barriga. Por mais inconveniente que isso possa parecer, essa loucura tem sua razão de ser. Conforme a produção de estradiol pelos ovários diminui, o corpo depende do tecido adiposo da barriga para produzir estrona, uma reserva de estrogênio. Na verdade, precisamos dessa gordura abdominal para garantir alguma produção de estrogênio à medida que envelhecemos. Mas, como sabemos, apesar de a gordura corporal poder ajudar a manter a saúde hormonal, seu excesso pode causar outros problemas. Essa mudança pode resultar em um corpo em formato de maçã, geralmente acompanhado de um acúmulo de gordura visceral — uma gordura silenciosa que se acumula ao redor dos órgãos internos, aumentando o risco de doenças cardíacas e distúrbios metabólicos. A queda do estrogênio também pode resultar em fadiga, dores nas articulações e menos resistência física; como resultado, passar horas largada no sofá pode parecer muito mais convidativo do que sair dele.

Mas não desanime: o possível aumento de peso e da cintura é *temporário* para a maioria das mulheres, diminuindo alguns anos após a menopausa. E, ainda mais importante, nada disso é inevitável.

Tanto que um dos vários benefícios dos exercícios físicos é estimular o metabolismo e estabilizar o peso. Vários estudos demonstram que mulheres na perimenopausa e na pós-menopausa que praticam atividade física regular podem melhorar significativamente sua composição corporal, alcançando um índice de massa corporal (IMC) mais baixo, menos gordura abdominal e um metabolismo mais elevado, o que lhes permite queimar calorias com mais facilidade *independentemente da idade*.

RISCO REDUZIDO DE DOENÇAS CARDÍACAS E DIABETES

As doenças cardíacas continuam a ser a causa número um de morte de mulheres com mais de 50 anos. Essa estatística pode ter relação com a perda dos efeitos benéficos do estrogênio no sistema vascular combinada com um aumento, na meia-idade, do LDL (lipoproteína de baixa densidade), que conhecemos por "colesterol ruim". O acúmulo adicional de gordura abdominal na menopausa pode aumentar o risco de resistência à insulina e diabetes tipo 2 (que, por sua vez, são fatores de risco para doenças cardíacas).

Mas os exercícios podem diminuir ou até reverter esses riscos. Apenas doze semanas de treinamento podem melhorar o peso, reduzir a medida da cintura e diminuir os triglicerídeos e o colesterol total em mulheres na menopausa. Ao mesmo tempo, promove uma pressão arterial saudável em todas as idades. Não é à toa que mulheres com menos de 60 anos que mantêm uma rotina regular de exercícios têm risco muito menor de doenças cardíacas aos 70 e 80 anos. Resumo da ópera: a atividade física promove a saúde do coração e o que é bom para o coração é bom para o cérebro — sem falar em todo o resto!

MENOS ONDAS DE CALOR

O potencial dos exercícios físicos de minimizar e até prevenir os sintomas relacionados com a menopausa está ganhando manchetes no mundo inteiro. Sociedades médicas proeminentes, como a North American Menopause Society [Sociedade Norte-Americana de Menopausa] e a UK's Royal College of Obstetricians and Gynaecologists [Associação Real de Obstetrícia e Ginecologia do Reino Unido], recomendam exercícios regulares para evitar as ondas de calor. Isso porque os exercícios melhoram a capacidade do corpo de regular a temperatura, reduzindo nosso impulso de colocar o ar-condicionado na temperatura mais baixa, arrancar as roupas e pular na piscina. Como já vimos, os exercícios também ajudam a regular a massa corporal e de gordura. Esse efeito duplo pode reduzir drasticamente o número e a intensidade das ondas de calor! Em ensaios clínicos, mulheres que começaram com excesso de gordura corporal e perderam peso se exercitando no decorrer do estudo relataram reduções significativas e, em alguns casos, a eliminação completa das ondas de calor em apenas um ano.

Além disso, mesmo se as ondas de calor não forem completamente eliminadas, a transpiração e o desconforto são consideravelmente reduzidos em mulheres que se exercitam regularmente. Em um estudo com 3,5 mil mulheres latino-americanas, as que praticavam exercícios regulares de intensidade moderada tiveram 28% menos probabilidade de ter ondas de calor intensas do que as que se exercitavam menos. Em uma amostra com mais de 400 mulheres australianas, as que se exercitavam diariamente tiveram 49% menos ondas de calor do que as sedentárias. Esses resultados são no mínimo impressionantes se você considerar que a terapia de reposição hormonal pode reduzir as ondas de calor em cerca de 75%.

Melhor ainda é que você pode usufruir desses benefícios a partir de agora, mesmo se não tiver um histórico de exercícios regulares. De acordo com vários estudos, mulheres sedentárias que iniciam uma rotina de exercícios pela primeira vez na vida e mantêm essa rotina podem ter uma redução acentuada nas ondas de calor em apenas três meses.

MELHOR QUALIDADE DE SONO

A verdade é que as mulheres fisicamente ativas dormem melhor. Níveis mais elevados de sedentarismo são repetidamente associados a uma qualidade de sono mais baixa ou até à insônia — problemas que podem afetar consideravelmente a qualidade de vida de muitas mulheres que passam pela menopausa. Por outro lado, mulheres fisicamente ativas na perimenopausa e na pós-menopausa acordam menos durante a noite, têm melhor qualidade de sono e sofrem menos de insônia.

MELHOR HUMOR E MAIS BEM-ESTAR

Quando nos exercitamos, *endorfinas*, os analgésicos naturais do corpo, são liberadas, melhorando automaticamente nosso ânimo. Recebemos uma dose de serotonina, nos relaxando e melhorando nosso senso de felicidade. Esse efeito antidepressivo foi relacionado a uma queda nos hormônios do estresse e qualquer pessoa pode se beneficiar dele. Mulheres na meia-idade que se exercitam mais relatam consistentemente melhor qualidade de vida, maior sensação de bem-estar psicológico e redução dos sintomas de depressão e ansiedade — antes e depois da menopausa. Em uma análise combinada de onze ensaios clínicos, totalizando quase 2 mil mulheres de meia-idade, exercícios físicos regulares reduziram significativamente os sintomas depressivos, bem como o estresse e a insônia relacionados à depressão, depois de apenas doze semanas. Exercícios de intensidade moderada e baixa funcionaram perfeitamente. Como nem todo mundo curte (ou consegue fazer) treinos de alta intensidade, acho muito bom saber disso.

MEMÓRIA MELHOR E MENOR RISCO DE DEMÊNCIA

Os exercícios não apenas fortalecem os músculos, reduzem o estresse e liberam endorfinas como também melhoram a memória. Por exemplo, em um estudo com milhares de idosos, os que praticavam atividade física regular apresentaram um risco 35% menor de desenvolver demência do que os sedentários. Note que muitas dessas atividades não eram realizadas em academias de ginástica, mas eram feitas de um jeito mais simples, como caminhar, andar de bicicleta, subir escadas e fazer tarefas domésticas.

Para os nossos propósitos, um estudo recente acompanhou cerca de 200 mulheres de meia-idade por até quarenta e quatro anos. Os resultados mostram que aquelas com a melhor saúde cardiovascular na meia-idade tiveram risco 30% menor de desenvolver demência em comparação com as que permaneceram sedentárias. Como especialista na área, posso garantir que uma redução de 30% nas taxas de demência é simplesmente extraordinário — até agora, nenhum medicamento conseguiu um efeito parecido. Além disso, nossos estudos de imagens cerebrais também demonstraram que mulheres na meia-idade fisicamente ativas apresentam atividade cerebral mais vigorosa, menos atrofia cerebral e menos placas de Alzheimer em comparação com as sedentárias. Esses resultados fantásticos ajudam a manter a mente aguçada e as lembranças intactas.

OSSOS MAIS FORTES E MENOS LESÕES

Um dos benefícios mais cobiçados dos exercícios físicos é o milagre que isso faz na densidade óssea. Quando fortalecemos os músculos, fortalecemos os ossos. A atividade física efetivamente retarda a perda óssea após a menopausa, diminuindo o risco de fraturas e osteoporose. A redução da probabilidade de quedas e lesões melhora a mobilidade e reduz o potencial de dor, durante e após a menopausa.

MAIOR LONGEVIDADE

Não é exagero dizer que manter a atividade física pode realmente salvar sua vida. Não quero assustá-la com as estatísticas mostradas a seguir, mas acho melhor falar sem rodeios: quanto mais tempo você passa sentada e deitada com pouco ou nenhum exercício, maior será o risco de, bem... morrer.

Para dar alguns exemplos, no estudo Women's Health Initiative, dentre mais de 92 mil mulheres na pós-menopausa com idades entre 50 e 79 anos, as que relataram menos tempo sedentário apresentaram um risco de mortalidade significativamente reduzido em comparação com as fisicamente inativas. Especificamente, as que passavam mais de cinco horas por dia sendo fisicamente ativas tiveram 27% menos probabilidade de morrer de doença cardíaca e 21% menos probabilidade de morrer de câncer do que as que passavam oito horas ou mais por dia em modo sedentário. (E isso não inclui o tempo dormindo.) Evidências mais contundentes vêm do Nurses' Health Study [Estudo da saúde de enfermeiros], que revelou descobertas semelhantes entre mulheres mais jovens, com idades entre 34 e 59 anos. Quando essas mulheres atingiram os 70 e 80 anos, aquelas que praticavam atividade física tiveram risco 77% menor de morte respiratória, risco 31% menor de morrer de doença cardíaca e risco 13% menor de morrer de câncer do que aquelas que eram em grande parte sedentárias. Sabendo disso tudo, que tal sair do sofá e começar a mexer o esqueleto?

QUAL É O MELHOR TIPO DE EXERCÍCIO?

Não é fácil para ninguém encontrar tempo para se cuidar. Será que existe algum jeito de nos exercitarmos com *maior eficiência* em vez de *mais intensamente* ou *por mais tempo*? Será que algum tipo de exercício específico pode favorecer mais as mulheres na idade da menopausa? E as mulheres mais velhas? As principais dúvidas sobre os exercícios envolvem a intensidade, a frequência, por quanto tempo e o tipo de exercício ideal.

FREQUÊNCIA

- *Antes da menopausa.* O ideal é fazer quatro a cinco sessões de 45 a 60 minutos por semana. Pesquisas demonstram que essa fórmula é especialmente eficaz para a saúde hormonal e até a fertilidade. Lembrando que, quanto mais tempo de fertilidade você tiver, mais tarde entrará na menopausa.

- *Para passar pela menopausa até os 65 anos ou mais.* Nesse período, adaptamos o regime para três a cinco dias por semana, de 30 a 60 minutos por sessão, e ajustamos a duração e a intensidade do treino com base na idade, intensidade dos sintomas e nível de saúde e condicionamento físico. É claro que, se você puder fazer mais, faça.
- *Depois dos 70 anos.* É recomendável fazer sessões diárias de pelo menos 15 minutos, apesar de muitas mulheres poderem fazer (e fazem) mais do que isso.

INTENSIDADE

Existe um mito de que, quanto mais envelhecemos, mais precisamos nos exercitar para ver os resultados. Pesquisas rigorosas sobre o tema demonstram justamente o contrário. Especialmente para mulheres na pós-menopausa, exercícios regulares de intensidade moderada são mais proveitosos do que exercícios intensos de explosão. Lembrando que não estamos falando de fisiculturismo, só de exercícios para melhorar a saúde.

Na meia-idade, a relação entre a intensidade do exercício e a saúde parece um U invertido. Como mostra a Figura 9, um exercício de baixa intensidade produz alguns benefícios para a saúde, mas o retorno máximo está na intensidade moderada. Aumentar os treinos para uma faixa de alta intensidade não parece melhorar os benefícios. Por incrível que pareça, é o contrário: a partir daí, os retornos são decrescentes. Exercícios regulares de intensidade moderada foram associados a um menor risco de doenças cardíacas, derrame, diabetes e câncer em mulheres, começando por volta da meia-idade. Como um incentivo adicional, você também vai dormir melhor.

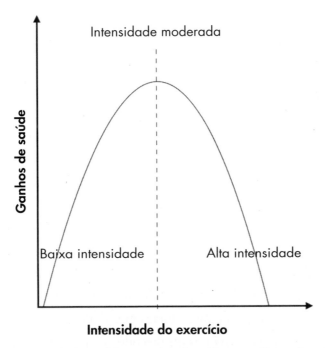

Figura 9. Intensidade do exercício e ganhos de saúde em mulheres de meia-idade.

Você dá uma olhada na academia e todo mundo está fazendo bootcamp, boxe, spinning e treinamento intervalado de alta intensidade (HIIT), então pode se perguntar por que os exercícios de intensidade moderada são tão eficazes. Para começar, é importante salientar que nenhum desses programas foi desenvolvido tendo em mente a fisiologia feminina, muito menos levando em consideração qualquer fator envolvendo a menopausa. Eles foram criados tendo em vista um grupo demográfico muito específico, e os programas são vendidos como se fossem bons para *todo mundo*. A verdade é que eles não fazem bem para todo mundo. E adivinha só! Cientistas descobriram que o treinamento de alta intensidade claramente beneficia os *homens*, enquanto o treinamento cardiovascular e de resistência em intensidade moderada fornece mais benefícios para as *mulheres*. Essa diferença pode ocorrer porque exercícios de alta intensidade aumentam o hormônio do estresse cortisol — que a maioria das mulheres já tem em abundância. Os treinos de alta intensidade também requerem mais sono e descanso para a recuperação — dois elementos escassos na realidade das mulheres.

Acho importante esclarecer o que constitui um exercício de intensidade moderada. Não estamos falando de um passeio tranquilo pelo bairro (embora sem dúvida seja melhor do que nada, se você não tiver tempo ou energia para outras atividades). Intensidade moderada é qualquer exercício que aumente sua frequência cardíaca e a faça suar um pouco. A ideia é se movimentar rápido o suficiente para fazer o sangue fluir a ponto de deixar suas bochechas rosadas. Você pode ficar um pouco ofegante ao falar, mas não deve chegar ao ponto de ter dificuldade de recuperar o fôlego. Mas deve ser difícil, por exemplo, cantar em voz alta.

Só para esclarecer, não estou dizendo para deixar seus halteres maiores de lado e nunca mais fazer uma flexão. Muitas mulheres podem fazer tudo isso e muito mais. Estou dizendo que o ideal para os nossos propósitos é exercitar-se com mais frequência e intensidade moderada. Com isso você poderá se exercitar com *regularidade* suficiente com uma intensidade *apenas* suficiente para obter os benefícios que você merece e dos quais precisa.

TIPOS DE EXERCÍCIO

Para maximizar os benefícios, os especialistas recomendam focar em três tipos de exercício: aeróbico, fortalecimento e flexibilidade e equilíbrio.

● ● ● Exercícios aeróbicos

Se você quiser o maior retorno sobre seu investimento, comece com exercícios aeróbicos. Esse tipo de exercício é reconhecido como o mais eficaz. Aumenta a frequência cardíaca, melhora o fluxo sanguíneo e a circulação e bombeia oxigênio e nutrientes pelo corpo todo. Isso, por sua vez, protege o coração contra o acúmulo de placas de gordura, ao mesmo tempo que relaxa e aguça a mente. Como se tudo isso não bastasse, o exercício aeróbico também é o melhor para evitar ondas de calor.

Mas você não precisa entrar no crossfit ou se preparar para uma maratona para colher esses benefícios. Caminhadas, trilhas ou elíptico são excelentes opções. Vários ensaios clínicos relatam que mesmo uma atividade tão simples como uma caminhada rápida pode melhorar significativamente a sua saúde em apenas três meses. *Rápida* significa andar com pressa, como se estivesse atrasada para um compromisso. Em vários estudos, 30 minutos de caminhada rápida três vezes por semana foram eficazes na redução da insônia, irritabilidade e fadiga em mulheres de meia-idade. Também reduziu o peso e a circunferência da cintura e diminuiu os níveis de triglicerídeos e o colesterol total. Além disso, caminhar retarda o encolhimento do cérebro, nos protegendo da névoa cerebral e do declínio da memória. Em termos práticos, caminhar 6 mil ou mais passos por dia está associado a uma redução do risco de doenças cardíacas e diabetes em mulheres com 40 anos ou mais. Aumentar essa meta para 9 mil a 10 mil passos também pode reduzir o risco de demência.

Outros exemplos de exercícios com ritmo adequado são pedalar a uma média de 11 a 16 quilômetros por hora, fazer elíptico em ritmo constante, pular corda, nadar, fazer exercícios na água, jogar tênis, fazer aulas de ginástica em grupo, dançar ou subir escadas. Lembrando que você pode combinar essas opções e criar uma rotina própria, individualizada de acordo com suas preferências. Qualquer exercício que nos mantenha em movimento também ajuda a preservar a massa óssea e a prevenir a osteoporose.

Se você não tiver tempo ou dinheiro para fazer academia ou longas caminhadas, lembre-se do efeito acumulado de atividades do dia a dia como jardinagem, limpar a casa e tarefas domésticas em geral, sem falar da correria atrás dos filhos ou netos. Essas atividades podem não alcançar os mesmos efeitos que exercícios mais intensos, mas fontes demonstram que praticar uma hora por dia de atividades físicas de baixa intensidade tem um efeito favorável nos sintomas da menopausa e na qualidade de vida.

• • • Fortalecimento muscular

Evidências mais recentes apontam para a eficácia de combinar exercícios aeróbicos de intensidade moderada com exercícios de levantamento de peso para maximizar os benefícios para as mulheres. Enquanto o exercício aeróbico ajuda na saúde metabólica e reduz as ondas de calor, os exercícios de fortalecimento são especialmente eficazes na redução da ansiedade e na melhoria do humor.

Treinar com peso livre, aparelhos de musculação ou faixas de resistência pode ajudar a ganhar massa muscular, estimulando a formação dos ossos e acelerando o metabolismo. Exercícios que usam o peso do corpo, como barras fixas, elevações de joelho, pranchas, avanços e agachamentos, também fortalecem os músculos, ajudam na saúde óssea e melhoram a força e o equilíbrio do core. Escolha qualquer peso ou nível de resistência apenas o suficiente para sentir os músculos "queimarem" com quinze repetições. Vá aumentando o peso ou o nível de resistência aos poucos, à medida que você fica mais forte.

• • • Exercícios de flexibilidade e equilíbrio

Há uma grande variedade desses exercícios, que incluem ioga, tai chi, pilates e alongamento. Todos podem melhorar a coordenação, trabalhar o equilíbrio e evitar quedas e artrite no futuro. Ioga e pilates também incorporam técnicas de respiração aos exercícios, promovendo o relaxamento e o equilíbrio hormonal enquanto tonificam o core. Estudos demonstram que esse tipo de treino, em particular, pode aliviar o estresse e melhorar a qualidade do sono.

Falaremos mais sobre técnicas mente-corpo no Capítulo 16, mas, só para reforçar a importância do equilíbrio e da flexibilidade, vamos fazer um teste cujos resultados podem ser assustadoramente reveladores. Você consegue se equilibrar em uma perna por 10 segundos ou mais?

Acontece que a falta de equilíbrio está ligada à fragilidade na velhice, além de ser um importante indicador do declínio da saúde. Espera-se que mulheres com menos de 70 anos passem nesse teste sem dificuldade. Se for o seu caso, ótimo — agora faça o teste por um minuto. Se você tiver mais de 70 anos e foi fácil ficar um minuto, parabéns, você está em melhor forma do que muitas mulheres da mesma idade. Mas, se não conseguir se equilibrar em um pé só por 10 segundos, não importa qual seja a sua idade, você corre o risco de quase dobrar a probabilidade de um rápido declínio na saúde na próxima década. Se isso não for uma boa motivação para se matricular naquela aula de ioga, não sei o que é!

MANTENHA A MOTIVAÇÃO

Segundo a maioria dos estudos, incluindo muitos ensaios clínicos, você deve começar a colher os frutos do seu empenho em até doze semanas (três meses) ao seguir as orientações acima. Mas, mesmo sabendo de todos os benefícios de se exercitar, muitas pessoas resistem. Os obstáculos mais comuns são dinheiro, tempo e motivação.

Muita gente acha que, para se exercitar regularmente, é preciso gastar uma pequena fortuna em uma academia ou na compra de equipamentos de ginástica caros. Mas não há necessidade alguma disso. Caminhadas (especialmente ao ar livre), corrida ou pedalada, se você tiver uma bicicleta, são maneiras gratuitas e divertidas de se exercitar. Você pode usar equipamentos como uma bola de pilates, halteres ou faixas de resistência para fazer uma variedade de exercícios supereficientes (*além de* serem baratos). É possível encontrar gratuitamente na internet e no YouTube rotinas de exercícios que não requerem equipamento.

Já a falta de tempo pode ser mais difícil de resolver e pode ser a razão mais comum pela qual as mulheres não praticam exercícios. Nossa agenda vive lotada, com trabalho, família, filhos e várias outras responsabilidades, ou todas as opções acima, e pode não ser tão fácil encaixar atividades físicas na rotina. De qualquer maneira, vale muito a pena manter os olhos no prêmio: mais energia, melhor sono, melhor humor, mente mais clara, menos estresse, menos ondas de calor... e a lista continua. Então, a questão deve ser como incluir as atividades físicas na sua rotina, e não se isso é ou não possível. Quer seja uma questão de repensar suas prioridades ou encontrar maneiras criativas de incorporar atividades físicas ao dia a dia, veja algumas dicas que podem ajudar:

- Marque um horário todos os dias para fazer exercícios. Anote na agenda e faça de tudo para não pular nenhum dia.
- Divida as sessões. Se você não tiver uma janela de 60 minutos para se exercitar, encontre três janelas de 20 minutos para isso.
- Se não tiver mais de 20 minutos, exercite-se por 20 minutos. Nunca subestime o poder de um treino rápido! A diferença

na sua saúde ainda será enorme em comparação com não fazer nada.
- Se você não tiver nem 20 minutinhos no seu dia, faça o exercício de prancha. Fique em posição de prancha pelo maior tempo possível. Ficar dez minutos em posição de prancha pode ser tão difícil quanto uma hora de agachamento.
- Se você não sabe o que fazer com a família enquanto se exercita, dê um jeito de fazer exercícios junto com eles. Façam caminhadas, joguem bola no parque ou no quintal, andem de bicicleta, pulem corda ou compre um pequeno trampolim para usar dentro de casa. Quando a minha filha era pequena, eu fazia ioga enquanto ela escalava em mim como se eu fosse um trepa-trepa. Ela se tornou meu peso livre favorito e gostava tanto da nossa rotina quanto ir ao parquinho!
- Procure aulas gratuitas na internet. Se puder, considere um personal trainer para ajudá-la a criar uma rotina personalizada para você e sua agenda. Muitos oferecem a praticidade de sessões por Zoom ou Skype, eliminando a necessidade de sair de casa.
- Monitore seu progresso para aumentar a motivação e perseverança. Equipamentos de monitoramento podem ajudar, mas você não precisa de um Oura Ring ou de um Apple Watch. Há incontáveis maneiras de monitorar a atividade física. Basta anotar com que frequência e por quanto tempo você se exercitou, o que fez, como se sentiu. Também pode ser interessante comprar um pedômetro simples — não precisa ser nada sofisticado.

Por fim, persistência é fundamental. É muito comum as pessoas tentarem um exercício que não tem nada a ver com elas e acabarem desistindo antes mesmo de começar. Isso pode acontecer com qualquer um de nós, seja pela frustração de não ver o corpo mudar com a rapidez que esperamos, ou pelo desânimo diante de metas inatingíveis. Quanto a isso, esqueça aquelas celebridades de 50 anos que parecem ter 25, especialmente as que criam padrões impossíveis. Lembrando que elas empregam equipes inteiras de personal trainers, estilistas, cirurgiões e chefs de cozinha para se preparar para as câmeras. É muito melhor definir o que o condicionamento físico e a saúde significam *para você*.

Também é preciso considerar que algumas pessoas simplesmente não gostam de se exercitar. Se for esse o seu caso, preciso insistir sobre a importância de encontrar maneiras de manter o corpo em movimento. Encontre qualquer atividade prazerosa e que você pode continuar fazendo ao longo dos meses. Algumas pessoas gostam do aspecto competitivo dos exercícios (esportes), outras gostam do aspecto social (aulas), outras ainda adoram a chance de passar um tempo sozinhas (caminhadas individuais) e tem aquelas que apenas gostam de se divertir (dançar). Pode não ser o seu estilo ir todo dia à academia. Você pode gostar mais de caminhar ou pedalar ao ar livre ou de fazer ioga no parque. Ou pode adorar a academia, mas não gosta de ir sozinha. Nesse caso, matricule-se em uma aula, entre em um grupo ou encontre um colega de treino. Por outro lado, se você prefere a solidão, saia para uma caminhada (dando 6 mil passos ou mais) ou aumente o volume da música e dance como se ninguém estivesse vendo. Seja qual for o seu caso, confie em mim quando eu digo que querer é poder. Decida os objetivos que você quer priorizar para a sua saúde e assuma o controle de seu bem-estar. Defina metas realistas e viáveis e pense nessas metas com autocompaixão, em vez de autocrítica. Seja criativa e respeite quem você é.

14

DIETA E NUTRIÇÃO

ALIMENTO PARA A MENTE

Na nossa sociedade, estamos mais preocupados em fazer dieta para emagrecer do que para *nutrir* o corpo. Definitivamente fazemos tudo errado! Ser seletivo sobre o que colocamos no corpo é crucial para a saúde e o bem-estar em qualquer fase da vida, e é igualmente importante quando se trata da saúde do cérebro.

A neuronutrição, ou nutrição para o cérebro, é uma grande parte do meu mundo. Como neurocientista, estou muito ciente da importância dos alimentos para a saúde do cérebro. Não é por acaso e tenho pelo menos três razões para isso. Para começar, o cérebro depende de nutrientes específicos para funcionar adequadamente. Em segundo lugar, as células cerebrais são, em grande parte, constituídas pelos alimentos ingeridos. Refeição após refeição, dia após dia, esses alimentos — mais especificamente, os nutrientes que eles contêm — literalmente se transformam na estrutura do nosso cérebro. Por fim, as células cerebrais são construídas de uma maneira diferente das células que constituem outros órgãos. Ao contrário do restante do corpo, onde as células são constantemente reconstruídas e substituídas, a maioria dos neurônios cerebrais é *insubstituível*. Eles nascem com a gente e nos acompanham durante a maior parte da nossa jornada. Com isso em mente, da próxima vez que você estiver em dúvida entre comer alimentos integrais frescos ou um cheeseburger gorduroso, pode ser interessante pensar se quer ter um cérebro saudável ou um cérebro de fast-food.

Quando se trata da saúde das mulheres, uma boa nutrição não apenas tem um impacto comprovado na composição do corpo e nos níveis de energia, mas também pode ser uma poderosa aliada contra o envelhecimento, doenças e — você adivinhou — os sintomas da menopausa. A ideia é comer *bem* concentrando-se em encher o prato com alimentos ricos em nutrientes que atuam a seu favor, como vitaminas, minerais, fibras, carboidratos complexos, proteínas magras e gorduras saudáveis. Além de serem nutritivos e deliciosos, os chamados "alimentos inteligentes" (do inglês, *smart foods*) podem reduzir a inflamação e reforçar a resiliência contra o estresse. Também podem melhorar o humor e aumentar a clareza mental. Podem ajudá-la a dormir melhor, a se sentir melhor e a ter um desempenho melhor. Como se tudo isso não bastasse, há evidências de que alguns alimentos têm um impacto positivo na saúde hormonal, regulando os ciclos mensais da mulher e ao mesmo tempo postergando o início da menopausa e reduzindo a frequência e a intensidade dos sintomas. Mas o contrário também é verdade. Uma dieta inadequada pode piorar os sintomas, acelerar o início da menopausa e deixá-la irritada, cansada, esgotada e com o cérebro nebuloso. Especialmente quando estiver passando pela perimenopausa, você pode começar a notar que certos alimentos desencadeiam determinados sintomas. Por exemplo, alimentos que aumentam os níveis de glicose no sangue podem de repente exaurir sua energia e deixá-la mais irritada do que nunca. Bebidas alcoólicas podem intensificar, prolongar ou multiplicar as ondas de calor. Alimentos refinados, processados e com muitos conservantes são especialistas em piorar o humor e a concentração, matando dois preciosos coelhos com uma cajadada só.

Por isso é importantíssimo aprender quais alimentos e nutrientes fazem bem à saúde do cérebro em geral — e para a saúde do cérebro na menopausa em particular — e quais alimentos e nutrientes têm o efeito exatamente oposto e devem ser evitados. Ao mesmo tempo, *como* comer é tão importante quanto *o que* comer. À medida que a menopausa entra na pauta da mídia, você verá novas dietas a torto e a direito prometendo controlar os sintomas. Tome cuidado com esses modismos. O problema é que essas dietas da moda não têm nada a ver com a menopausa e tudo a ver com esvaziar sua carteira. Empresas — e algumas pessoas — agarram qualquer oportunidade de lucrar com a nossa vulnerabilidade enquanto sonhamos com uma dieta milagrosa que nos deixe com uma barriguinha enxuta. Algumas chegarão ao ponto de recomendar não consumir mais que oitocentas calorias por dia, uma recomendação que não apenas é insustentável, mas imprudente. Uma coisa que aprendemos com décadas de pesquisa é que as dietas baseadas em extremos sempre acabam em um fracasso espetacular. Além de não entregarem os resultados prometidos, muitas vezes acabam alterando o delicado equilíbrio do corpo, do cérebro e dos hormônios. Sugiro desconfiar sempre que vir um detox milagroso de pepino de dez dias, dietas da moda e estratégias para ficar em forma rapidamente. Dito isso, vamos dar uma olhada no que a ciência tem a nos ensinar sobre a nutrição para a menopausa.

A DIETA MEDITERRÂNEA MAIS SAUDÁVEL

A melhor maneira de saber quais dietas realmente funcionam é analisar tanto a ciência quanto as tradições. A ciência explica por que certas dietas funcionam, enquanto as tradições nos permitem saber se essas dietas resistiram ao teste do tempo. Quando a ciência encontra a tradição e as duas concordam, sabemos que estamos no caminho certo.

Entra em cena a dieta mediterrânea.

Com a reputação de ser uma das dietas mais saudáveis do mundo, a dieta mediterrânea tradicional tem efeitos bem documentados de proteção do cérebro, do coração, do intestino e dos hormônios — reduzindo o risco de doenças cardíacas, AVC, obesidade, diabetes, câncer, depressão e demência em comparação com a maioria das outras dietas! No que diz respeito especificamente à saúde das mulheres, a dieta mediterrânea é excelente, com efeitos positivos sobre a pressão arterial, o colesterol e níveis de glicose no sangue. Como resultado, as mulheres que seguem uma dieta de estilo mediterrâneo apresentam um risco 25% menor de ataque cardíaco e AVC do que as que seguem uma dieta típica de países industrializados, rica em alimentos processados, carne vermelha, doces e bebidas açucaradas. Além disso, as mulheres que seguem a dieta mediterrânea na meia-idade têm um risco pelo menos 40% menor de desenvolver depressão na velhice em comparação com as que têm dietas menos saudáveis. Elas também têm o risco de desenvolver câncer de mama reduzido pela *metade*.

Mais uma boa notícia: as mulheres que seguem a dieta mediterrânea normalmente têm sintomas mais brandos da menopausa, com muito menos ondas de calor. Por exemplo, em um estudo com mais de 6 mil mulheres que apresentavam sintomas da menopausa, as que adotaram essa dieta tiveram *redução* de 20% nas ondas de calor e suores noturnos. Além disso, essa dieta também pode *postergar* o início da menopausa. Um amplo exame de dados dietéticos coletados de 14 mil mulheres revelou que o consumo de leguminosas, como ervilha ou feijão, e peixes está associado a um início postergado da menopausa em até três anos. O outro lado da história não foi tão agradável. As mulheres que consumiram menos desses alimentos saudáveis e mais alimentos processados e carboidratos refinados, como arroz branco e massas, apresentaram um início acelerado da menopausa. Esses dados também se correlacionam com o fato de muitas mulheres que seguem uma dieta ocidental típica entrarem na menopausa precocemente e sofrerem efeitos mais intensos.

Mas o que a dieta mediterrânea tem de tão especial para levar a benefícios tão impressionantes?

Basicamente, ela é uma dieta baixa em calorias e rica em fibras, gorduras saudáveis e carboidratos complexos — todos componentes importantes dos alimentos ricos em nutrientes que discutimos acima. Não inclui açúcares refinados nem alimentos processados, que todo mundo sabe que fazem mal à saúde. Do ponto de vista nutricional, a dieta mediterrânea é baseada em alimentos de origem vegetal, mas sem ser muito restritiva. Verduras, legumes e frutas frescas, grãos integrais, leguminosas e uma variedade de nozes e sementes são as estrelas do show. Pequenas quantidades de frutos do mar, ovos ou aves também são incluídas, enquanto laticínios e carnes vermelhas são consumidos com pouca frequência e com moderação. Óleos vegetais não refinados, como azeite extravirgem e óleo de linhaça, são os condimentos preferidos, combinados com vinagre local ou suco de limão. Ervas e especiarias são usadas para dar sabor aos alimentos, substituindo o sal. As refeições costumam ser acompanhadas por uma taça de vinho tinto e finalizadas com um café expresso aromático — ambos são ricas fontes de antioxidantes. As sobremesas, incluindo tortas caseiras e gelatos artesanais (feitos com ingredientes de alta qualidade), não são consumidas rotineiramente, e sim saboreadas nos fins de semana ou em ocasiões especiais. A dieta resultante é potente em antioxidantes, polifenóis, fibras e gorduras insaturadas saudáveis — ao mesmo tempo que é flexível e variada o suficiente para ninguém se sentir privado.

Mas, apesar de todos os benefícios para a saúde, especialistas acreditam que alguns pequenos ajustes na dieta mediterrânea podem torná-la ainda mais saudável. Essa dieta saudável, conhecida como dieta mediterrânea "verde", reduz ainda mais a carne e a substitui por proteínas vegetais ao mesmo tempo que introduz alimentos ricos em nutrientes que não são normalmente encontrados na região do Mediterrâneo, como chá verde, abacate e soja. Essa combinação parece aumentar os benefícios da dieta, levando a mais perda de gordura abdominal (o corpo em formato de maçã, que discutimos no capítulo anterior) e maiores vantagens metabólicas, bem como redução da pressão arterial, redução do colesterol ruim, melhor sensibilidade à insulina e menos inflamação crônica. Além disso, embora esses dois padrões alimentares retardem o encolhimento do hipocampo (a região do cérebro que afeta a capacidade de aprender e lembrar), a dieta mediterrânea verde parece ter o potencial de proteger mais contra o envelhecimento e doenças. Não estou sugerindo que você siga essa dieta à risca, mas recomendo muito experimentar essa opção, que apresentarei em mais detalhes a seguir.

Antes de começarmos, um dos vários mitos em relação à dieta mediterrânea é que ela pode ser cara e/ou só para poucos privilegiados. Posso garantir que não é o caso. É importante saber o que a *verdadeira* dieta mediterrânea é, e não cair na armadilha dos cardápios de restaurantes elegantes repletos de ingredientes sofisticados, vinhos e queijos caros. A dieta mediterrânea autêntica não é cara. Envolve vinho produzido na região e produtos sazonais, bem como leguminosas e grãos integrais como a principal fonte de proteína. Como já vimos, a carne vermelha e os laticínios — que normalmente são mais caros do que os vegetais — são indulgências mais ocasionais. Se você tiver interesse em algumas dicas para ter uma alimentação saudável sem gastar muito, poderá encontrar muitas no meu primeiro livro, *Brain Food* [*A comida e o cérebro*, em tradução livre]. Já no livro que você tem em mãos, o foco é em alimentos e nutrientes específicos que podem ajudar na saúde hormonal e na menopausa. Para alguns leitores, a maioria desses alimentos estará disponível no supermercado do bairro. Para outros, alguns alimentos podem ser difíceis de encontrar ou podem ser muito caros. Nesse caso, basta substituí-los por outras opções. Pense nisso mais como uma abordagem dietética do que como um plano rigoroso ou uma lista de compras. Ao se concentrar em uma variedade de alimentos vegetais integrais, reduzir produtos de origem animal e evitar refeições prontas e alimentos processados, você melhora rapidamente sua saúde nutricional.

COMA MAIS VEGETAIS

Acho importante salientar que nem toda comida faz bem, mas os *vegetais* tendem a fazer muito bem à saúde. Os vegetais são ricos em vitaminas, minerais e uma abundância de *fitonutrientes* que ajudam a combater doenças, reduzir a inflamação e promover a resiliência do corpo todo. Além disso, são a fonte mais rica de fibras e as fibras são importantíssimas para a saúde da mulher. Na verdade, uma das melhores recomendações nutricionais que tenho a oferecer é: *coma bastante fibra*.

Além de seus efeitos positivos sobre o açúcar no sangue, os níveis de insulina e a digestão, as fibras têm a capacidade menos conhecida de equilibrar os níveis de estrogênio. Facilitam a ação de uma molécula chamada *globulina ligadora de hormônios sexuais* que regula os níveis de estrogênio e testosterona no sangue, colocando os hormônios para trabalhar a nosso favor. Por isso, comer bastante fibra é uma defesa fantástica contra os sintomas da menopausa, como ondas de calor, que tendem a ser mais brandas e menos frequentes com dietas ricas em fibras. O equilíbrio que as fibras proporcionam no corpo é essencial para as mulheres em geral e para as sobreviventes do câncer de mama em particular. No Women's Healthy Eating and Living Study [Estudo de alimentação e vida saudável para mulheres], mulheres que estavam recebendo tratamento para o câncer de mama em estágio inicial e que consumiram uma dieta rica em fibras relataram redução significativa nas ondas de calor em apenas um ano. Esse estudo foi só um dentre muitos outros que demonstraram com clareza os mesmos resultados. Quanta fibra você deve consumir? Como regra geral, recomenda-se aproximadamente 14 gramas de fibra para cada mil calorias consumidas diariamente. Por exemplo, se você consome 2 mil calorias por dia para manter um peso saudável, deve consumir 28 gramas de fibra.

Outra grande vantagem de consumir mais vegetais é que eles oferecem algumas das opções mais ricas em antioxidantes disponíveis no planeta. Os antioxidantes combatem os radicais livres, reduzindo a inflamação e retardando o envelhecimento celular. Como os radicais livres afetam negativamente a maturação e a liberação dos óvulos, além de causar estragos nas células cerebrais, uma alta ingestão de antioxidantes pode retardar esses efeitos, adiando a menopausa. Entre os antioxidantes mais poderosos estão as vitaminas C e E, o betacaroteno e o raro mineral selênio, juntamente com uma variedade de fitonutrientes, como o licopeno e as antocianinas, que conferem aos mirtilos, tomates e uvas seus belos tons de vermelho e azul. Acho que você já deve ter ouvido falar que os mirtilos contêm muitos antioxidantes, mas alguns outros alimentos podem surpreender: amoras, goji berries e alcachofras têm um efeito antioxidante ainda maior. Algumas especiarias e ervas, como canela, orégano e alecrim, também entram na lista, bem como as frutas cítricas, que se destacam no departamento da vitamina C. Quando se trata do selênio, a castanha-do-pará é uma excelente fonte, mas você também pode encontrá-lo no arroz, na aveia e nas lentilhas.

FRUTAS E VEGETAIS

Você se lembra do antigo desenho animado no qual o marinheiro Popeye devorava seu espinafre direto da lata para ganhar músculos instantâneos que sempre salvavam o dia? O espinafre por si só não pode fazer milagres, mas comer mais vegetais pode fazer uma diferença enorme na sua saúde.

As verduras, em particular, são os alimentos menos consumidos na dieta ocidental padrão, mas são os mais essenciais para a saúde. Hoje em dia, apenas um em cada dez adultos norte-americanos consome o mínimo diário de frutas ou vegetais. Por outro lado, um em cada dois norte-americanos come *noventa quilos* de carne vermelha e frango por ano — além de todos os alimentos processados consumidos diariamente. Somando isso ao sedentarismo, quase a metade dos adultos nos Estados Unidos serão obesos até 2030. As taxas de doenças cardíacas, acidentes vasculares cerebrais e diabetes tipo 2 também atingiram a máxima histórica em muitos países. E eu tenho uma notícia triste para você: o grupo que está liderando essa corrida são as mulheres, então realmente precisamos prestar mais atenção ao que comemos.

Várias doenças crônicas comuns são muito afetadas pela dieta, de modo que faz sentido otimizar os alimentos para melhorar a saúde.

Para isso, a maioria dos especialistas recomenda "comer o arco-íris", consumindo uma grande variedade de frutas e vegetais coloridos em cada refeição. Como regra geral, os vegetais devem constituir metade de seu prato no almoço e no jantar. Entre eles, verduras de folhas escuras e vegetais crucíferos são excepcionais na promoção do equilíbrio hormonal e de um sistema nervoso saudável. Alguns exemplos incluem:

- *Verduras de folhas escuras:* couve, couve-manteiga, espinafre, repolho, folhas de beterraba, agrião, alface-romana, acelga, rúcula e escarola.
- *Vegetais crucíferos:* couve, couve-manteiga, couve-flor, couve-de-bruxelas, brócolis, repolho, mostarda, agrião, acelga-chinesa.

Mulheres que comem muitos desses heróis vegetais têm menos chances de estar com excesso de peso ou obesas e apresentam muito menos sintomas da menopausa do que as que deixam os vegetais de lado e dão preferência a fast-food, alimentos processados, carne vermelha e laticínios. Por exemplo, em uma intervenção de um ano envolvendo mais de 17 mil mulheres na menopausa, aquelas que comeram mais vegetais, frutas e leguminosas ricos em fibras relataram redução de 19% nas ondas de calor em comparação com aquelas que comeram menos alimentos à base de plantas. Da mesma forma, um estudo com 393 mulheres na pós-menopausa revelou que aquelas que comiam mais folhas verdes e vegetais crucíferos apresentavam menos sintomas da menopausa e tinham mais energia. Além disso, o consumo regular de vegetais crucíferos pode reduzir danos aos genes, protegendo-nos do câncer de mama. Também é associado a 50% menos chances de pacientes com câncer de mama apresentarem sintomas graves da menopausa.

E as vantagens não param por aí. Vegetais de baixo a médio índice glicêmico, como cebola, beterraba, abóbora e cenoura, também são excelentes opções, assim como as frutas. Embora algumas dietas recomendem evitar frutas devido ao teor de açúcar, há muitas evidências de que várias frutas são especialmente benéficas para a saúde das mulheres e não devem ser negligenciadas. Em um estudo que acompanhou 6 mil mulheres ao longo de cerca de nove anos, aquelas que comiam frutas com mais regularidade — especialmente morango, abacaxi, melão, damasco e manga — tiveram 20% menos ondas de calor e muito mais disposição em comparação com aquelas que não comiam tantas frutas. Frutas cítricas ricas em vitamina C, um poderoso antioxidante, como laranja, limão, toranja e kiwi, também ajudaram a reduzir uma variedade de sintomas. Outro bom motivo para comer frutas: um estudo com mais de 16 mil mulheres acompanhadas ao longo de muitos anos demonstrou que aquelas que consumiam frutas vermelhas ricas em flavonoides, como mirtilos e morangos, apresentaram melhor desempenho cognitivo do que as que não comiam. Basta uma ou duas porções de frutas frescas por dia. Mas, se você precisar controlar os níveis de açúcar, prefira frutas com baixo índice glicêmico, como frutas vermelhas, maçã, limão, laranja, toranja e melancia — e coma frutas com alto índice glicêmico, como uva e manga, com mais moderação.

GRÃOS INTEGRAIS, TUBÉRCULOS E LEGUMINOSAS

Embora a maioria das pessoas reconheça que as frutas e os vegetais devem fazer parte de uma dieta saudável, não há um consenso sobre os benefícios ou malefícios dos grãos, tubérculos e leguminosas. Muitas pessoas cresceram ouvindo que devem tomar cuidado com os carboidratos e não sabem que nem todos os carboidratos fazem mal à saúde. Os carboidratos podem ser simples ou complexos com base na quantidade de fibra, amido e açúcar que contêm. Alimentos que contêm mais fibras do que açúcar são chamados de carboidratos complexos e têm menor carga glicêmica. Como resultado, são menos agressivos, liberando lentamente seus açúcares naturais, que são facilmente metabolizados em energia sem causar picos nos níveis de insulina. Grãos integrais (com a camada externa preservada), como arroz integral, trigo integral e aveia integral, bem como a maioria das leguminosas e tubérculos, como a batata-doce, se enquadram nessa categoria de carboidratos complexos, o que explica por que também são chamados de carboidratos "bons". No caso da saúde das mulheres, a ingestão de carboidratos com baixo índice glicêmico foi associada a resultados muito favoráveis, incluindo uma redução acentuada do risco de doenças cardíacas, diabetes tipo 2, depressão e demência — além de uma melhora na qualidade do sono!

No outro extremo do espectro estão os carboidratos de alto índice glicêmico, que contêm alta dose de açúcar, provavelmente açúcar refinado, e pouca ou nenhuma fibra. Esses alimentos, às vezes chamados de carboidratos "ruins", provocam picos nos níveis de glicose no sangue, dificultando à insulina do corpo o trabalho de metabolizar rapidamente uma quantidade tão alta de açúcar ingerida de uma só vez. Com o tempo, isso exaure o pâncreas, causando resistência à insulina. A resistência à insulina inflama o corpo e seus sistemas, representando um fator de risco para distúrbios metabólicos, diabetes e doenças cardíacas. Também pode prejudicar a produção de estrogênio, a última coisa que alguém precisa. Os carboidratos com alto índice glicêmico não incluem apenas os óbvios, como os doces (por exemplo, balas e chocolates), biscoitos recheados, sorvetes e refrigerantes. O clube dos carboidratos com alto teor de açúcar tem vários membros, incluindo refrescos, bebidas açucaradas e produtos processados à base de cereais, como pão de forma industrializado, pão francês, arroz branco, massas, biscoitos e pãezinhos.

O veredito é claro. Se nós, mulheres, quisermos otimizar a saúde, precisamos incluir grãos integrais e leguminosas na dieta e definitivamente deixar os cereais refinados de fora. Batata-doce e batata com casca podem entrar; salgadinhos industrializados à base de batata e batatas fritas do McDonald's estão fora de questão. Você entendeu a ideia.

Para as pessoas que evitam glúten, grãos integrais naturalmente sem glúten, como arroz (integral, vermelho, negro), arroz-selvagem (tecnicamente uma semente), quinoa (também uma semente), amaranto, trigo sarraceno, milho, sorgo e *teff*, são fontes legítimas de carboidratos bons. No entanto, tome cuidado com os vários produtos sem glúten disfarçados de alternativas saudáveis mas que não passam de mais um junk-food processado.

ADOÇANTES NATURAIS

Nosso corpo agradeceria de joelhos se abandonássemos o açúcar branco e os adoçantes artificiais de uma vez por todas. Adoçantes naturais não refinados, como mel cru, xarope de bordo, estévia e açúcar de coco, são excelentes alternativas. Mais ricos em vitaminas e minerais do que o açúcar branco ou cristal, esses adoçantes são menos agressivos para o corpo e não afetam tanto os níveis de glicose no sangue.

Se você for como eu e não consegue viver sem um docinho de vez em quando, recomendo chocolate amargo com teor de cacau de 80% ou superior. Ou, melhor ainda, experimente o chocolate amargo *cru*. Em sua forma mais pura, esse tipo de chocolate é um superalimento poderoso com um pedigree impressionante de benefícios para a saúde. Tem baixa carga glicêmica, satisfaz sem provocar quedas bruscas de energia devido à ingestão de açúcar e é rico em teobromina, um antioxidante espetacular. Repleto de *flavonóis*, que combatem a inflamação, e *catequinas*, que ajudam a regular os níveis de estrogênio, o chocolate cru é uma guloseima muito bem-vinda. Para ajudá-la a se inspirar, vou compartilhar uma das minhas receitas favoritas: um delicioso ganache de chocolate amargo feito com apenas três ingredientes. Comece derretendo ½ xícara de pedaços de chocolate amargo sem açúcar e ¼ xícara de óleo de coco não refinado. Misture uma colher de sopa cheia de cacau em pó cru e uma colher de sopa de xarope de bordo. Despeje a mistura em um recipiente hermético e leve ao freezer por cerca de três horas. Essa sobremesa não só fornece uma explosão de energia, como também uma dose saudável de antioxidantes, fazendo dela um prazer delicioso e sem culpa.

ALIMENTE SEU ESTROBOLOMA

Há outro benefício impressionante, embora pouco divulgado, de comer mais vegetais. Hoje sabemos que nosso corpo hospeda trilhões de bactérias que formam o *microbioma*, residindo principalmente no trato gastrointestinal. Pesquisas científicas demonstraram que esses micróbios intestinais ajudam a regular muitos aspectos da nossa fisiologia, incluindo a absorção de nutrientes, o fortalecimento intestinal e a imunidade. Mas poucas pessoas sabem que esses mesmos micróbios também ajudam no funcionamento do precioso estrogênio.

Conheça o estroboloma, um grupo muitas vezes negligenciado de bactérias intestinais com a capacidade única de metabolizar o estrogênio. Veja como ele funciona: depois que o estrogênio circula pelo corpo todo, espalhando sua magia, ele se dirige ao intestino, onde é reabsorvido pela corrente sanguínea ou eliminado da mesma forma que os nutrientes. O estroboloma é responsável por esse processo. Essas bactérias produzem uma enzima chamada *beta-glucuronidase*, que decompõe o estrogênio em suas formas ativas, decidindo se deve devolvê-lo à circulação ou retirá-lo do sistema. Ao tomar essa decisão, o estroboloma mantém as coisas em equilíbrio, garantindo que a quantidade total de estrogênio no corpo esteja correta. Além disso, ele é um especialista em quebrar carboidratos complexos e colocar antioxidantes em ação, o que ressalta ainda mais a conexão entre o estrogênio e os alimentos vegetais.

Eu garanto que vai valer muito a pena cuidar bem dessas nossas amigas bactérias que ajudam a nos manter saudáveis e em boa forma. Um intestino em bom funcionamento está associado a menor risco de obesidade, doenças cardíacas, demência, depressão, câncer e menos sintomas da menopausa. O contrário também é verdade. Você já pode ter ouvido falar da *disbiose*, um problema que surge quando o número de bactérias nocivas supera os micróbios intestinais e o equilíbrio do microbioma é prejudicado. A disbiose resulta em problemas digestivos e inflamação, causando o caos no estroboloma. Os níveis de estrogênio também podem se desequilibrar, resultando na liberação de doses irregulares na corrente sanguínea.

O que causa a disbiose? Duas causas possíveis são o estresse crônico e o uso excessivo de antibióticos, mas a dieta inadequada é a maior culpada. Nosso estroboloma, assim como o microbioma como um todo, adora vegetais — quanto mais, melhor. Quando você ingere uma grande variedade de vegetais, seu microbioma recebe os nutrientes dos quais precisa para ser feliz. Evitar alimentos processados e reduzir o consumo de carne vermelha e laticínios também parece ajudar, já que as pessoas que seguem dietas ricas em fibras e pobres em gordura animal são as que têm os microbiomas mais saudáveis. Pense nisto: passar *apenas duas semanas* comendo alimentos processados pode reduzir em nada menos que 40% a biodiversidade do seu microbioma e, ao mesmo tempo, colocar em risco as bactérias que equilibram o estrogênio e, com elas, a sua saúde. A tendência da sociedade de ter dietas pobres em fibras e ricas em nutrientes de baixa qualidade está semeando o caos no nosso corpo, quer gostemos ou não. Por sorte, existe um jeito infalível de restaurar o microbioma. Você adivinhou: comer mais plantas. Para restaurar as bactérias intestinais, concentre-se em alimentos ricos em *prebióticos, probióticos* e os menos conhecidos *alimentos amargos*:

- Os *prebióticos* são carboidratos não digeríveis, o prato favorito das bactérias intestinais. Alho, cebola, aspargo, beterraba, repolho, alho-poró e alcachofra são fontes fantásticas, assim como leguminosas como feijão, ervilha e lentilha.
- Os *probióticos* são bactérias vivas que reforçam a população do microbioma. Eles são encontrados em alimentos fermentados como chucrute, kimchi, iogurte natural e picles fermentados em salmoura. Suplementos probióticos também podem ser úteis, especialmente os que contêm pelo menos três cepas diferentes: lactobacillus, rhamnosus e bifidobacterium.
- Os *alimentos amargos* são um grupo de plantas definidos exatamente pelo que o nome indica: seu amargor. Ervas amargas como folhas de dente-de-leão, escarola, radicchio e rúcula são poderosos estimulantes digestivos que reforçam o microbioma. Tempere esses vegetais com suco de limão ou vinagre para maximizar os benefícios.

AS VANTAGENS DOS FITOESTROGÊNIOS

O estrogênio é um hormônio antigo produzido pela espécie humana desde os nossos ancestrais. Porém, humanos não são os únicos a produzir o estrogênio; muitos outros animais e plantas também o produzem. Por exemplo, cientistas identificaram quase trezentas plantas que produzem o *fitoestrogênio*, ou estrogênio à base de plantas, semelhante em sua composição química ao estrogênio produzido pelos ovários humanos e com funcionalidades parecidas. Não se sabe ao certo o que os fitoestrogênios podem ou não fazer pela saúde das mulheres. Algumas pessoas acreditam que os fitoestrogênios aumentam os níveis de estrogênio, chamando-os de "heróis da fertilidade", enquanto outros os apontam como vilões que podem aumentar a propensão a certos tipos de câncer (e foi por isso que a soja ganhou sua má fama). Outros consideram os fitoestrogênios ineficazes ou inúteis. Alguns sites na internet afirmam que eles não devem ser consumidos de maneira alguma pois podem causar a dominância estrogênica. Eu poderia escrever um verdadeiro tratado sobre o tema, mas imaginei que você preferiria uma sessão de perguntas e respostas abreviada, que apresento a seguir.

OS ALIMENTOS QUE CONTÊM FITOESTROGÊNIOS

Há três tipos principais de fitoestrogênios:

- As *isoflavonas* são encontradas na soja, tofu, tempeh, feijão-de-lima, grão-de-bico e lentilhas.
- As *lignanas* são encontradas em sementes como linhaça e gergelim; frutas como damascos secos, tâmaras, pêssegos e frutas vermelhas; e vegetais como alho, abóbora-moranga e vagens.

Também são encontradas em cereais como trigo, centeio e oleaginosas como pistache e amêndoas.

- Os *coumestanos* são encontrados em sementes germinadas, como brotos de feijão e alfafa.

FITOESTROGÊNIOS TÊM ALGUM EFEITO NO CORPO HUMANO?

Os fitoestrogênios têm uma estrutura molecular semelhante ao estrogênio produzido pelos ovários e se ligam aos mesmos receptores. Desse modo, atuam de maneira semelhante ao nosso estrogênio, mas são mais fracos. Sua capacidade de se ligar aos receptores de estrogênio tem apenas um milésimo da força do estradiol. Assim, seus efeitos são muito mais brandos, a menos que você os combine em quantidades específicas. Nesse caso, sua atividade é aumentada. O problema é que esses alimentos só têm efeito quando consumidos com regularidade. (Caso você esteja se perguntando, não, os fitoestrogênios não impedirão seu corpo de produzir o próprio estrogênio.)

FITOESTROGÊNIOS SÃO PERIGOSOS?

Pelo contrário, esses compostos ajudam a proteger a saúde hormonal. Os fitoestrogênios são compostos peculiares. Eles realizam atividades estrogênicas e antiestrogênicas e são seletivos em seu funcionamento. Na verdade, são muito semelhantes aos moduladores seletivos do receptor de estrogênio (SERMs), usados no tratamento contra o câncer. Embora os mecanismos exatos de seu funcionamento ainda estejam sendo pesquisados, os fitoestrogênios tendem a se ajustar ao nível de estrogênio na corrente sanguínea e podem atuar em sincronia com o estroboloma no intestino. Quando os níveis de estrogênio estão altos, os fitoestrogênios podem bloquear delicadamente os receptores de estrogênio, nos protegendo da exposição excessiva. Quando os níveis de estrogênio estão baixos, os fitoestrogênios podem intervir para aumentar esses níveis, embora de maneira muito mais branda do que o estrogênio produzido pelo corpo.

FITOESTROGÊNIOS, EM PARTICULAR A SOJA, PODEM CAUSAR CÂNCER?

A soja é um dos alimentos mais polêmicos do planeta. Você o verá promovido como um superalimento hoje e no topo da lista de venenos indutores do câncer amanhã. Mas mulheres asiáticas comem soja regularmente e são quatro vezes *menos propensas* a ter câncer de mama do que as mulheres ocidentais. Embora fatores genéticos e culturais também tenham seu papel, muitos estudos demonstraram uma taxa mais baixa de câncer de mama em populações que consomem soja como uma parte regular da dieta. Essas mulheres também têm menos probabilidade de ter ondas de calor, osteoporose e doenças cardíacas. Isso é, no mínimo, uma indicação de que a soja tem poucas chances de ser perigosa.

Em geral, não há evidências de que a soja ou os fitoestrogênios nela contidos causem câncer. As associações médicas passaram muitos anos recomendando evitar o consumo da soja e outras plantas estrogênicas. Mas pesquisas mais rigorosas levaram tanto o American Institute for Cancer Research [Instituto Norte-Americano de Pesquisa do Câncer] quanto a American Cancer Society [Sociedade Norte-Americana do Câncer] a reverem sua posição em 2013. Hoje, a soja é considerada segura para mulheres, inclusive pacientes com câncer de mama. Extensas pesquisas demonstraram que a soja não aumenta as chances de recorrência de câncer de mama e, em alguns casos, pode até reduzir a mortalidade. Além disso, ela não tem efeitos adversos sobre o câncer de endométrio, ovário ou outros tipos de câncer.

Uma advertência: pessoas alérgicas a soja devem evitar o alimento e seus derivados. Ademais, o tipo de soja que você ingere também faz diferença. Os produtos de soja tradicionais consumidos na Ásia são naturais, não processados e muitas vezes fermentados, o que não podemos dizer da maior parte da soja consumida no Ocidente. No mundo ocidental, a maioria dos produtos de soja é feita com soja geneticamente modificada, envolta em pesticidas e embebida em conservantes. Pior ainda, o óleo de soja processado, a lecitina de soja e a proteína de soja isolada estão em tudo, desde alimentos industrializados e cereais matinais até café com leite instantâneo e fórmulas infantis — e não têm nada a ver com a boa saúde. Essas versões da soja passam muito longe de ser um superalimento. Se você tiver interesse em consumir soja para uma menopausa saudável, procure soja orgânica e fermentada, como edamame fresco, missô e tempeh.

CONSUMIR FITOESTROGÊNIOS TRAZ ALGUM BENEFÍCIO?

Embora as evidências nem sempre sejam consistentes, ensaios clínicos indicam que o consumo de soja e, em termos mais gerais, de isoflavonas tem o potencial de reduzir o número de ondas de calor. Em um estudo recente publicado pela North American Menopause Society [Sociedade Norte-Americana de Menopausa], uma dieta baseada em plantas e rica em soja reduziu as ondas de calor moderadas a graves em até 84%, reduzindo a ocorrência de cinco por dia para menos de uma vez por dia. No estudo, mulheres na pós-menopausa que tinham ondas de calor foram aleatoriamente alocadas a um grupo com uma dieta baseada em plantas, incluindo meia xícara de soja cozida adicionada a uma salada ou uma sopa todos os dias. As demais participantes formaram o grupo controle e não tiveram a dieta alterada. No decorrer do estudo de doze semanas, mais da metade das participantes da dieta baseada em plantas enriquecida com soja ficaram *livres* de ondas de calor. A maioria das participantes também relatou melhora na qualidade de vida, humor, libido e energia. Apesar de ter sido um estudo pequeno, os resultados são impressionantes e merecem ser considerados.

FOCO NAS GORDURAS ESSENCIAIS

Assim como os carboidratos, nem todas as gorduras fazem bem à saúde. Embora tenhamos passado muitos anos recebendo a recomendação de reduzir a quantidade total de gordura na dieta, descobriu-se que o tipo de gordura é mais importante que a quantidade consumida. Há três tipos principais, cada um com seus efeitos distintos:

- A *gordura insaturada* pode ser *monoinsaturada*, como no azeite e no abacate, ou *poli-insaturada*, encontrada em peixes, mariscos e várias oleaginosas e sementes, bem como em alguns vegetais, grãos e leguminosas.
- A *gordura saturada* é abundante em laticínios, carne vermelha e certos óleos (como óleo de coco).
- As *gorduras transinsaturadas*, ou *gorduras trans*, são produzidas quando óleos insaturados são processados usando um procedimento chamado hidrogenação. Isso as torna

semelhantes às gorduras saturadas, alcançando uma vida útil mais longa. Essas gorduras trans normalmente se escondem em alimentos processados e são a pior gordura que podemos ingerir, tanto que são proibidas em muitos países. Discutiremos isso mais adiante, na seção "Alimentos a evitar".

OS ÔMEGA-3 SÃO AS VERDADEIRAS ESTRELAS

Muitas pesquisas voltadas a mulheres revelam que a gordura poli-insaturada promove a saúde das mulheres, apresentando um risco reduzido de doenças cardíacas, obesidade, diabetes e demência. Essas gorduras benéficas às mulheres vêm em diferentes variedades, sendo as mais comuns os ácidos graxos ômega-3 e ômega-6. Os ômega-3 são particularmente benéficos graças a seus efeitos anti-inflamatórios e antioxidantes. Em contraste, as mulheres que não consomem uma quantidade suficiente de ômega-3 podem sentir mais cólicas menstruais, problemas de fertilidade e depressão pós-parto, bem como depressão na menopausa.

Há diferentes tipos de ômega-3:

- O *ALA*, ou *ácido alfa-linolênico*, encontrado exclusivamente em alimentos vegetais.
- O *EPA*, ou *ácido eicosapentaenoico*, e o *DHA*, ou *ácido docosa-hexaenoico*, encontrados principalmente em peixes e frutos do mar, mas também em algas marinhas.

O ALA, o EPA e o DHA são chamados de gorduras essenciais porque o corpo não consegue produzi-los e só podemos obtê-los comendo os alimentos adequados. Mas o ALA é o único ômega-3 *literalmente* essencial. Isso porque o corpo consegue usar o ALA para produzir os outros dois, o EPA e o DHA. Mas muito ALA é perdido no processo, então é importante manter-se atenta a isso.

A maioria das recomendações dietéticas para mulheres sugere consumir pelo menos 1.100 mg de ômega-3 todos os dias. Essa dosagem é facilmente alcançada, por exemplo, com o uso de óleo de linhaça. Esse lindo óleo dourado é feito de sementes de linhaça que foram moídas e prensadas para liberar seu óleo natural. Apenas uma colher de sopa (15 mL) contém nada menos que 7.200 mg de ômega-3 ALA, de modo que é muito fácil obter sua dose diária. Outras excelentes alternativas incluem linhaça moída, sementes de cânhamo, nozes e amêndoas. Azeitonas, azeite, abacate e soja também são fontes excelentes, assim como brócolis, ervilhas e muitas folhas verdes. Algas e algas marinhas são fontes importantes de ômega-3 veganas ou vegetarianas, ou para quem não come peixe, pois são um dos poucos alimentos vegetais que contêm DHA e EPA.

A GORDURA MONOINSATURADA FAZ O CORAÇÃO BATER FELIZ

A gordura monoinsaturada é conhecida por proteger a saúde do coração. Oleaginosas como castanha-do-pará, castanha de caju, amêndoas, pistache e avelãs são ricas em gordura monoinsaturada, assim como frutas gordurosas, como abacate e azeitonas, e algumas sementes, como gergelim e girassol. Em um estudo com mais de 86 mil mulheres, aquelas que consumiam oleaginosas com frequência apresentaram um risco muito menor de doenças cardíacas e derrames. Um punhado de oleaginosas ou sementes (cerca de 30 gramas) uma vez por semana, com a pele preservada, ajuda a reforçar a saúde do coração. Evite oleaginosas e sementes sem pele, com sabores artificiais, salgadas, adoçadas ou temperadas. Esse salgadinho costuma ser confundido como sendo saudável, mas é processado e vem repleto de substâncias químicas e açúcares.

A MELHOR GORDURA SATURADA É PROVENIENTE DE FONTES VEGETAIS

A gordura saturada pode vir de fontes animais, como carne vermelha e laticínios, e de fontes vegetais, como coco, abacate e nozes (como castanha-de-caju e macadâmia). Evidências crescentes sugerem que a gordura *vegetal* saturada reforça a saúde das mulheres devido a seus efeitos benéficos sobre os hormônios, enquanto a gordura saturada de origem animal não tem o mesmo resultado. Uma possível explicação é que a gordura vegetal parece ter um efeito mais brando nos níveis de lipídios no sangue do que a gordura animal. Por exemplo, em ensaios clínicos randomizados, a manteiga láctea aumentou significativamente o colesterol LDL, enquanto o azeite e o óleo de coco não. Só para esclarecer, estamos nos referindo à gordura vegetal derivada de alimentos integrais, e não de produtos como margarina ou pastas vegetais processadas. O consumo excessivo de gordura animal também foi associado a um risco aumentado de cânceres relacionados a hormônios. No Nurses' Health Study [Estudo da saúde de enfermeiros], as mulheres que consumiam mais produtos de origem animal, especialmente carne vermelha e laticínios com alto teor de gordura, apresentaram três vezes mais risco de desenvolver câncer de mama em comparação com aquelas que consumiam menos desses alimentos. Uma possível explicação é que a gordura animal, ao contrário das fibras, tem efeitos negativos na molécula SHBG que equilibra o estrogênio. A substituição de parte da gordura animal por gordura vegetal, especialmente óleos ricos em antioxidantes como o azeite extravirgem e o óleo de linhaça, foi associada a um risco reduzido de câncer de mama, doenças cardíacas e diabetes nas mulheres.

O COLESTEROL É IMPORTANTE PARA A SAÚDE HORMONAL

O colesterol ganhou má fama, mas, na verdade, essa gordura tem um papel crucial em muitas funções corporais, desde a formação de paredes celulares saudáveis até a produção de estrogênio suficiente. Mas o excesso de determinados tipos de colesterol pode ser prejudicial. Há diferentes tipos de colesterol:

- O HDL (lipoproteína de alta densidade), também conhecido como colesterol "bom".
- O LDL (lipoproteína de baixa densidade) e o VLDL (lipoproteína de muito baixa densidade), considerados colesterol "ruim". Altos níveis de colesterol ruim foram associados ao acúmulo de placas de gordura nas paredes das artérias e a outros problemas cardíacos.

Monitorar os níveis de colesterol é um bom modo de determinar o risco de doenças cardíacas e derrames. Há duas maneiras de fazer isso.

Uma delas é medir o colesterol total. Em geral, o ideal é que esse número fique abaixo de 200. Uma maneira ainda melhor é calcular a relação entre o HDL e o LDL. Esta última medida mostrará seus níveis de colesterol bom em relação ao colesterol ruim, oferecendo uma visão mais clara de sua saúde. Se o seu colesterol total for 200 e o colesterol HDL for 50, a relação será 4. Uma relação inferior a 4,5 é considerada boa, mas 2 ou 3 seria perfeito.

Caso o seu nível de colesterol esteja acima dos valores de referência, é importante reduzi-lo. O colesterol vem de duas fontes: cerca de 80% ou mais é produzido pelo fígado, enquanto o restante vem dos alimentos. Não muito tempo atrás, os médicos recomendavam reduzir o consumo de alimentos ricos em colesterol, especialmente ovos, para reduzir os níveis de colesterol. Mas pesquisas mais recentes mostraram que o colesterol dos alimentos não aumenta o colesterol no sangue tanto quanto outros tipos de gordura, principalmente gorduras trans e gorduras saturadas de origem animal, de modo que essa é mais uma razão para evitar ou reduzir essas outras gorduras. Comer mais vegetais também é interessante nesse sentido, porque as plantas simplesmente não contêm colesterol. Alguns alimentos vegetais multitarefa também podem ajudar a reduzir o LDL ruim e, ao mesmo tempo, estimular a produção do HDL bom. Esses alimentos incluem abacate, limão, laranja, feijão, leguminosas e grãos integrais como aveia e arroz integral. Também ajuda cozinhar e temperar os alimentos usando óleos de frutas (como azeite e óleo de coco) em vez de manteiga ou gorduras animais.

PROTEÍNA MAGRA

A palavra *proteína* pode evocar imagens de fisiculturistas e halteres. Mas esse macronutriente é muito mais do que isso. Na verdade, a proteína é um componente indispensável que o corpo utiliza de diversas maneiras, desde produzir novas células e reparar células danificadas até como um componente de muitos hormônios. Além disso, a proteína mantém os ossos fortes, atuando em um processo conhecido como remodelação óssea, que reduz o risco de osteoporose. Uma dieta que inclui quantidades adequadas de proteínas combinada com exercícios regulares ajuda a regenerar a massa muscular. Desse modo, comer tipos adequados de proteína na menopausa pode ajudar a manter o metabolismo em perfeito funcionamento, ao mesmo tempo que mantemos um peso saudável.

Como acontece com os carboidratos e as gorduras, as proteínas vêm em vários tipos. A ideia é priorizar a proteína magra de alta qualidade. A proteína magra costuma ter menos gordura saturada e, portanto, menos calorias — daí a palavra *magra*. É encontrada em uma grande variedade de alimentos de origem animal, como peixes, aves e cortes de carne magra, bem como em uma variedade de alimentos de origem vegetal, que discutiremos em mais detalhes a seguir. Vamos começar falando da preocupação comum de que dietas ricas em alimentos vegetais podem não fornecer proteínas suficientes.

A proteína é composta por cadeias de moléculas conhecidas como aminoácidos. Há vinte aminoácidos encontrados na natureza que o corpo usa para construir proteínas. Destes, nove são considerados essenciais. Lembrando que *essencial* significa que o corpo não consegue produzir esses nutrientes, de modo que você precisa incluí-los na dieta. A proteína de origem animal contém todos os nove aminoácidos essenciais, normalmente em quantidades suficientes por porção. Desse modo, é chamada de proteína completa. As plantas também contêm esses aminoácidos essenciais, embora em geral tenham uma quantidade limitada de pelo menos um deles. Por exemplo, folhas e leguminosas tendem a conter baixas quantidades de cisteína e metionina. Grãos, nozes e sementes tendem a ter menos lisina. Por isso, muitas pessoas se referem aos alimentos vegetais como proteínas incompletas. Mas, se você consumir uma variedade de alimentos vegetais, obterá com facilidade quantidades suficientes de aminoácidos essenciais combinando diferentes alimentos de origem vegetal na mesma refeição. A famosa combinação do arroz com feijão é um bom exemplo. Além disso, alguns alimentos de origem vegetal contêm mais proteína por porção do que alguns produtos de origem animal. Um bom exemplo são as ervilhas, que na verdade fazem parte da família do feijão. Por incrível que pareça, uma xícara de ervilhas contém mais proteína do que uma xícara de leite. Outra menção honrosa vai à espirulina (um tipo de alga verde-azulada), que contém 8 gramas de proteína *completa* em apenas 2 colheres de sopa da substância verde. A levedura nutricional, um substituto vegano comum para o queijo, também fornece 8 gramas de proteína completa em apenas meia colher de sopa. Não estou sugerindo que você consuma esses alimentos se não gostar deles. A ideia é esclarecer que os alimentos vegetais são fontes viáveis de proteína. Voltando ao ponto de partida, se você não tiver restrições a alimentos de origem animal, peixes, ovos e aves são fontes de proteína magra fáceis de encontrar. Alimentos vegetais que contêm uma boa quantidade de proteína magra por porção incluem:

- Seitan, ou carne de glúten (25 gramas de proteína por 100 gramas).
- Tofu, tempeh e edamame (12–20 gramas por 100 gramas).
- Lentilhas (18 gramas por xícara cozida ou 170 gramas).
- Feijão (15 gramas por xícara cozida).
- Espelta e teff (10–11 gramas por xícara cozida, ou 250 gramas), tornando esses grãos mais ricos em proteínas do que a quinoa.
- Quinoa (8–9 gramas por xícara cozida, ou 185 gramas).
- Vagem (9 gramas por xícara cozida, ou 160 gramas).
- Espirulina (8 gramas de proteína completa por 2 colheres de sopa).
- Semente de cânhamo (9 gramas por 3 colheres de sopa).
- Aveia (5 gramas de proteína por ½ xícara de aveia seca).

FERRO

Quando se pensa em uma dieta à base de plantas, o ferro é outra preocupação comum. Os alimentos vegetais contêm um tipo de ferro chamado *ferro não heme*, que em geral é menos biodisponível (menos facilmente absorvido pelo organismo) do que o ferro encontrado na carne vermelha, chamado *ferro heme*. Desse modo, o problema não é apenas a quantidade de ferro presente nos alimentos, mas a capacidade do corpo de absorvê-lo. Na verdade, muitos alimentos vegetais são boas fontes de ferro, incluindo aveia, soja, leguminosas e folhas verdes. Alguns desses alimentos chegam a conter mais ferro do que carne vermelha. Por exemplo, 3 xícaras de espinafre ou 1 xícara de lentilha contêm mais ferro do que um bife de 240 gramas. Mas o ferro dos vegetais não é tão prontamente utilizado pelo corpo. Uma maneira de aumentar a absorção do ferro de origem vegetal é combinar esses alimentos com alimentos ricos em vitamina C. Por exemplo, inclua algumas frutas vermelhas na aveia ou um pouco de suco de limão nas saladas e *voilá!*. Missão cumprida.

VITAMINA B12

A vitamina B12 é a única que não podemos obter das plantas. Nesse caso, é preciso flexibilizar a dieta para ingerir essa vitamina ou tomar um suplemento adequado. Dito isso, mesmo com uma dieta adequada, muitas pessoas com mais de 50 anos podem precisar de suplementos de vitamina B12 para atingir a ingestão recomendada. De acordo com os Institutos Nacionais de Saúde dos Estados Unidos, até 43% dos adultos mais velhos apresentam deficiência de vitamina B12. Veremos mais sobre isso no Capítulo 15.

ALIMENTOS RICOS EM CÁLCIO

Todo mundo sabe que precisamos de mais cálcio e vitamina D para manter os ossos saudáveis à medida que envelhecemos. Mas, ao contrário do que se costuma acreditar, você não precisa de laticínios para obter cálcio; muitos alimentos à base de plantas realizam essa função com a mesma eficácia. Muitos vegetais são repletos de cálcio, como espinafre, nabo, couve, acelga-chinesa e folhas de mostarda, bem como leguminosas como soja, tofu, feijão e ervilhas. Sementes também podem ser boas fontes de cálcio. Para você ter uma ideia, um copo de leite integral contém cerca de 280 miligramas de cálcio, assim como uma xícara de espinafre cozido ou duas colheres de sopa de tahine (pasta de gergelim). Outra maneira fácil de trocar o cálcio de origem animal pelo cálcio de origem vegetal é tomar leite de origem vegetal; muitas dessas bebidas contêm aproximadamente a mesma quantidade de cálcio que os laticínios de leite de vaca.

A vitamina D é difícil de obter apenas com a dieta, não importa o que você coma. Não é à toa que é chamada de "vitamina do sol". Nosso corpo produz vitamina D a partir do colesterol quando a nossa pele é exposta ao sol. Faça um exame para verificar seus níveis de vitamina D e, se estiverem baixos, você terá um atestado médico para passar as férias no Caribe!

Caso não possa ir ao Caribe, compre alimentos enriquecidos com vitamina D ou tome um suplemento (que discutiremos no próximo capítulo).

Uma última observação sobre os laticínios de origem animal: muito se conjectura sobre a possibilidade de que resíduos nos laticínios provenientes dos hormônios dados às vacas leiteiras possam contribuir para o crescimento de tumores em humanos, embora isso não tenha sido exaustivamente pesquisado. Apesar de os pesquisadores ainda não terem chegado a um consenso sobre o papel dos laticínios no câncer de mama, é importante priorizar laticínios orgânicos sem hormônios de crescimento, caso você opte por consumi-los. Além disso, nosso corpo tem mais facilidade de digerir o leite de cabra ou de ovelha do que o leite de vaca.

MELATONINA PARA MELHORAR A QUALIDADE DO SONO

Por incrível que pareça, alguns alimentos contêm melatonina, o hormônio que estimula o sono. O pistache, em particular, é o alimento mais rico em melatonina do plàneta. Comer um punhado de pistache equivale a tomar um suplemento de melatonina antes de dormir. Também é uma ótima fonte de fibra, vitamina B6 e alguns aminoácidos essenciais. A melatonina também pode ser encontrada em alguns cogumelos, especialmente da variedade portobello, bem como em várias sementes germinadas e lentilhas. Trigo, cevada e aveia também são boas fontes, assim como uvas, cerejas e morangos. Imagine o seguinte jantar: uma bela salada decorada com brotos de lentilha, cogumelos assados e pistache — com sorvete de morango como sobremesa. Seu estroboloma vai ficar muito grato e você pode não precisar contar carneirinhos à noite.

ALIMENTOS A EVITAR

Sempre que me perguntam qual é a minha principal dica de dieta para a saúde do cérebro, dou a mesma resposta sem hesitar: *não coma alimentos processados*. Quase 50% das calorias diárias consumidas por pessoas nos Estados Unidos, Canadá e Reino Unido são provenientes de alimentos processados, sendo que muitos deles não apenas são processados, mas *ultraprocessados*. Em outras palavras, quase a metade dos alimentos que comemos todos os dias foi *significativamente* alterada em relação a seu estado original, contendo as versões mais prejudiciais de sal, açúcares, gorduras, aditivos, conservantes, corantes e sabores artificiais. Os alimentos ultraprocessados passam por vários processos (extrusão, moldagem, moagem e assim por diante), contêm longas listas de aditivos químicos e são altamente manipulados. Alguns exemplos incluem pães brancos, bolos, salgadinhos e doces industrializados; frituras preparadas industrialmente; e tudo o que você encontra em lanchonetes de fast-food, incluindo, entre outros, refrigerantes e bebidas açucaradas; carnes processadas e frios (como salsichas, bacon, presunto e mortadela); queijos processados; margarina e gordura vegetal; macarrão instantâneo e sopas instantâneas; refeições congeladas ou de longa duração; a maioria dos condimentos, pastas e cremes industrializados; batatas fritas, chocolate, doces, sorvetes, cereais matinais adoçados, sopas industrializadas, nuggets de frango, hambúrgueres, cachorros-quentes e por aí vai (a lista daria um livro inteiro). Dependendo de onde você faz compras, os supermercados podem vender mais alimentos processados e ultraprocessados do que alimentos minimamente processados ou não processados. No Capítulo 17, veremos dicas específicas para identificar e evitar os ingredientes tóxicos desses alimentos.

Por enquanto, basta dizer que quanto mais alimentos ultraprocessados você ingerir, pior será a qualidade nutricional da sua dieta e pior será sua saúde. Segundo o World Cancer Research Fund (WCRF) [Fundo Mundial de Pesquisa contra o Câncer] e o American Institute for Cancer Research [Instituto Norte-Americano para a Pesquisa do Câncer], os alimentos ultraprocessados podem causar um terço de todos os casos de câncer do mundo. Os alimentos processados, como salgadinhos industrializados e carne processada em particular, também foram apontados como os culpados por cerca de 45% das mortes por doenças cardíacas, acidentes vasculares cerebrais e diabetes. Depois de avaliar mais de oitocentos estudos, a Organização Mundial da Saúde (OMS) concluiu que a carne processada também é cancerígena, no mesmo nível que os cigarros e o amianto. Carne processada é a carne salgada, curada, fermentada, defumada ou processada de alguma outra forma para realçar o sabor e melhorar a preservação, como a maioria dos embutidos vendidos na padaria, supermercado ou lanchonete que você frequenta. Essas carnes incluem presunto, peito de peru fatiado, mortadela e salsichas.

REDUZA O ÁLCOOL, A CAFEÍNA E OS ALIMENTOS PICANTES

Navegar pela jornada culinária da menopausa pode ser uma grande aventura. Não é segredo que certos alimentos — especialmente alimentos picantes, álcool e cafeína no café, chá ou bebidas energéticas — têm um talento especial para agravar os sintomas incômodos da menopausa. Como nenhuma mulher é igual à outra, é importante brincar de detetive com suas papilas gustativas e observar se esses alimentos e bebidas desencadeiam ou intensificam algum sintoma e tentar reduzi-los ou evitá-los.

Em termos gerais, alimentos picantes podem contribuir para a sensação de calor ou fazer com que as ondas de calor voltem ao palco para um bis. O álcool também é famoso por piorar as ondas de calor. Você até pode achar que um drink antes de ir para a cama vai ajudá-la a pegar no sono, mas o álcool pode interromper o sono no meio da noite. Além disso, apesar de uma taça diária de 150 mililitros de vinho tinto ainda ter seus encantos cardioprotetores, é importante exercitar a moderação para manter sob controle o risco de câncer de mama.

Agora, vamos falar sobre a cafeína. Sabe aquelas pessoas que só conseguem acordar de manhã com uma xícara de café? Se você for uma delas, é importante notar que a cafeína pode ser um duplo causador de problemas — pode piorar as ondas de calor e, ao mesmo tempo, ter efeitos negativos sobre o sono. A cafeína pode levar até doze horas para sair do corpo, de modo que a recomendação é limitar-se a apenas uma xícara por dia, antes do meio-dia. Aqui está uma reviravolta interessante: ao contrário do que se costuma acreditar, o café expresso feito na hora pode ser mais brando para os sintomas da menopausa em comparação com o café coado. Devido ao tempo de extração mais curto, o expresso contém menos cafeína do que o café coado. Você pode me agradecer depois!

É SÉRIO, BEBA ÁGUA

Quando se trata da bebida mais saudável, o melhor conselho que posso dar é beba *água*. Para você ter uma ideia da importância da água para o cérebro, dediquei um capítulo inteiro a esse notável nutriente no meu livro *Brain Food*.

Além disso, manter a hidratação também é crucial para a saúde hormonal e a menopausa. Veja um breve resumo:

- Até uma *leve* desidratação pode causar tonturas, confusão, fadiga e névoa mental, em qualquer idade. A hidratação adequada reduz o risco de todos esses sintomas, que são comuns na menopausa.

- Também ajuda na produção e no equilíbrio hormonal do corpo.
- A hidratação adequada ajuda a regular a temperatura corporal, auxiliando na redução das ondas de calor.
- Também é fundamental para a lubrificação vaginal, o que é sempre bom após a menopausa.
- Beber água ajuda na digestão, circulação e eliminação, garantindo que o corpo mantenha o funcionamento ideal e combata a inflamação com eficácia.
- A hidratação é crucial para manter as articulações saudáveis, reduzindo o desconforto e a rigidez.
- Beber água ajuda a manter a pele e os cabelos hidratados, promovendo elasticidade e reduzindo o ressecamento.

Pode parecer estranho, mas o tipo e a qualidade da água também fazem uma grande diferença. Veja bem, não estou falando só do H_2O. Nosso corpo, cérebro e sistema hormonal precisam não apenas do H_2O, mas especificamente de água natural, incluindo seus minerais, sais e eletrólitos naturais. Beber água da fonte, água mineral ou água da torneira filtrada com seus eletrólitos intactos é a melhor maneira de manter a hidratação. Água purificada, água com gás e água tônica não resolvem o problema, pois não contêm nenhum dos nutrientes hidratantes que a água *de verdade* contém. Água e refrigerantes (Coca-Cola ou outras bebidas semelhantes) são duas coisas totalmente diferentes, sendo que estes últimos podem causar danos aos ovários, pois estão associados a um risco aumentado de infertilidade ovulatória.

Outra boa maneira de reforçar a hidratação é *comer a água*. Trinta gramas de frutas ou vegetais ricos em água equivalem a 30 gramas de água retida em uma rede de nutrientes — fibras, fitonutrientes e antioxidantes. Pense em rabanetes, melancias, pepinos, morangos, tomates, agrião, maçãs, aipo, melões, alface, pêssegos e couve-flor — essas frutas e vegetais são uma excelente fonte de hidratação!

SEJA CONSCIENTE AO COMER

A epidemia de obesidade gerou uma indústria de programas de perda de peso. A moda atual é o jejum intermitente, que envolve intervalos alternados entre comer e não comer, ou comer menos calorias em horários específicos. Esse programa pode ajudar a perder e estabilizar o peso com mais eficiência do que outros tipos de dieta, ao mesmo tempo que reduz a inflamação e o risco de doenças cardíacas. Como resultado, o jejum intermitente também é muito recomendado para mulheres na menopausa.

Eis o que eu penso sobre isso. Para começar, embora tenham sido feitas pesquisas rigorosas para investigar os efeitos da chamada alimentação com restrição de tempo em animais de laboratório, as evidências científicas dos benefícios para a saúde do jejum intermitente *em humanos* são mais limitadas do que você imagina. Estudos em humanos foram feitos com amostras pequenas e se concentram em populações muito específicas, principalmente indivíduos com excesso de peso, com ou sem diabetes, ou atletas. Em segundo lugar, várias versões modernas dessa prática não têm nada a ver com a ciência. Pelo contrário, elas resultam de um mero achismo sobre o que se deve ou não comer antes de quebrar o jejum ou durante o resto do dia. Muitas dessas dietas beiram o absurdo. Além disso, pesquisas sobre o jejum intermitente em mulheres ainda são relativamente limitadas em comparação com estudos envolvendo homens. E ainda menos estudos foram feitos sobre essa prática durante a menopausa, nem mesmo em animais, de maneira que é melhor tomar cuidado com esse tipo de modismo.

Em muitas partes do mundo, há uma forma de "jejum" secular, para não dizer milenar, que é ao mesmo tempo viável e sensata. Chama-se... dormir. Todos os padrões alimentares mais saudáveis do mundo envolvem um jantar leve no início da noite e depois se abster de comer durante a noite, que é quando você deveria relaxar e dormir. Depois de acordar no dia seguinte, geralmente entre dez e doze horas depois da sua última refeição, você toma um café da manhã adequado e pode seguir seu dia.

No fim das contas, as únicas dietas eficazes — não importa qual seja o seu objetivo — envolvem a reeducação alimentar, ou seja, mudanças sustentáveis e duradouras para desenvolver hábitos alimentares saudáveis. Eu diria que a nossa abordagem ao que comemos é tão importante quanto os horários das refeições — se não mais. Para isso, é importantíssimo fazer boas escolhas alimentares e adotar a alimentação consciente ao longo do dia. A alimentação consciente (*mindful eating*, em inglês) tem origens na filosofia da atenção plena (também conhecida como *mindfulness*), uma prática secular seguida em muitas culturas e religiões. A consciência na alimentação requer usar os sentidos físicos e emocionais para realmente saborear e desfrutar de suas escolhas alimentares. Esse foco incentiva opções alimentares que sejam ao mesmo tempo satisfatórias *e* nutritivas. É comum engolirmos as refeições diante de alguma tela ou com pressa entre uma tarefa e outra. E se desacelerássemos e prestássemos mais atenção? Quando fazemos isso, temos mais consciência de quando nosso corpo *realmente* está com fome em vez de só parar quando achamos que comemos o suficiente. Esse hábito também ajuda a reduzir problemas digestivos, como inchaço e azia, a maneira que o corpo encontra para se vingar daquele sanduíche gorduroso e picante que devoramos em dezessete segundos. Como a maioria das pessoas nos países ocidentais tende a comer demais, prestar mais atenção à experiência de se alimentar a cada momento também pode ajudar a melhorar a qualidade da dieta. Essa conscientização, por sua vez, nos permite controlar melhor aquele desejo quase irresistível de comer, reduzir o estresse alimentar e perder peso quando necessário.

Em conclusão, quando se trata de escolhas alimentares durante a menopausa, a ideia é se concentrar em uma abordagem equilibrada, nutritiva e sustentável. Em vez de cair na armadilha das dietas da moda ou padrões alimentares restritivos, priorize o consumo de alimentos integrais, hidratação adequada e muitos vegetais. Incorporar uma variedade de frutas, verduras, legumes, grãos integrais, proteínas magras e gorduras saudáveis é fundamental para fornecer os nutrientes necessários para melhorar e manter a saúde hormonal e o bem-estar como um todo. É importante atentar para o tamanho das porções e controlar as calorias, mas é igualmente importante prestar atenção aos sinais de fome e saciedade do corpo. Evite abordagens rigorosas ou rígidas demais que possam levar a sentimentos de privação ou impedir uma relação saudável com a comida. Lembrando que não existe uma abordagem ideal única para todas as mulheres na menopausa quando se trata de nutrição. Ao adotar uma abordagem sensata da alimentação, você poderá nutrir o corpo, o cérebro e os hormônios durante a transição para a menopausa e depois, mantendo seu termostato interno sob controle sem perder a alegria de viver.

15

SUPLEMENTOS E PLANTAS MEDICINAIS

O PODER DAS PLANTAS

Apesar de a terapia de reposição hormonal ter sido há um bom tempo o tratamento padrão para os sintomas da menopausa, preocupações sobre seus riscos geraram um histórico de ataques e sobressaltos. Esses tropeços, juntamente com um interesse renovado por remédios fitoterápicos e suplementos para a saúde hormonal, produziram uma grande e rápida proliferação das chamadas soluções naturais. Como resultado, até metade das mulheres nos países industrializados usam suplementos à base de plantas para a menopausa.

Em geral, os suplementos podem ser divididos em *botânicos* (como extratos de soja, cimicífuga e ginseng) e *não botânicos* (como vitaminas e minerais). Os suplementos botânicos costumam ser divididos entre os que têm e os que não têm efeitos estrogênicos, o que torna estes últimos mais adequados a mulheres preocupadas com o câncer de mama. Desde os primórdios da humanidade até os dias de hoje, todas as culturas do mundo empregaram uma variedade de plantas como base para suas necessidades medicinais. Vários tipos de plantas têm sido usados para controlar ondas de calor, incluindo a cimicífuga (também conhecida como black cohosh), dong quai (também conhecida como angélica-chinesa), prímula, ginseng, semente de linhaça, trevo-vermelho (também conhecido como red clover), erva-de-são-joão (também conhecida como hipericão ou hipérico) e inhame. Outros suplementos botânicos, como a maca-peruana e a erva-daninha-de-cabra (também conhecida como horny goat weed ou *Epimedium icarin*), são usados para aumentar a libido, enquanto a erva-cidreira, a valeriana e a passiflora costumam ser recomendadas para a insônia, ansiedade e fadiga que podem acompanhar a transição. Mas nem todos esses suplementos contam com o suporte de evidências científicas. Por exemplo, os cremes de inhame selvagem usados para aliviar as ondas de calor não apresentaram qualquer efeito em estudos clínicos, enquanto foi demonstrado nos estudos que os suplementos de fitoestrogênios (uma versão mais concentrada e potente dos fitoestrogênios presentes nos alimentos) realmente têm efeitos positivos. O ideal seria experimentar os últimos e evitar os primeiros (dê uma olhada nas minhas observações sobre cada suplemento).

Uma advertência antes de começarmos: muitas pessoas tentam usar os suplementos como atalhos, evitando as mudanças dietéticas necessárias, e se frustram quando os suplementos não conseguem atingir seus objetivos. Tenha em mente que os suplementos nutricionais são apenas *suplementos* e não têm como substituir uma dieta ou um estilo de vida saudável.

Outra consideração é que os suplementos não são regulamentados por órgãos reguladores federais como a FDA. Ao contrário dos medicamentos prescritos, eles não oferecem qualquer garantia de eficácia ou segurança. Por não serem regulamentados, também não são submetidos a rigorosos testes e avaliações para garantir que contenham os ingredientes ativos listados nas quantidades indicadas. Por isso, é indispensável escolher formulações *padronizadas*. Para garantir que uma fórmula seja padronizada, verifique a *porcentagem* dos ingredientes ativos listados. Por exemplo, ao procurar um suplemento de ginkgo biloba, certifique-se de que os extratos sejam padronizados para conter uma determinada porcentagem (normalmente 25%) de glicosídeos de ginkgo-flavonas, os constituintes ativos da erva.

Outra maneira de garantir que um suplemento seja de alta qualidade e não contaminado é comprar produtos testados pela Anvisa e/ou que apresentem selos de qualidade e certificações de órgãos reconhecidos. Por fim, embora a maioria dos suplementos e remédios fitoterápicos apresente baixo risco de efeitos colaterais, alguns podem interagir com medicamentos prescritos ou apresentar contraindicações, como veremos a seguir.

SUPLEMENTOS BOTÂNICOS

● ● ● Cimicífuga

O black cohosh (cimicífuga, *Actaea racemosa* ou *Cimicifuga racemosa*) é uma planta perene que cresce na América do Norte e é uma das ervas para a menopausa mais extensivamente pesquisadas. Mulheres nativas norte-americanas usam a cimicífuga há séculos para aliviar cólicas menstruais e sintomas da menopausa. Em ensaios clínicos, cerca da metade das participantes relataram reduções nas ondas de calor, o que não é considerado um efeito consistente. Mesmo assim, essa erva parece ser especializada em reduzir suores noturnos leves a moderados e alterações de humor. Na Alemanha, a cimicífuga é aprovada para reduzir o desconforto pré-menstrual e sintomas da menopausa, como ondas de calor, palpitações cardíacas, nervosismo, irritabilidade, distúrbios do sono, vertigens e depressão.

Ainda são necessárias mais pesquisas, mas a cimicífuga não parece ter efeitos estrogênicos. Desse modo, também pode ajudar pacientes com câncer.

Indicação: ondas de calor.

Evidências científicas de eficácia: médias.

Dosagem: 40 mg por dia de extrato padronizado. Devido à escassez de estudos de segurança de longo prazo, deve ser utilizada por no máximo seis meses.

Precauções: embora a cimicífuga em geral seja bem tolerada, pode causar dores de cabeça. Foram relatados casos raros de danos ao fígado.

• • • Chaste tree berry

O *chaste tree berry* é o fruto do agnocasto (*Vitex agnuscastus*), uma planta nativa do Mediterrâneo e da Ásia Central. Também conhecido como *chaste berry*, ele é recomendado com frequência para aumentar a fertilidade e melhorar alguns sintomas da menopausa. No entanto, embora ele pareça ter efeitos benéficos no equilíbrio hormonal, ensaios clínicos ainda não demonstraram um alívio consistente dos sintomas da menopausa.

Indicação: sintomas da menopausa de diversas origens.

Evidências científicas de eficácia: baixas.

Dosagem: 200–250 mg por dia.

Precauções: geralmente bem tolerado. Pode interagir com alguns medicamentos, como pílulas anticoncepcionais ou medicamentos usados para tratar a doença de Parkinson ou psicose.

••• Angélica-chinesa

Angélica-chinesa (*Angelica sinensis*) é usada na medicina tradicional chinesa há mais de 1.200 anos para tratar cólicas menstruais e regular a menstruação, bem como reduzir as ondas de calor na menopausa. No entanto, pouquíssimos estudos foram realizados para testar sua eficácia, e os ensaios clínicos até o momento não demonstraram efeitos nas ondas de calor. Uma advertência: especialistas em medicina chinesa afirmam que as preparações utilizadas nesses ensaios não são as mesmas utilizadas em sua prática.

Indicação: ondas de calor.
Evidências científicas de eficácia: baixas.
Dosagem: até 150 mg por dia.
Precauções: o dong quai pode interferir com medicamentos para afinar o sangue, como a varfarina, heparina ou aspirina.

••• Prímula

O óleo de prímula é produzido com as sementes da *Oenothera biennis*. Uma rica fonte de ácidos graxos ômega-6, esse óleo é muito recomendado para o tratamento de ondas de calor, embora ensaios clínicos tenham demonstrado que não é mais eficaz que o placebo. Porém, combinado com a vitamina E, pode ajudar no tratamento da sensibilidade mamária.

Indicação: ondas de calor.
Evidências científicas de eficácia: baixas.
Dosagem: 2–6 g por dia.
Precauções: geralmente bem tolerado. Pode intensificar os efeitos do lopinavir, um medicamento para o HIV.

● ● ● Raiz de ginseng e maca-peruana

A raiz de ginseng é considerada uma erva adaptogênica, o que significa que promove resistência a fatores estressantes tanto externos quanto internos, ajudando na manutenção da saúde física e mental. Na medicina tradicional, o ginseng asiático (*Panax ginseng* ou *Panax quinquefolia*) e a raiz da maca-peruana (ginseng peruano, *Lepidium meyenii*) aumentam a concentração, melhoram a função sexual e promovem a excitação sexual. Uma revisão sistemática de ensaios clínicos randomizados indica que o ginseng pode melhorar os sintomas de desânimo e depressão na menopausa, ao mesmo tempo que melhora a libido e o bem-estar. Apesar desses efeitos, não foi demonstrada uma melhora consistente nos sintomas vasomotores, na memória ou na concentração.

Indicação: humor e libido.

Evidências científicas de eficácia: médias.

Dosagem: 400 mg por dia de extrato padronizado. Devido à insuficiência de estudos de segurança em longo prazo, deve ser utilizado por no máximo seis meses.

Precauções: geralmente bem tolerada. A insônia é o efeito colateral mais comum, de maneira que é melhor tomar no início do dia. Outros efeitos colaterais potenciais incluem problemas menstruais, dores nas mamas, aumento da frequência cardíaca, pressão arterial alta ou baixa, dor de cabeça e problemas digestivos. O ginseng pode interferir com medicamentos para afinar o sangue, como a varfarina, heparina ou aspirina.

● ● ● Kava

A kava (*Piper methysticum*), também conhecida como kava-kava, é uma pimenta das ilhas do Pacífico. Embora os suplementos de kava possam reduzir a ansiedade até certo ponto, não foi demonstrado que eles diminuam as ondas de calor.

Indicação: ondas de calor e ansiedade.

Evidências científicas de eficácia: baixas.

Dosagem: 50–250 mg por dia.

Precauções: a FDA emitiu um alerta sobre a kava devido a seu potencial em causar danos ao fígado. A kava também pode causar problemas digestivos, dor de cabeça e tontura.

Fitoestrogênios

Os fitoestrogênios são substâncias semelhantes ao estrogênio encontradas em cereais, soja, vegetais e algumas plantas que atuam como estrogênios mais fracos no corpo. Os suplementos de fitoestrogênio mais comuns são as isoflavonas extraídas da soja e do trevo-vermelho, enquanto as sementes de linhaça também são frequentemente recomendadas. Uma revisão de 21 ensaios clínicos indica que os fitoestrogênios reduzem o número e a frequência das ondas de calor e melhoram a secura vaginal. No entanto, os resultados diferem dependendo do tipo de fitoestrogênio utilizado, conforme analisado a seguir.

Isoflavonas da soja

Algumas isoflavonas da soja (como proteína isolada de soja, extratos de soja ricos em isoflavonas ou cápsulas de isoflavonas) podem ser eficazes no alívio das ondas de calor leves a moderadas da perimenopausa. Um estudo com 60 mulheres na pós-menopausa comparou suplementos de isoflavonas de soja com a terapia de reposição hormonal para o alívio de ondas de calor. Após dezesseis semanas, as participantes que tomaram as isoflavonas relataram redução de 50% nas ondas de calor, enquanto aquelas que fizeram terapia de reposição hormonal tiveram redução de 46%. Embora sejam necessárias mais pesquisas para confirmar esses resultados, as isoflavonas da soja também podem ter efeitos positivos na densidade mineral óssea, reduzindo o risco de osteoporose. No entanto, elas não são eficazes contra suores noturnos, insônia ou depressão. É importante manter em mente que os efeitos da soja variam de acordo com a origem genética e apenas 30% a 50% das mulheres ocidentais experimentam efeitos benéficos. As principais isoflavonas da soja são chamadas *genisteína*, *daidzeína* e *S-equol*.

Indicação: ondas de calor.

Evidências científicas de eficácia: médias.

Dosagem: 40–80 mg por dia. Devido à insuficiência de estudos de segurança em longo prazo, devem ser utilizadas por no máximo seis meses.

Precauções: geralmente bem toleradas. Os efeitos colaterais mais comuns são problemas gastrointestinais. Evidências atuais indicam que consumir *alimentos* de soja é seguro para mulheres que tiveram ou têm risco de câncer, embora ainda não se saiba ao certo se os suplementos de isoflavonas da soja sejam seguros para essas mulheres. Associações médicas não endossam suplementos de isoflavonas da soja para não incentivar o consumo excessivo.

Isoflavonas de trevo-vermelho

O trevo-vermelho (*Trifolium pratense*) é uma das ervas mais amplamente pesquisadas para a saúde da menopausa. De acordo com revisões sistemáticas, suas isoflavonas não são consistentemente eficazes para combater as ondas de calor diurnas, mas podem ajudar a aliviar os suores noturnos, especialmente em mulheres na pós-menopausa. Por exemplo, um ensaio clínico com 109 mulheres na pós-menopausa mostrou que 80 mg de isoflavonas de trevo-vermelho tomadas durante noventa dias reduziram o suor noturno em média 73%.

Indicação: suores noturnos.

Evidências científicas de eficácia: médias.

Dosagem: 80 mg por dia. Extratos de trevo-vermelho foram usados em estudos clínicos prolongados, de até três anos, e não foram observados efeitos adversos significativos.

Precauções: a segurança do trevo-vermelho para pacientes com câncer de mama ou de endométrio ainda não foi estabelecida.

Semente de linhaça

As sementes de linhaça são boas fontes de lignanas, um polifenol precursor da atividade fitoestrogênica. Também contêm ácidos graxos ômega-3 e fibras. Como as lignanas são encontradas nas paredes celulares das sementes, as sementes de linhaça devem ser moídas não muito tempo antes do consumo para obter todos os benefícios das lignanas. Não há evidências de que a linhaça ajude no tratamento das ondas de calor, embora melhore a digestão e possa ter efeitos positivos sobre o colesterol.

Indicação: ondas de calor.

Evidências científicas de eficácia: baixas.

Dosagem: 25 gramas (2 colheres cheias) de sementes moídas diariamente.

Precauções: geralmente bem tolerada. Os efeitos colaterais mais comuns são distúrbios digestivos, como inchaço abdominal, náusea e diarreia.

● ● ● Rodiola

A rodiola (*Rhodiola rosea*) é uma erva adaptogênica que cresce nas regiões altas e frias da Europa e da Ásia. É usada tradicionalmente para aumentar a resistência física e evitar fadiga e esgotamento.

Embora não tenham sido feitos muitos estudos para investigar os efeitos dessa erva, algumas evidências apontam que a rodiola pode ajudar a equilibrar o hormônio do estresse cortisol e a equilibrar a regulação do açúcar no sangue. Aliada a exercícios físicos regulares, pode ajudar a estabilizar o metabolismo da gordura durante a menopausa e, para algumas mulheres, acelerar a perda de peso.

Indicação: estresse, fadiga, atividade metabólica.

Evidências científicas de eficácia: baixas.

Dosagem: 100 mg por dia.

Precauções: geralmente bem tolerada por um período de seis a doze semanas. Os possíveis efeitos colaterais incluem tontura e boca seca ou produção excessiva de saliva.

● ● ● Erva-de-são-joão

A erva-de-são-joão (hipericão, hipérico, *Hypericum perfuratum*) é uma planta perene que produz flores amarelas e é usada na medicina tradicional europeia desde os antigos gregos. Trata ansiedade, irritabilidade, insônia e depressão — tudo isso sem afetar os hormônios. A erva-de-são-joão é eficaz para ansiedade e depressão leves a moderadas em comparação com o placebo, e aparentemente tão eficaz quanto medicamentos antidepressivos (inibidores seletivos da recaptação de serotonina, ou SSRIs, na sigla em inglês). Com base nessas evidências, algumas associações médicas consideram a erva-de-são-joão uma opção viável para o tratamento de curto prazo de sintomas depressivos leves e alterações de humor durante a perimenopausa e após a menopausa.

Indicação: ansiedade, alterações de humor e sintomas depressivos durante a perimenopausa.

Evidências científicas de eficácia: altas.

Dosagem: 900 mg por dia durante até doze semanas.

Precauções: a erva-de-são-joão pode interagir com vários medicamentos e deve ser utilizada com cautela. Esses medicamentos incluem anticoagulantes, como a varfarina, heparina e aspirina; digoxina (medicamento para arritmia cardíaca); anticonvulsivos (medicamentos para convulsões e epilepsia); medicamentos antidepressivos (especialmente SSRIs ou SNRIs); ciclosporina (um medicamento imunossupressor); medicamentos para HIV; metadona; contraceptivos orais; e alguns medicamentos anticâncer.

● ● ● Tribulus terrestris

O *Tribulus terrestris*, também conhecido como "viagra natural", tem sido usado para energizar e melhorar a função sexual em homens, mas também pode ajudar as mulheres na pós-menopausa. Essa erva contém *saponinas esteroidais* que, por serem estruturalmente semelhantes ao estrogênio, podem converter-se em versões mais brandas dos andrógenos, semelhantes ao DHEA.

Indicação: baixa libido.

Evidências científicas de eficácia: baixas.

Dosagem: 250–1.500 mg por dia.

Precauções: geralmente seguro em pequenas doses. Ainda não foram divulgados resultados sobre suas interações com medicamentos prescritos; tome com cautela.

● ● ● Valeriana

A valeriana (*Valeriana officinalis*) é uma planta perene selvagem que cresce em pastos na América do Norte, Ásia e Europa. Na forma de chá ou comprimidos, pode ajudar no tratamento da insônia e da falta de sono. Sozinha ou combinada com erva-cidreira ou passiflora, pode melhorar a qualidade do sono em mulheres na pós-menopausa. Ajuda a pegar no sono e permanecer dormindo, podendo reduzir o despertar noturno. Pode levar até quatro semanas de uso regular para fazer efeito.

Indicação: problemas relacionados ao sono.

Evidências científicas de eficácia: médias.

Dosagem: a dose inicial é de 400 mg, uma hora antes de dormir. Para extratos concentrados, 2–5 gotas.

Precauções: geralmente bem tolerada. Pode causar dor de cabeça, tontura, dor de estômago ou fadiga na manhã seguinte ao uso.

SUPLEMENTOS NÃO BOTÂNICOS

● ● ● Vitaminas do complexo B

As vitaminas do complexo B, especialmente as vitaminas B12 (cobalamina), B6 (piridoxina), B9 (ácido fólico) e B5 (ácido pantotênico), são muito procuradas para melhorar o metabolismo celular, a produção hormonal, a saúde cardiovascular e o funcionamento do sistema nervoso. Apesar de não haver evidências consistentes de que ajudem a reduzir as ondas de calor, as vitaminas do complexo B podem ajudar a reduzir o estresse e diminuir o risco de osteoporose e fraturas ósseas.

A vitamina B12 é muito importante para um cérebro saudável, especialmente à medida que envelhecemos. Embora nossas bactérias intestinais produzam uma pequena quantidade de B12, a maior parte deve ser proveniente da nossa dieta. Se você segue uma dieta vegetariana rigorosa, sem consumir alimentos de origem animal, é essencial complementar com vitamina B12 independentemente de você já ter entrado ou não na menopausa. Se você tem 50 anos ou mais, ou se sofre de gastrite, redução da acidez estomacal, doença de Crohn ou doença celíaca, ou toma medicamentos para diabetes, bloqueadores de ácido ou pílulas anticoncepcionais, consulte seu médico para testar seu nível de vitamina B. Todas essas condições podem impactar negativamente os níveis de vitamina B. Se os seus níveis plasmáticos não melhorarem depois de três a quatro semanas de suplementação, você pode tentar vitaminas B metiladas (*metilcobalamina* e *metilfolato*).

Indicação: estresse e suporte cognitivo.

Evidências científicas de eficácia: médias-altas.

Dosagem: para suporte cognitivo: 500 mcg de vitamina B12, 600–800 mcg de ácido fólico e 10–50 mg de vitamina B6, tomados diariamente com as refeições. Para redução do estresse, adicione 100 mg de vitamina B5.

Precauções: geralmente bem tolerada. Nenhuma interação conhecida com medicamentos.

● ● ● Cálcio e vitamina D

O cálcio e a vitamina D são amplamente recomendados para a saúde óssea após a menopausa. O ideal é obter de alimentos ricos em cálcio, como espinafre, couve-flor, couve, brócolis, iogurte, amêndoas e peixe com espinhas enlatado. Você pode precisar de suplementação se não conseguir ingerir cálcio suficiente apenas com a dieta. A vitamina D ajuda o corpo a absorver o cálcio e pode melhorar a secura vaginal. Nossa principal fonte de vitamina D é o sol; mas, por várias razões, muitas pessoas têm deficiência de vitamina D, de modo que os suplementos podem ajudar.

Indicação: saúde óssea.

Evidências científicas de eficácia: altas.

Dosagem: 1.200 mg de cálcio de todas as fontes (somente alimentos ou alimentos com suplementos) e 800–1.000 UI de vitamina D por dia.

Precauções: geralmente bem tolerado. O cálcio pode reduzir a eficácia da aspirina, da levotiroxina (um medicamento para a tireoide) e de alguns antibióticos.

● ● ● Magnésio

O magnésio é um mineral essencial que ajuda na função nervosa e muscular, além de ter um papel importante na regulação do sono. Embora os efeitos dos suplementos de magnésio no sono sejam inconsistentes, muitas mulheres na perimenopausa e na pós-menopausa relatam alívio da insônia ao usá-los.

Indicação: problemas relacionados ao sono.

Evidências científicas de eficácia: baixas.

Dosagem: até 3 gramas de citrato de magnésio uma hora antes de dormir. Cremes de magnésio também estão disponíveis.

Precauções: geralmente bem tolerado. O magnésio pode causar fezes amolecidas e diarreia. Pode reduzir a eficácia da aspirina e da levotiroxina (um medicamento para a tireoide).

● ● ● Melatonina

Um hormônio produzido pelo cérebro, a melatonina ajuda a controlar os ciclos do sono. Os suplementos de melatonina podem ajudar a pegar no sono e são muito utilizados para combater a insônia. Se você estiver acordando no meio da noite, experimente formulações de liberação prolongada.

Indicação: problemas relacionados ao sono.

Evidências científicas de eficácia: altas.

Dosagem: comprimidos de 1–3 mg ao deitar, por no máximo duas semanas; a dose máxima é de 6 mg.

Precauções: geralmente seguro quando usado em curto prazo nas doses recomendadas. Possíveis interações com sedativos.

● ● ● Ômega-3

Os ácidos graxos ômega-3 são anti-inflamatórios que ajudam nas funções do coração e do cérebro. Novas evidências indicam que suplementos de ômega-3 podem ajudar a reduzir suores noturnos e humor deprimido associado à menopausa. Embora os resultados dos ensaios clínicos nem sempre sejam consistentes, a suplementação de ômega 3 também foi associada à redução do encolhimento cerebral, melhora do humor e da memória e possivelmente menor risco de demência.

Indicação: suores noturnos, suporte cognitivo.

Evidências científicas de eficácia: baixas para suores noturnos; médias-altas para humor e cognição.

Dosagem: óleo de peixe ômega-3 de alto grau de pureza ou óleo de algas contendo 500–1.000 mg de DHA e 300–500 mg de EPA por dia.

Precauções: interações moderadas com medicamentos para afinar o sangue, como a varfarina e a heparina. O excesso de ômega-3 pode resultar em sangramento e hematomas.

••• Vitamina E

A vitamina E (*tocoferol*) é uma vitamina solúvel em gordura que atua como um antioxidante no corpo e ajuda no funcionamento do sistema imunológico. Alguns ensaios clínicos constataram a redução das ondas de calor após quatro semanas de suplementação de vitamina E. A vitamina E também foi associada a uma redução de 35% a 40% nas ondas de calor em pacientes com câncer de mama.

Indicação: ondas de calor.

Evidências científicas de eficácia: médias-altas.

Dosagem: 800 UI de um complexo misto de tocoferol (contendo tocoferóis alfa, beta, gama e delta) por dia.

Precauções: interações moderadas com medicamentos para afinar o sangue, como a varfarina e a heparina. Se você tiver doença cardíaca ou diabetes, não tome mais que 400 UI/dia.

16

REDUÇÃO DO ESTRESSE E A IMPORTÂNCIA DO SONO

COMBATA A NÉVOA MENTAL REDUZINDO O ESTRESSE E PRIORIZANDO O SONO

Nossa sociedade prioriza a produtividade em detrimento do sono e do descanso, o que pode ser extremamente estressante. Na ilusão de que dormir pode até reduzir a produtividade, entramos no mercado de trabalho ou subimos pela hierarquia tentando provar a nós mesmos e ao mundo que não precisamos dormir muito para sermos produtivos. Não é de admirar que milhões de pessoas vivam em um estado quase constante de estresse e privação de sono.

As mulheres, em particular, estão sofrendo as consequências dessa cultura, posicionadas entre expectativas irreais de ser uma supermulher e ao mesmo tempo exercer papéis muito realistas como parceira, mãe, cuidadora e integrante ativa da sociedade. O que acaba acontecendo é que as mulheres relatam níveis de estresse consideravelmente mais elevados do que os homens, uma diferença que atinge o auge por volta dos 45 anos, quando muitas fazem malabarismos com a carreira e o peso das responsabilidades familiares, descobrindo que o discurso de que "você pode ter tudo" não passa de uma grande ilusão. Muitas sofrem com o peso das tarefas e funções que só aumentam, geralmente sem receber reconhecimento, remuneração ou apoio adequados. É nesse período sobrecarregado da meia-idade que deveríamos nos cuidar *mais*, e não menos. Mas, na realidade, ficamos sem tempo para isso, entre todas as obrigações e a exaustão.

Muitas vezes, é só quando a vida nos pega de surpresa na forma de um burnout ou de alguma doença que somos forçadas a repensar nossa relação com o sono e a paz interior. Quando isso acontece, reintegramos os dois à nossa vida com a reverência que merecem, aceitando que não podemos viver sem eles. Para muitas mulheres, essa lição tende a chegar com a menopausa.

ESTRESSE, SONO E MENOPAUSA

O estresse costuma ser furtivo e nos pegar de surpresa, podendo ser de dois tipos: agudo e crônico. O estresse agudo é uma resposta de curta duração a um perigo iminente ou a um evento muito estressante, se originando no instinto do cérebro de nos proteger: você vê um acidente na estrada, sua adrenalina dispara e você pisa no freio para evitar uma colisão. Mas o estresse crônico, tão comum hoje em dia, é do tipo mais sorrateiro, às vezes de baixa intensidade, mas incessante. Resulta de eventos do dia a dia que ocorrem repetidamente — como ir e voltar do trabalho em um transporte público lotado, ficar presa no trânsito, longas horas trabalhando sentada em frente a uma tela, agenda lotada, mensagens e e-mails constantes, o bombardeio de notícias e a correria para cumprir os prazos e todos os afazeres da vida moderna. Devagar e sempre, esse estresse *crônico* vai minando as reservas de energia, drenando a resistência.

Esse estilo de vida tornou-se a norma e nem nos damos conta disso. Mas esse esforço contínuo reduz a capacidade de recuperação. Quando passamos anos a fio, se não décadas, sobrecarregando o corpo além de suas possibilidades, o preço é inevitável em todas as áreas da vida — física, emocional e psicologicamente. Mas é importante considerar que o estresse crônico está causando o caos nos seus *hormônios*.

Vamos dar uma olhada em como isso acontece. O cortisol, principal hormônio do estresse, atua em conjunto com os hormônios sexuais. Isso acontece porque o corpo usa a mesma molécula, chamada *pregnenolona*, para produzir hormônios sexuais e hormônios do estresse, e às vezes precisa decidir onde alocar seus recursos. Quando você está sob estresse agudo, mas temporário, o corpo retira um pouco de pregnenolona da produção de estrogênio e produz mais cortisol para você poder lidar com a crise. Nada de mais — assim que a poeira baixar, o corpo reduz a produção de cortisol e retoma a produção de estrogênio normalmente. O problema é quando você vive em um estado de estresse *crônico*. Nesse caso, seus níveis de cortisol permanecem altos por períodos prolongados. Como resultado, o suprimento de hormônios sexuais passa um bom tempo sob pressão, prolongando o chamado "roubo de pregnenolona". Esse truque hormonal pode, por sua vez, levar a ondas de calor, ansiedade e até depressão. Além disso, a menopausa em si pode se tornar um fator estressante crônico, especialmente se você não fizer nenhuma mudança no estilo de vida. Essa situação pode levar a um círculo vicioso de produção constante de cortisol e esgotamento dos hormônios sexuais, agravando ainda mais os sintomas da menopausa e, quando isso acontece, ficamos em sérios apuros. Podemos ficar irritadiças, esgotadas ou irracionais. Podemos nos sentir vazias, sem energia e incapazes de organizar os pensamentos. Vivemos perdendo as chaves de casa e do carro, não lembramos o nome das pessoas e esquecemos compromissos. E, de repente, fica praticamente impossível dormir, justamente quando você mais precisa.

Quando você passa tempo suficiente nessa situação, alguma coisa precisa mudar. Um volume crescente de dados científicos alarmantes mostra que o estresse crônico e a privação de sono têm um potencial assustadoramente destrutivo sobre o corpo. Esses fatores contribuem para uma ampla gama de doenças, desde problemas de saúde relativamente pequenos até os mais graves. Pode reduzir a resistência a gripes e infecções, ou diminuir a capacidade de recuperar-se delas, ou aumentar o risco de doenças cardíacas, câncer e até demência. De qualquer maneira, essa dupla é uma receita garantida para o desastre. Por exemplo, estudos de imageamento cerebral mostram que, *especialmente no caso das mulheres*, uma vida muito estressante pode levar à perda de memória e ao encolhimento do cérebro perto dos 50 anos. Não se dar tempo suficiente para se recuperar também contribui para dores, inflamações e menos qualidade de vida. Então, embora seja perfeitamente natural passar por momentos de estresse e ter dificuldade de dormir de vez em quando, nenhum desses dois fatores deve ser normalizado em sua vida. É importante *ficar alerta* e fazer mudanças no estilo de vida assim que esses problemas começarem a ficar recorrentes. Para não deixar dúvidas, o que estou querendo dizer é que pensar com clareza e sentir-se bem e saudável requer reduzir o estresse e priorizar o sono. Por sorte, há ferramentas cientificamente validadas e comprovadas, especialmente para as mulheres, que mantêm o estresse sob controle e, ao mesmo tempo, melhoram o sono.

INTERVENÇÕES MENTE-CORPO PARA A MENOPAUSA

Usamos sabonete para lavar as mãos, pasta de dente para escovar os dentes e xampu para lavar os cabelos. Mas não temos nada para cultivar a saúde mental. Eu diria que a mente é tão essencial e pessoal quanto qualquer outra parte do corpo, mas a maioria de nós não aprendeu a protegê-la. Do mesmo modo como cuidamos da alimentação, nos exercitamos e tomamos remédios quando necessário para cuidar do corpo, precisamos fazer alguma coisa para manter a mente em equilíbrio.

Mesmo se muitos fatores estressantes não puderem ser eliminados, podemos aprender maneiras de manter o estresse sob controle, reduzir seus efeitos nocivos sobre o corpo e a mente e até ajustar a maneira como lidamos com essas fontes de estresse. Essas habilidades de enfrentamento são necessárias para superar os desafios da vida e criar um novo senso de autoconfiança, equilíbrio e harmonia. Algumas ferramentas e práticas mente-corpo também promovem o equilíbrio hormonal, aliviando os sintomas da menopausa. Por isso elas são especialmente úteis para as mulheres interessadas em evitar tratamentos farmacológicos. E, o mais importante, coloque na sua cabeça de uma vez por todas que você *não* está sendo egoísta ao escolher se cuidar. *Você* também é importante e precisa de cuidados. Ninguém pode dar o que não tem.

IOGA

Muitas formas diferentes de ioga foram desenvolvidas ao redor do mundo desde a Antiguidade. A maioria das práticas envolve posturas físicas ou sequências de movimentos, controle consciente da respiração e técnicas de atenção plena (mindfulness) para se colocar no momento presente e ter senso de bem-estar. Em vários estudos e ensaios clínicos, a prática regular de ioga por pelo menos doze semanas melhora os sintomas psicológicos da menopausa, especialmente a fadiga. Mulheres que fazem ioga também tendem a ter menos sintomas de estresse e insônia, bem como melhor qualidade de vida física, com menos ondas de calor e menos problemas urinários e vaginais.

MEDITAÇÃO E REDUÇÃO DO ESTRESSE COM BASE EM MINDFULNESS

Por milênios, culturas ao redor do mundo usaram a meditação para cultivar o bem-estar físico, mental e espiritual. Os cientistas estão começando a entender que essa prática tem o poder de nos proteger da sobrecarga resultante do estresse, modulando a atividade das regiões cerebrais responsáveis pela preocupação, pelos pensamentos e pelos sentimentos.

Uma das técnicas de relaxamento mais pesquisadas para a menopausa é a redução do estresse baseada em mindfulness (MBSR, na sigla em inglês). Essa técnica combina uma variedade de exercícios, como meditação da atenção plena, ioga e aceitação, para nos conscientizar do momento presente. Em um ensaio clínico com 110 mulheres na perimenopausa e na pós-menopausa, a redução do estresse por meio da técnica de mindfulness levou a melhorias significativas na qualidade de vida e na qualidade do sono, bem como a menos estresse e menos ansiedade. Por incrível que pareça, no caso de algumas mulheres, uma combinação da técnica da redução do estresse baseada em mindfulness com a terapia cognitiva foi tão eficaz na prevenção da recaída da depressão quanto uso de antidepressivos. Você leu direito: algo que somos capazes de fazer com a nossa mente pode ser tão eficaz quanto medicamentos prescritos.

Outra excelente opção é o Kirtan Kriya, uma meditação cantada da tradição do Kundalini Ioga. O Kirtan Kriya prescreve a entoação dos sons específicos *Saa Taa Naa Maa* acompanhada por *mudras*, ou posições das mãos, e pode ser feito em apenas doze minutos por dia. Se você não se convenceu, considere que foi demonstrado que a prática reduz a inflamação enquanto melhora a memória, o sono e a clareza mental em apenas oito semanas. E como se pratica o Kirtan Kriya? Comece sentando-se no chão com as pernas cruzadas ou em uma cadeira ou poltrona. Mantenha a nuca reta e o queixo ligeiramente abaixado. Imagine uma corda sendo puxada suavemente para cima pelo topo de sua cabeça. Descanse as mãos sobre os joelhos com as palmas voltadas para cima. Quando estiver pronta, comece a entoar os sons *Saa Taa Naa Maa*. Toque o polegar no dedo indicador (dizendo *Saa*), o polegar no dedo médio (*Taa*), o polegar no dedo anular (*Naa*) e o polegar no dedo mínimo (dizendo *Maa*). Para uma prática de doze minutos, use a sequência a seguir:

Entoe em voz alta por dois minutos.
Entoe em voz baixa por dois minutos.
Entoe em silêncio por quatro minutos.
Entoe em voz baixa por mais dois minutos.
Entoe em voz alta por mais dois minutos.

Quando terminar, inspire e estique os braços para cima. Expire, abaixe os braços e relaxe por um momento. Namastê. Se preferir praticar essa meditação com música, várias playlists estão disponíveis no Spotify, YouTube e outros canais. Se fizer suas sessões sozinha, recomendo usar um app como o Insight Timer, que tem o recurso de configurar intervalos com sons suaves que indicam o momento de fazer as transições.

Em resumo, a meditação e a atenção plena podem ajudar a reduzir o estresse, a ansiedade e os sintomas depressivos. Assim como os exercícios físicos, cabe a você escolher a meditação mais adequada às suas preferências. Há muitas formas, técnicas e até apps de meditação disponíveis (como o Headspace e o Calm). Encontre o melhor para você. Aborde a meditação como um exercício físico: desenvolva um novo tipo de músculo e não deixe de celebrar seu sucesso.

HIPNOTERAPIA

A hipnoterapia é uma terapia mente-corpo que envolve um estado de relaxamento profundo com atenção focada, imagens mentais e sugestões. As sugestões, neste caso, referem-se a plantar sementes positivas para amenizar desafios ou desconfortos. A hipnoterapia é recomendada para o tratamento dos sintomas da menopausa por várias associações médicas, incluindo a North American Menopause Society [Sociedade Norte-Americana de Menopausa], pois pode reduzir as ondas de calor e apresenta poucos riscos. Em ensaios clínicos randomizados com sobreviventes de câncer de mama, apenas cinco sessões de hipnoterapia resultaram em uma redução de 69% na intensidade e frequência das ondas de calor.

Entre as participantes sem histórico de câncer de mama, a hipnose também reduziu as ondas de calor em impressionantes 50% a 74%, além de melhorar a qualidade do sono e o desejo sexual.

Como encontrar um especialista em hipnoterapia? Procure a sociedade nacional de hipnoterapia de seu país e escolha um hipnoterapeuta especializado no alívio dos sintomas da menopausa, da névoa cerebral induzida pela quimioterapia ou outros sintomas.

TERAPIA COGNITIVO-COMPORTAMENTAL (TCC)

A terapia cognitivo-comportamental é uma forma de intervenção psicológica orientada para a ação que ajuda as pessoas a desenvolverem maneiras práticas de lidar com os problemas e ensina técnicas e estratégias de enfrentamento. A terapia combina estratégias como orientação, conversas motivacionais, relaxamento e respiração controlada. Pode ser uma boa abordagem para a menopausa porque essas habilidades podem ser aplicadas a diferentes problemas e melhorar o bem-estar. A terapia cognitivo-comportamental é recomendada pela Sociedade Norte-Americana de Menopausa para tratar ondas de calor, bem como depressão na menopausa e outros sintomas. Embora não pareça reduzir necessariamente a frequência das ondas de calor, pode reduzir a intensidade e o desconforto. Para encontrar um especialista perto de você, procure diretórios de profissionais certificados nos sites das principais associações médicas do seu país. Nos Estados Unidos, por exemplo, detalhes sobre terapeutas cognitivos-comportamentais credenciados podem ser encontrados no site do American Board of Cognitive and Behavioral Psychology [Conselho Norte-Americano de Psicologia Cognitiva e Comportamental]. No Brasil, consulte o site da Federação Brasileira de Terapias Cognitivas (FBTC).

TÉCNICAS DE RESPIRAÇÃO E RELAXAMENTO

Biofeedback, massagem e outras técnicas de relaxamento têm sido usadas para tratar os sintomas da menopausa. Em alguns ensaios clínicos, essas técnicas reduziram a frequência das ondas de calor e diminuíram o estresse e a fadiga. Apesar de esses estudos não terem sido tão rigorosos quanto os estudos para investigar os efeitos da ioga, da hipnoterapia e da terapia cognitivo-comportamental, a melhor maneira de saber se essas técnicas são eficazes para você é experimentando.

A respiração ritmada ou diafragmática, por exemplo, é uma técnica de respiração lenta e cadenciada que pode ser usada para acalmar as reações físicas e emocionais do corpo. O diafragma fica localizado logo abaixo dos pulmões e forma uma barreira entre os pulmões e o estômago. Respirar abaixo do diafragma, no abdômen, aumenta a capacidade pulmonar, nos possibilitando obter mais oxigênio, bem como um efeito calmante. Se praticada regularmente, a respiração ritmada pode ajudar no relaxamento e aliviar as ondas de calor. Os melhores resultados são alcançados respirando dessa maneira por 20 minutos três vezes ao dia. Se você acha que não tem tempo, comece praticando todos os dias por 10 a 15 minutos. Comece assim que sentir uma onda de calor e continue por 5 minutos. É muito fácil:

Inspire pela barriga enquanto conta lentamente até 5.
Solte a respiração enquanto conta lentamente até 5.

ACUPUNTURA

A acupuntura é um pilar da medicina tradicional chinesa. Usando uma pressão suave ou agulhas finas, o acupunturista estimula pontos específicos do corpo, os meridianos, ao longo das linhas de energia, para tratar doenças e dores. As evidências científicas de que a acupuntura alivia os sintomas da menopausa ainda são limitadas, mas, quando realizada por um profissional altamente qualificado, representa uma alternativa promissora que não envolve medicamentos para as mulheres que preferem esse tipo de abordagem.

AROMATERAPIA

A aromaterapia, ou terapia com óleos essenciais, utiliza essências de plantas aromáticas extraídas naturalmente para tratar vários desequilíbrios fisiológicos e psicológicos. Acredita-se que alguns óleos naturais, como lavanda e verbena, reduzem a ansiedade e aumentam o relaxamento. Ainda não há evidências científicas suficientes de que a aromaterapia funcione como um tratamento independente para os sintomas da menopausa, embora possa ajudar no estresse e na ansiedade.

OUTRAS IDEIAS PARA REDUZIR O ESTRESSE

CONVERSE SOBRE SUAS EXPERIÊNCIAS

O cérebro tem um importante papel em nossa resposta ao estresse, regulando a produção de dois hormônios: o cortisol e a adrenalina. Em uma situação de estresse, o cortisol e a adrenalina aumentam a pressão arterial e a frequência cardíaca, nos preparando para dar um soco ou sair correndo. Essa é a famosa resposta de lutar ou fugir que homens e mulheres sentem diante de algum perigo, incluindo os estressores do dia a dia. Mas a ação do cérebro difere um pouco entre mulheres e homens. Pesquisas mostram que, à medida que o cortisol e a adrenalina inundam a corrente sanguínea, o cérebro das mulheres libera uma dose do hormônio do amor, a ocitocina, que atua como uma calmaria em meio à tempestade.

Cientistas suspeitam que a liberação de ocitocina pode explicar o impulso das mulheres de cuidar e fazer amizade, em vez de lutar ou fugir, quando estão sob estresse. É provável que essa resposta tenha evoluído muito tempo atrás, quando nossos ancestrais viviam em comunidades de caçadores-coletores. Considerando que lutar ou fugir não seja tão fácil quando a mulher está grávida, amamentando ou cuidando de crianças e idosos, elas desenvolveram a própria maneira de responder ao perigo. Em momentos de estresse, ficavam ainda mais atentas aos filhos (cuidar) e se uniam às outras mulheres (fazer amizade) para aumentar as chances de sobrevivência para todos. Essa resposta está relacionada ao nosso instinto natural de ajudar os outros para defender a comunidade em situações de estresse, especialmente reforçando os vínculos com outros cuidadores enquanto protegemos os que estão sob nossos cuidados.

Mas o que isso tem a ver com a menopausa? Quando você tem uma onda de calor que a impele a tirar todas as roupas ou quando não consegue se lembrar do que foi comprar no supermercado, são grandes as chances de sentir afinidade com qualquer mulher suada ou com problemas de memória. Você também pode encontrar consolo em mulheres que já passaram pela menopausa e chegaram ao outro lado. Conversar e fazer piadas com outras mulheres sobre os sintomas da menopausa fortalece os vínculos e é um lembrete de que você não está sozinha e que esses sintomas indesejáveis não durarão para sempre. Seja com uma amiga, mãe, mentora ou aquela caixa simpática do supermercado, converse sobre suas experiências. Isso não apenas lhe dará uma sensação de apoio, normalidade e sororidade, como também poderá resultar em boas dicas, como "use roupas em camadas" e "*nunca* use calcinhas de tecido sintético".

CRIE UMA REDE DE APOIO

Ter uma rede de apoio é uma estratégia antiestresse fantástica, então pense no tipo de apoio do qual você precisa para dar o melhor de si nesta fase da vida, como faria em qualquer outra. Além de alguns bons amigos ou parentes com quem conversar, é imprescindível ter um bom médico de família ou ginecologista com quem você possa falar abertamente sobre todos os detalhes, bem como uma "mentora da menopausa". Muitas pessoas podem cumprir esse papel. Pense no tipo de ajuda da qual você precisa. Reúna a sua equipe, persista e vença! Esperamos que este livro também a ajude nesse sentido.

Se você tiver acesso a redes de profissionais da saúde, vários especialistas poderão fornecer ajuda adicional. Nem todas as mulheres vão precisar disso e talvez nem seja necessário o tempo todo, mas, se você precisar de ajuda para resolver um problema específico, eis algumas ideias:

- Se estiver se sentindo deprimida ou ansiosa, considere conversar com seu médico de família ou com um especialista em saúde mental (psicólogo, terapeuta ou psiquiatra).
- Uma "mentora da menopausa" pode lhe dar dicas para enfrentar a transição, bem como indicações de médicos, professores de ioga, acupunturistas e muito mais.
- Um fisioterapeuta pode ajudar com vários problemas relacionados a essa fase da vida, incluindo dores nas articulações e reabilitação do assoalho pélvico.
- Um preparador físico pode ajudá-la a se movimentar com mais segurança e eficácia — pode ser um treinador de boxe para dar vazão à raiva e à frustração ou um professor de ioga para se centrar e se acalmar.
- Um nutricionista ou nutrólogo para planejar uma dieta que seja ao mesmo tempo saborosa e saudável (veja o Capítulo 14 para priorizar alimentos específicos).

Ao escolher entre os recursos disponíveis, minha recomendação é investir em auxílios e técnicas cientificamente validadas, não importa se você decidir avançar por conta própria ou sob a orientação de um profissional. É comum haver desperdício de tempo e dinheiro com técnicas, suplementos ou promessas de curas milagrosas que alegam combater a menopausa. Nem todas as mulheres precisam de uma variedade de médicos e especialistas, e muitas vezes nem têm acesso a isso, mas todas podemos nos beneficiar de orientações e conhecimentos comprovados... e foi justamente para isso que escrevi este livro.

TUDO O QUE EU PRECISO É... DORMIR

A sociedade dá tanta ênfase ao que comemos, bebemos e fazemos quando estamos acordadas que não imaginamos o tamanho do impacto que a qualidade do sono tem na nossa vida. A ciência ainda não chegou a um consenso sobre exatamente quantas horas devemos dormir, mas alcançar aquelas oito horas mágicas por noite é crucial para desestressar e recarregar as baterias da mente e do corpo para o dia seguinte. O problema é que levamos uma vida tão agitada que pode ser difícil relaxar antes de dormir. Dormir sem acordar no meio da noite também pode não ser fácil. Encontrar uma rotina noturna prazerosa e que conduza ao relaxamento (em vez da estimulação) pode fazer maravilhas para a qualidade do sono. Quando você segue uma rotina consistente todas as noites, seu corpo e sua mente começam a associar essas atividades com a hora de dormir. Veja algumas dicas para praticar uma boa higiene do sono e relaxar antes de dormir, para ter um sono mais tranquilo e reparador.

●●● Reduza a iluminação

A melatonina é um hormônio natural produzido pela glândula pituitária no cérebro. Quando seus níveis aumentam, esse hormônio sinaliza ao cérebro que é hora de descansar. A exposição à luz reduz os níveis de melatonina, enviando sinais confusos ao corpo. Considerando que o corpo evoluiu para dormir à noite e acordar com o sol, diminuir a iluminação pelo menos *uma hora* antes de dormir pode convencer seu cérebro a descansar. Manter o quarto completamente escuro ou com o mínimo de luz também ajuda a não acordar no meio da noite. Se a luz for inevitável, tente usar uma máscara de dormir.

● ● ● Controle a temperatura e prepare o ambiente

O processo de iniciar o sono inclui uma ligeira queda na temperatura corporal. Se o quarto estiver muito quente, seu corpo não conseguirá perder o calor necessário, dificultando pegar no sono. Mantenha o quarto fresco e confortável. A temperatura ideal é de cerca de 20 graus Celsius. Essa temperatura também pode evitar as ondas de calor. Pijamas leves de algodão são outra boa maneira de manter a temperatura corporal.

Também é importante criar um ambiente convidativo para dormir. Iluminação suave, travesseiros confortáveis, cobertores macios e quentinhos, cores suaves e nenhuma bagunça podem transformar seu quarto em um santuário do sono, um espaço dedicado a descansar e relaxar do mundo lá fora. Mantenha o quarto em silêncio e, se não for possível, coloque um ruído branco ao fundo para mascarar os sons externos. Caso seu parceiro se mexa ou ronque muito, tente usar protetores auriculares.

● ● ● Dê boa noite ao celular

Por mais difícil que seja desgrudar os olhos do celular, tablet, computador e TV, a luz azul emitida por esses dispositivos diz ao seu corpo para *ficar acordado*. O efeito da luz azul emitida pelos dispositivos eletrônicos sobre o sono não é meramente psicológico; é uma realidade fisiológica. A luz azul restringe a produção de melatonina, o hormônio da canção de ninar do seu corpo, enquanto aumenta a produção de cortisol e adrenalina, que fazem de tudo para nos acordar *e* não nos deixar dormir. Ao mesmo tempo, reverter esses picos hormonais perturba o equilíbrio do corpo e, na menopausa, equivale a brincar com fogo. Impor um horário limite para usar esses dispositivos pode sinalizar para seu cérebro que é hora de relaxar. Diga boa noite ao celular, tablet, computador e TV pelo menos uma hora antes de dormir. Não deixe de fazer isso para voltar a priorizar o sono em sua rotina diária. Se acha que não vai conseguir evitar a tentação de dar uma olhada nos e-mails e mensagens, coloque o celular no modo avião ou noturno e tenha uma noite de sono tranquila, sabendo que o mundo continuará lá quando você acordar de manhã. Se ainda está se acostumando com a rotina de evitar telas à noite, considere tomar melatonina ou outro suplemento para dormir por um tempo, como vimos no Capítulo 15.

●●● Mantenha uma rotina para um sono melhor

O corpo gosta de uma rotina regular quando se trata de dormir. Dê a seu corpo o que ele precisa indo para a cama e acordando na mesma hora todos os dias. Se você acordar no meio da noite, tudo bem. Não se culpe. Mantendo as luzes apagadas ou suaves, tente algo relaxante, como uma meditação para dormir, uma música calmante ou um audiolivro com uma narração tranquila e uma história não muito envolvente. Se usar luz noturna, opte por uma lâmpada suave e de cor âmbar e evite acender luzes fortes.

●●● Coloque a caneta no papel

Esvazie seu cérebro! Anotar o que está rodando na sua cabeça antes de ir para a cama pode ajudar a relaxar. Faça uma lista de tarefas para o dia seguinte, mantenha um diário da gratidão ou escreva sobre o seu dia para limpar a cabeça e dormir em paz. Um dia, meu marido me presenteou com uma caixinha de bonecas das preocupações. Inspiradas em uma lenda maia, as bonecas das preocupações são bonequinhas artesanais originárias da Guatemala. As crianças contam suas preocupações às bonequinhas, uma a uma, e as colocam debaixo do travesseiro à noite. Acredita-se que, de manhã, os bonecos terão guardado as preocupações, ajudando as crianças a lidar com as dificuldades do dia. Para os adultos, basta um bloco de notas.

• • • Coloque-se no momento presente

Outra maneira é fazer uma meditação para dormir, para relaxar do estresse do dia. Comece com apenas alguns minutos antes de dormir e vá aumentando até quinze, vinte minutos ou mais. A melhor parte é que você não precisa fazer um curso nem sair de casa. Basta apenas um lugar tranquilo para se sentar e relaxar. Se quiser algumas dicas para começar, dê uma olhada em apps como o Headspace e o Calm, que oferecem períodos de teste gratuitos. Você pode encontrar ainda mais opções no Spotify e no YouTube, sem falar nos audiolivros. Algumas das minhas opções favoritas são *Journey into Stillness* (audiolivro em inglês), de Ramdesh Kaur, *Meditation for Beginners*, de Jack Kornfield, e *Aonde quer que você vá, é você que está lá* de Jon Kabat-Zinn (ambos disponíveis em audiolivro).

Se meditação não é sua praia, talvez música seja. Assim como as canções de ninar, uma música suave pode focar sua mente na melodia e no ritmo enquanto você pega no sono. Certos tipos de música até ajudam a reduzir a frequência cardíaca e a desacelerar a respiração. Músicas mais lentas são ideais, em torno de 60 bpm. Faça uma playlist de músicas para relaxar ou de sons da natureza, como ondas do mar ou grilos.

● ● ● Evite remédios para dormir, se possível

Remédios para dormir, os benzodiazepínicos, como o diazepam (Valium), o clonazepam (Rivotril) e o alprazolam (Frontal, Xanax ou Aprax), e os anti-histamínicos, como a difenidramina (Benatux, Benalet ou Caladryl), um favorito de muitas mulheres, são uma solução ineficaz e levam a um sono de má qualidade. Eles podem derrubá-la por um tempo, mas perderão a eficácia com o uso contínuo e causarão outros problemas no processo. Antes mesmo de cogitar esses medicamentos, tente fazer a higiene do sono, práticas de redução de estresse, exercícios físicos, ajustar a dieta e tomar os suplementos adequados. Se o problema persistir, alguns medicamentos prescritos para os sintomas da menopausa, como terapia de reposição hormonal ou antidepressivos em baixas doses, podem ser mais eficazes do que remédios prescritos para dormir. Além disso, considere consultar um médico especialista em sono, que pode ajudar a personalizar as melhores opções para você.

17

TOXINAS E DESREGULADORES ENDÓCRINOS

SUBSTÂNCIAS DESREGULADORAS HORMONAIS

Quando ouvimos falar em *toxinas ambientais*, tendemos a pensar em usinas nucleares, fábricas expelindo fumaça ou até incêndios florestais. A verdade é muito mais sutil do que isso. Embora esses casos extremos e breves de poluição atmosférica sejam prontamente identificados e resolvidos, os níveis diários de poluição do ar, conhecidos como níveis de fundo, permanecem constantes e não monitorados, deixando milhões de pessoas suscetíveis aos danos insidiosos que a poluição ambiental pode causar.

Substâncias tóxicas entram na atmosfera — e, em consequência, no ar que respiramos — vindas de todos os lugares. Embora as emissões de gases de fontes industriais, liberadas por veículos, fábricas, usinas de energia e outras instalações industriais sejam riscos conhecidos para a saúde, a maioria das toxinas é encontrada dentro de casa, em produtos domésticos comuns, cosméticos e até na comida que consumimos. Essas toxinas podem ser encontradas em praticamente qualquer lugar. Estão nos recipientes plásticos que usamos para guardar comida, água e uma infinidade de produtos ingeríveis e absorvíveis. Estão em herbicidas e pesticidas, bem como hormônios de crescimento, esteroides e outras substâncias usadas para acelerar o crescimento de animais e plantações. Estão na água da torneira, contaminada pelos resíduos da agricultura e da indústria, e são encontradas em retardantes de chama, aditivos antichama aplicados em roupas, carros, brinquedos e artigos de decoração.

Nos últimos setenta anos, quase 100 mil novas substâncias químicas foram liberadas no ambiente através do abastecimento de alimentos e água. Pelo menos 85% dessas substâncias nunca foram testadas para investigar seus efeitos na saúde humana, de maneira que seu grau de segurança é desconhecido. Entre as que foram testadas, sabe-se ou suspeita-se que cerca de oitocentas substâncias prejudiquem a saúde, especialmente os hormônios.

Essas substâncias são chamadas de desreguladores endócrinos (EDCs, na sigla em inglês) ou desreguladores hormonais. Elas fazem exatamente o que o nome sugere: provocam o caos nos hormônios. Os desreguladores hormonais são contaminantes químicos que têm uma estrutura molecular semelhante à dos hormônios naturais do corpo e, ao se infiltrarem no nosso organismo, confundem as mensagens que as células tentam comunicar umas às outras. Muitos desreguladores hormonais imitam a ação do estrogênio e são conhecidos como xenoestrogênios. Pense neles como o gêmeo maligno do estrogênio. Ao enviar mensagens confusas aos receptores de estrogênio, eles desencadeiam desequilíbrios hormonais por todo o sistema reprodutor, sendo associados à puberdade prematura, abortos espontâneos, infertilidade, endometriose — e até alguns tipos de câncer. Pior ainda, por serem facilmente absorvidos, os xenoestrogênios entram no corpo em concentrações muito mais altas do que o nosso estrogênio natural, prejudicando o funcionamento do sistema endócrino, bem como do sistema nervoso. Eu odeio ter que dizer isso, mas centenas dessas substâncias também são tóxicas para o *cérebro*. Nos últimos anos, a poluição atmosférica foi reconhecida como um risco para a saúde e recentemente foi identificada como um fator de risco para AVC e demência! Preocupações semelhantes foram levantadas em relação a muitas outras toxinas químicas.

Embora pesquisas rigorosas sobre o tema ainda estejam em andamento, eis o que sabemos até agora:

- Bastam pequenas quantidades de desreguladores hormonais para prejudicar a saúde. Até uma exposição de baixo nível aos xenoestrogênios pode causar danos tóxicos significativos a crianças e mulheres — especialmente a mulheres grávidas. Muitos bebês já nascem com uma carga tóxica de centenas de substâncias ambientais no corpo. A American Academy of Pediatrics [Academia Norte-Americana de Pediatria] recomenda limitar a exposição de bebês e crianças a poluentes ambientais e produtos químicos — especialmente plástico.
- Desreguladores hormonais são armazenados na gordura corporal. Como as mulheres têm mais tecido adiposo do que os homens, acumulamos essas toxinas em níveis ainda mais elevados. A maior concentração de todas pode ocorrer no tecido mamário, o que se correlaciona com um maior risco de câncer de mama.
- O efeito acumulado dessas toxinas pode durar anos ou até a vida toda.
- Muitas substâncias sintéticas permanecem no meio ambiente por décadas. O DDT, por exemplo, um pesticida proibido

nos Estados Unidos em 1972, pode ser encontrado no solo até hoje. Também é encontrado na corrente sanguínea de pessoas nascidas muito depois de a utilização ter cessado. Outro excelente exemplo de produto químico capaz de durar centenas de anos é um bem conhecido: o plástico.
- Os poluentes concentram-se nos organismos vivos pelo processo de bioacumulação. Em outras palavras, os níveis de poluentes aumentam no corpo toda vez que somos expostos a eles. E não estamos sozinhos nesse barco. Animais também acumulam toxinas no corpo. Isso é especialmente preocupante no caso dos animais criados para consumo, uma vez que quaisquer toxinas que eles armazenam no corpo acabam contaminando a carne e os produtos lácteos que ingerimos.

Em resumo, estamos constantemente expostos a milhares de substâncias que podem semear o caos nos nossos hormônios. Os principais culpados são:

- *Fumaça de cigarro.* Contém não apenas nicotina, mas também arsênico, 1,3-butadieno e monóxido de carbono, bem como nitrosaminas, aldeídos e outras substâncias que aumentam o risco de vários tipos de câncer.
- *Bisfenol A (BPA).* Encontrado em plásticos como garrafas de água, recipientes plásticos, revestimentos térmicos, revestimento interno de latas de alimentos, utensílios plásticos e copos.
- *Ftalatos.* Encontrado em plásticos flexíveis, como pisos vinílicos, cortinas de chuveiro, embalagens de alimentos, lancheiras infantis, brinquedos e mordedores, além de fragrâncias e produtos de higiene corporal.

- *PFOA e PTFE.* Encontrados no forro e no revestimento de muitas panelas que usamos no dia a dia. São liberados quando aquecidos.
- *Retardantes de chama bromados e organofosforados.* Encontrados em tapetes, móveis com espuma, carpetes, polimentos de piso, esmaltes de unha, roupas e outros têxteis.
- *Inseticidas/pesticidas.* Encontrados em sprays contra insetos, produtos de controle de cupins, tratamentos de gramados e jardins e tratamentos de controle de pulgas e carrapatos em animais.

MANEIRAS DE REDUZIR POLUENTES AMBIENTAIS EM SUA VIDA

Nem sempre temos como controlar ou eliminar totalmente a exposição às toxinas. Nem podemos, sozinhas, mudar as políticas que governam a saúde ambiental. Mas a mudança começa com cada uma de nós, na maneira como vivemos a vida e educamos nossos filhos. O peso dessa responsabilidade pode intimidar, mas uma boa solução é dividir essa tarefa tão grande em partes menores. Se pararmos para pensar e fizermos pequenas escolhas todos os dias de maneira a preservar e proteger o meio ambiente para as gerações futuras, veremos que sempre é possível melhorar. Embora algumas opções possam ser caras, como carros elétricos e painéis solares, muitas outras não são.

PARE DE FUMAR

Apesar da conscientização sobre a associação dos cigarros a diversos tipos de câncer, doenças pulmonares e cardíacas, o tabagismo continua sendo um problema de saúde pública ao redor do mundo.

Só nos Estados Unidos, mais pessoas morrem devido ao tabagismo do que por HIV, uso de drogas ilegais, alcoolismo, acidentes de carro e armas *combinados*. Ainda hoje, aproximadamente 20%, ou quase 60 milhões, dos norte-americanos fumam. Nada menos que 88 milhões de não fumantes, incluindo crianças, são expostos ao fumo passivo e ao fumo residual todos os anos.

A lista de desvantagens associadas ao consumo de cigarros é longa. Ainda assim, a maioria das pessoas não sabe que, além dos riscos tão divulgados, os cigarros têm efeitos profundamente adversos sobre os hormônios. Na verdade, nenhum fator de estilo de vida causa mais danos aos ovários do que fumar. Considere isto: as jovens que fumam têm um risco significativamente maior de ter ciclos menstruais dolorosos e infertilidade do que as não fumantes. Uma das razões é que a nicotina reduz a capacidade do corpo de transformar testosterona em estrogênio, dificultando para os ovários fornecerem estrogênio. Como resultado, fumar torna os sintomas hormonais ainda *mais intensos* do que deveriam ser. Enquanto passamos pela menopausa, o tabagismo aumenta os sintomas que todas nós tentamos evitar. Ondas de calor, ansiedade, alterações de humor e insônia são ainda mais intensas e frequentes nas fumantes do que nas não fumantes.

Além disso, ao provocar uma queda mais rápida dos níveis de estrogênio, fumar *antecipa* a menopausa. Mulheres que fumaram cem cigarros (cinco maços) *em toda a vida* têm 26% mais risco de passar pela menopausa aos 40 anos em comparação com as não fumantes. Desse modo, estamos falando de um hábito que pode desencadear a menopausa precoce e, ao mesmo tempo, intensificar seus sintomas, privando as mulheres dos efeitos benéficos do estrogênio no processo. Fumar é uma aposta impossível de ganhar. Como se tudo isso não bastasse, fumar aumenta o risco de doenças cardíacas em mulheres que fazem terapia de reposição hormonal.

E, se você não fuma e é exposta à fumaça de cigarros com frequência, todos os riscos discutidos acima também se aplicam a você. Manter-se afastada da fumaça de cigarros e incentivar as pessoas ao seu redor a pararem de fumar é crucial para proteger todos os envolvidos. Pense que parar de fumar e reduzir a exposição ao fumo passivo pode melhorar drasticamente a saúde de uma pessoa, melhorar o humor, aumentar a energia e melhorar o sono. É difícil argumentar contra essas vantagens.

De acordo com muitos profissionais de saúde, parar de fumar pode exigir uma combinação de terapias comportamentais e farmacológicas. A terapia de reposição de nicotina, a terapia cognitivo-comportamental (que vimos no capítulo anterior), antidepressivos com propriedades ansiolíticas, exercícios físicos e acupuntura podem ajudar nessa missão. A American Cancer Society [Sociedade Norte-Americana de Câncer], a American Lung Association [Associação Norte-Americana de Pneumologia] e o National Cancer Institute [Instituto Nacional do Câncer] fornecem recursos na internet e ajuda por chat. Também é importante ter em mente que uma dieta saudável rica em antioxidantes (com uma pequena ajuda de suplementação de vitaminas C e E, se necessário) é especialmente importante para fumantes, ex-fumantes e pessoas expostas ao fumo passivo.

FILTRE O AR DO AMBIENTE

Sempre vale a pena investir em um purificador de ar, especialmente se você mora com um fumante ou em uma área de tráfego intenso ou zona industrial. Além disso, entre o volume de toxinas presentes nos materiais de construção, móveis e eletroeletrônicos e as centenas de substâncias escondidas em produtos de limpeza, inseticidas, produtos de higiene corporal e cosméticos, o ar *dentro* da sua casa pode estar tão poluído quanto o ar *fora* de casa.

Ter plantas em casa também pode ajudar a reduzir a poluição do ambiente. Várias plantas comuns reduzem o nível de compostos orgânicos voláteis (COV), como formaldeído, xileno, tolueno, benzeno, clorofórmio, amônia e acetona, todos comumente encontrados em muitas casas. Esses ajudantes naturais incluem espada-de-são-jorge, clorofito, lírio-da-paz e hera-do-diabo, para citar apenas alguns.

USE PRODUTOS DE LIMPEZA ECOLÓGICOS

Produtos de limpeza deixam resíduos em todas as superfícies, ficam depositados em roupas de cama e estofados e impregnam o ar que respiramos. Ingerimos, inalamos e absorvemos essas substâncias ao longo do dia. Os produtos de limpeza ecológicos podem ser mais caros, mas passaram a ser vendidos até nas redes de supermercados tradicionais. Marcas antes limitadas a poucos, como Mrs. Meyer's e Seventh Generation, agora podem ser encontradas a preços acessíveis em supermercados populares ou de bairro. Também é possível preparar os próprios produtos de limpeza, uma solução mais barata que a comprada em loja. É impressionante o que uma mistura de vinagre com bicarbonato de sódio é capaz de fazer!

REDUZA AS TOXINAS EM CASA

Produtos químicos protetores de tecido e retardantes de chama são duas classes de desreguladores endócrinos seriamente prejudiciais incorporados em sofás, poltronas, carpetes e outros itens de decoração. Minimize a exposição priorizando materiais como madeira, metais, fibras naturais não tratadas e outros estofados ecológicos.

Também é importante comprar roupas tendo em vista a sua saúde. Alguns retardantes de chama presentes em muitas roupas e pijamas, especialmente os que contêm fibras sintéticas, são desreguladores endócrinos comprovados. É melhor optar por roupas de algodão e fibras naturais não tratadas sempre que possível. Esses tecidos são especialmente recomendados para mulheres que sofrem de ondas de calor, pois os tecidos sintéticos contribuem para o aumento do suor.

ALIMENTOS E ÁGUA LIMPOS

Considerando que a maioria das pessoas come pelo menos três vezes ao dia, todos os dias, é muito importante prestar atenção às nossas escolhas alimentares para evitar contaminantes. Mais de 14 mil substâncias desreguladoras hormonais são encontradas apenas nos alimentos. Os alimentos ultraprocessados são, de longe, a principal origem da nossa sobrecarga química, dada a elevada quantidade de aditivos, espessantes, emulsificantes e conservantes sintéticos presentes nesses produtos para melhorar o sabor, a aparência ou a textura ou para prolongar sua vida útil.

Além disso, sabe-se que cerca de 25% dos pesticidas pulverizados rotineiramente em frutas e verduras desestabilizam os níveis de estrogênio — sem falar de todos os outros que ainda nem foram testados. Os produtos lácteos e as carnes provenientes de animais criados comercialmente também podem conter contaminantes, uma vez que os criadores incluem todo tipo de substâncias na alimentação dos animais para fazê-los crescer mais e mais rápido.

Se você não souber ao certo se um alimento é seguro para consumo, considere duas regras importantes:

● ● ● Verifique os ingredientes no rótulo dos produtos

Os aditivos mais comuns e que fazem mais mal à saúde são xarope de milho rico em frutose, gorduras hidrogenadas e parcialmente hidrogenadas, glutamato monossódico, corantes artificiais (por exemplo, Azul 1, Vermelho 3, Vermelho 40, Amarelo 5 e Amarelo 6), nitrato de sódio, gomas (goma guar e goma xantana), carragenina e benzoato de sódio. Faça o possível para evitá-los. Os conservantes seguros para consumo incluem ácido ascórbico (vitamina C), ácido cítrico, vitamina E (tocoferol) e fosfato de cálcio.

● ● ● Quando puder, compre produtos orgânicos e locais

Comer produtos orgânicos evita a exposição a pesticidas, herbicidas, antibióticos e uma infinidade de outras substâncias tanto locais quanto de outros países, em produtos agrícolas e carnes importados. As culturas orgânicas em geral são cultivadas sem pesticidas sintéticos, fertilizantes artificiais ou irradiação (uma forma de radiação usada para matar bactérias). Não são administrados antibióticos nem hormônios de crescimento sintéticos aos animais criados com alimentação orgânica.

Sei que nem sempre é possível comprar alimentos orgânicos devido a restrições financeiras e de acesso. Só podemos fazer o nosso possível dentro de nossa realidade e concordo que não é justo que alimentos saudáveis sejam mais caros do que opções menos saudáveis. Mas nem todos os alimentos precisam ser orgânicos. Para ajudar a decidir quando comprar produtos orgânicos e quando comprar produtos convencionais, o Environmental Working Group (EWG) [Grupo de Trabalho Ambiental] fornece informações atualizadas sobre os alimentos que contêm mais pesticidas. Atualmente, a lista do EWG de produtos agrícolas mais vulneráveis à contaminação inclui maçãs, aipo, frutas vermelhas, pêssegos, espinafre e couve.

Pensando assim, vale a pena priorizar esses produtos em sua versão orgânica. Já a lista dos produtos agrícolas menos contaminados inclui vegetais como abacate, repolho, milho e abacaxi, de modo que é mais seguro comprar as versões convencionais desses produtos. Quanto aos outros produtos agrícolas, recomendo enxaguar os vegetais e as frutas para diluir os pesticidas. Descascar também ajuda.

Se você come alimentos de origem animal, também pode valer a pena optar por carnes e laticínios orgânicos. Os produtos mais contaminados provêm da carne bovina e ovina, bem como do leite. Frango, peru e pato são mais seguros para o consumo. Se você come peixe, certifique-se de que tenha baixo teor de mercúrio. Nos Estados Unidos, os exemplos incluem anchovas, cavala, bagre, vôngole, caranguejo, linguado, hadoque, tainha e salmão. Embora não existam padrões orgânicos aprovados pelo governo para frutos do mar, os peixes capturados na natureza são mais saudáveis e seguros do que os peixes criados em cativeiro. Peixes capturados na natureza congelados ou enlatados são mais baratos do que os peixes frescos e são igualmente nutritivos.

O VIDRO É O NOVO PLÁSTICO

Reduzir o número de desreguladores endócrinos provenientes do plástico que absorvemos todos os dias é vital para o equilíbrio hormonal. Faça o que puder para tirar o plástico da sua vida, especialmente para guardar alimentos e bebidas. Truques fáceis para eliminar grande parte do plástico da geladeira e da despensa incluem as seguintes substituições:

- Use recipientes de vidro ou aço inoxidável. Pense que será um bom investimento porque você poderá reutilizar esses

recipientes repetidamente. É fácil achar recipientes a preços acessíveis em grandes supermercados ou na Amazon.
- Troque as garrafas de água também. Em vez de usar copos de plástico ou isopor, opte por copos e garrafas de vidro ou de aço inoxidável. A simples reutilização de uma garrafa de vidro é uma maneira acessível e barata de substituir o plástico. Cada vez mais cafés aceitam que você use a própria caneca ou garrafa térmica para evitar o uso de embalagens descartáveis.
- Livre-se de panelas e frigideiras antiaderentes e use panelas de ferro fundido, aço inoxidável, vidro temperado ou esmalte.
- Evite alimentos que vêm em embalagens plásticas macias (por exemplo, queijos e frios) ou armazenados em plástico.
- *Nunca aqueça alimentos em recipientes plásticos* — mesmo se o fabricante alegar que é seguro. O BPA e outros microplásticos penetram diretamente nos alimentos sempre que você os coloca no micro-ondas ou os aquece em recipientes de plástico.
- Evite alimentos quentes (como marmitas) em recipientes de plástico. Uma alternativa é pedir comida fria, como sushi. Se pedir comida quente, retire-a imediatamente desses recipientes.
- Quando puder, peça ou compre alimentos a granel e use as próprias sacolas de pano para fazer compras e armazenar.
- Opte por produtos reutilizáveis ou com refil (tudo o que você usa em casa, desde o detergente para lavar louças até produtos de higiene pessoal) que venham em recipientes reciclados ou de vidro. Use dispensadores de vidro e compre as versões em refil dos produtos, mais baratas e ecológicas.

SEJA EXIGENTE COM SEUS PRODUTOS DE HIGIENE PESSOAL

A maioria dos produtos comerciais de higiene pessoal e cosméticos vem repleta de ingredientes tóxicos, incluindo produtos que vão desde xampus e desodorantes até protetores solares e hidratantes. Aprenda a ler os rótulos e evite ingredientes especialmente prejudiciais. Se não tiver certeza, visite os sites do EWG Skin Deep (www.ewg.org/skindeep) ou Campaign for Safe Cosmetics (www.safecosmetics.org), ambos em inglês, para obter mais informações sobre empresas que utilizam ingredientes não tóxicos e têm políticas ecológicas. Muitos apps podem facilitar a pesquisa, com pontuações de segurança do produto para simplificar as letras miúdas.

Se você está achando demais substituir todos os seus produtos de higiene pessoal de uma vez, comece trocando os itens que cobrem a maior superfície de pele, como sabonete líquido e hidratante. Pensando que a sua pele absorve até 60% do que você passa nela, que vai parar na corrente sanguínea, faz sentido priorizar esses produtos. O movimento da "beleza limpa" está cada vez mais popular e as opções são infinitas. Você também tem muitas opções caseiras à sua disposição. Por exemplo, experimente usar óleo de coco para remover a maquiagem à noite. Basta massagear algumas gotas nos olhos, rosto e lábios, passar um pano macio e pronto! Em um passe de mágica!

No fim das contas, eliminar vários poluentes da sua vida não é tão difícil quanto parece. Ao prestar mais atenção às suas escolhas diárias, você não apenas descontaminará seu ambiente e o da sua família como também fará sua parte para reduzir a pegada de carbono no nosso belo planeta. Lembre-se de que estaremos neste barco por um bom tempo.

18

O PODER DO PENSAMENTO POSITIVO

REPENSANDO A MENOPAUSA

Quando meu marido fez 40 anos, o Facebook o cumprimentou com um anúncio para comprar um carro novo. Quando chegou a minha vez, recebi um anúncio de botox.

A sociedade nos leva a pensar que os homens envelhecem como um bom vinho: quanto mais os anos passam, mais eles melhoram. Que bela maneira de acolher o envelhecimento, não é mesmo? Mas veja a diferença. Quando as mulheres envelhecem, em vez de sermos valorizadas, somos vistas como um vinho que se transforma em vinagre. Os costumes sociais, tanto os atuais quanto os tradicionais, revelam os dois pesos e as duas medidas quando se trata de gênero e envelhecimento. Para as mulheres, parece haver uma data de validade cultural depois da qual nosso valor despenca. Fomos levadas a acreditar que, quando atingimos a meia-idade, já ultrapassamos o auge e a partir de então é só ladeira abaixo. Pensando em termos objetivos, é difícil levar isso a sério, especialmente tendo em vista a aprovação entusiástica que os homens recebem da sociedade. Mas somos bombardeadas de mensagens nos dizendo o contrário, integradas em campanhas de marketing, que moldam a forma como pensamos e agimos, de maneiras mais ou menos sutis.

Esses dois pesos e duas medidas ficam ainda mais evidentes no mito da menopausa. A menopausa sempre foi vista como uma condição pré-morte, um momento a partir do qual as mulheres começam a se transformar em velhotas. Nosso valor e nossa feminilidade são seletivamente associados à nossa capacidade reprodutiva por padrões estreitos e muitas vezes misóginos. Não muito tempo atrás, nossa sociedade, dominada pelos homens, simplesmente descartaria, se pudesse, as mulheres que cruzassem esse limiar. Fomos levadas a acreditar que ninguém quer ouvir nossa história e algumas mulheres podem até estar convencidas de que nossa história é vergonhosa demais para ser contada. Ao mesmo tempo, a menopausa é vista como uma deficiência, uma síndrome repleta de sintomas, tentativas de cura e um declínio geral do bem-estar. Os jargões usados na medicina para falar da menopausa refletem esse preconceito. Como Jen Gunter, uma feroz defensora da saúde da mulher, afirmou apropriadamente em *The Menopause Manifesto*: "Fala-se em esgotamento do suprimento ovariano de óvulos, mas o conceito de falha, exaustão ou esgotamento nunca é aplicado ao pênis".

É comum as mulheres serem avaliadas por coisas sobre as quais não têm controle algum — e nem é justo que esperem isso de nós —, seja a idade, cada centímetro da silhueta ou a capacidade reprodutiva. Mas nenhum desses fatores reflete quem você é ou do que é capaz. Suas experiências, seus pensamentos, suas ações e suas realizações são os únicos indicadores de quem você realmente é. E sempre vale a pena lembrar que a meia-idade é apenas isso que o termo implica: *o meio*. Se essa fase da vida começar com um profundo respeito pelo que seu cérebro e seu corpo são capazes de realizar e *já realizaram*, você estará pronta para dar início a um futuro ainda mais rico e gratificante.

Espero que os capítulos anteriores tenham esclarecido minimamente as mudanças do corpo e do cérebro na meia-idade e na menopausa e que tenham lhe dado um novo senso de admiração e apreço ao demonstrar as adaptações inteligentes que eles fazem no processo. Entender o que a menopausa é — e o que não é — e saber que você tem soluções disponíveis pode tornar a transição mais leve, no mínimo lhe dando oportunidades de se empoderar ao possibilitar assumir o controle de sua saúde e seu bem-estar. Na verdade, a menopausa é um excelente momento para abrir um novo capítulo da sua vida e criar uma versão 2.0 mais saudável, significativa e vibrante. E o que faz toda a diferença é a sua mentalidade, ou seja, a maneira como você escolhe abordar essa nova fase da sua vida.

KONENKI

Assim que atingimos a menopausa, nós, mulheres ocidentais, somos associadas a uma infinidade de estereótipos negativos, como feias, infelizes, inúteis e por aí vai. A mensagem chega em alto e bom som e vem de todas as direções — TV, anúncios, colegas de trabalho e até amigas que estão enfrentando os mesmos desafios: "Mulheres na menopausa: vocês já serviram a seu propósito. Agora, por favor, podem se retirar".

O impulso de lidar rapidamente com o problema aparece até na linguagem que usamos. A palavra *menopausa* vem do grego *meno* (mês) e *pausis* (pausa), referindo-se à cessação da menstruação.

A implicação é que o que caracteriza essa fase da vida é apenas o fato de pararmos de menstruar. E é isso. Agora você está por conta própria.

O que considero particularmente espantoso é a completa ausência de qualquer senso de realização ou ganho de status associado ao início da menopausa. Muitas sociedades, tanto no Oriente como no Ocidente, associam esse marco a uma nova fase na vida das mulheres — uma fase que pode até mesmo alçá-las a um lugar de honra. Curiosamente, em sociedades nas quais a idade é mais respeitada e a mulher mais velha é considerada mais sábia e superior, as mulheres também relatam significativamente menos sintomas incômodos.[4] Ao redor do mundo, se a sociedade atribui um status mais elevado às mulheres mais velhas, elas também sentem menos dificuldade de passar pela menopausa.

Por exemplo, a palavra japonesa para a menopausa é *konenki*. Em tradução literal, *ko* significa renovação e regeneração, *nen* significa ano ou anos e *ki* significa estação ou energia. Os japoneses definem o mesmo evento que tanto tememos — a menopausa — como uma transição espiritual e muito mais longa, sendo que o fim da menstruação é apenas um fator. É revelador, então, que apenas cerca de 25% das mulheres japonesas tenham relatado ondas de calor, uma taxa consideravelmente mais baixa do que nos Estados Unidos. Sentir frio, ironicamente, é um sintoma mais comum, embora a rigidez nos ombros seja de longe o maior incômodo entre as mulheres japonesas.

Da mesma forma, algumas comunidades da Índia associam a experiência da menopausa com liberdade e libertação — e a queixa mais comum não são as ondas de calor, mas sim uma diminuição da visão. Em algumas sociedades islâmicas, africanas e indígenas, a menopausa

---

4. Uma observação importante: essas conclusões não devem ser generalizadas a todas as mulheres das culturas mencionadas, considerando que há uma diversidade considerável dentro dessas populações.

também é celebrada como uma transição bem-vinda; as mulheres já não precisam desempenhar papéis rígidos de gênero e podem desfrutar de mais liberdade na sociedade. Nessas culturas, as mulheres na pós-menopausa ganham um status mais elevado e muitas vezes atuam como líderes comunitárias. Mulheres dos povos maias que vivem em comunidades rurais, que também ganham status social após a menopausa, não relatam *quaisquer* sintomas. Mesmo apesar de elas tenderem a entrar na menopausa relativamente cedo, por volta dos 44 anos, e seus níveis de estrogênio caírem como os de qualquer outra mulher. Por fim, as mulheres nativas norte-americanas não têm nem uma única palavra para menopausa e consideram a transição uma experiência neutra ou positiva. Na metáfora mais adequada que encontrei, elas descrevem a menopausa simplesmente como "um processo do envelhecimento, mais um anel no tronco de uma árvore".

Pode ser que as mulheres de outras culturas não sejam encorajadas a expressar seu desconforto como nós, de países ocidentais, ou que o estilo de vida, a dieta e o clima as protejam de alguns sintomas da menopausa — ou pode ser que a nossa mente tenha muito mais poder sobre o nosso corpo do que imaginamos. Provavelmente estamos falando de todas essa alternativas e mais algumas. Embora as explicações biológicas para os sintomas da menopausa sem dúvida sejam válidas, a menopausa envolve mais do que apenas a ação dos hormônios. Saber que nem todas as mulheres precisam sentir ondas de calor e outros sintomas nos mostra que *realmente* temos muito mais controle sobre nossa própria experiência da menopausa do que poderíamos imaginar. Talvez a melhor notícia seja que, se quisermos, podemos nos beneficiar da medicina moderna quando necessário, ao mesmo tempo que vemos a menopausa pelos olhos de culturas diferentes: como um período profundamente valioso e espiritual.

A MENTE SUPERANDO A MENOPAUSA

Numerosos estudos demonstraram que uma visão positiva da vida como um todo, incluindo a aceitação do processo de envelhecimento, é um forte preditor da saúde física e do bem-estar emocional na velhice. Essa constatação explica o importante papel que nossas expectativas e crenças desempenham em definir nossos sintomas, independentemente dos fatores genéticos e biológicos. Contestar os estereótipos negativos que cercam a menopausa também pode ser uma grande fonte de satisfação, desafiando as normas sociais e acolhendo o poder transformador dessa fase da vida. A experiência da menopausa não envolve apenas o que está acontecendo no nosso corpo. Nossas atitudes, bem como as perspectivas de amigos, familiares e da sociedade como um todo moldam profundamente nossas experiências. A linguagem que usamos para nos referir à menopausa também faz diferença. Muitas mulheres não têm um medo inerente da menopausa, mas sim do que ela significa. Não escrevemos essa história, mas é esperado que a vivamos. E a vivemos de corpo e alma.

Pesquisas demonstram uma relação direta e mútua entre os sintomas físicos de uma mulher, suas crenças sobre a menopausa e sua experiência da transição. Por exemplo, mulheres que apresentam sintomas extremamente incômodos, como ondas de calor frequentes e intensas, tendem a ter atitudes mais negativas, o que é compreensível. Mas o contrário também é verdadeiro. Mulheres que relatam mais apreensão sobre a menopausa antes de entrar nessa fase da vida tendem a apresentar sintomas piores no processo. Quando encaramos a menopausa como uma doença, vemos esse período da vida como uma fase na qual estamos "doentes", nos vendo como pacientes à espera de recuperação.

Por outro lado, as mulheres que têm atitudes positivas em relação à menopausa tendem a relatar sintomas mais brandos e uma transição mais tranquila. Também vale a pena considerar dados que mostram que duas mulheres relatando exatamente o mesmo número de ondas de calor também podem relatar níveis muito diferentes de sofrimento em relação a esses sintomas. Enquanto uma mulher pode considerá-los extremamente estressantes, outra pode simplesmente ignorá-los. Essa discrepância pode ser resultado de diferenças no bem-estar psicológico ou emocional. Por exemplo, mulheres com uma saúde melhor, mecanismos de enfrentamento eficazes ou uma rede de apoio mais forte tendem a apresentar mais resiliência em resposta aos sintomas da menopausa. Isso reforça que a atitude mental e o apoio fazem grande diferença. Tanto que mulheres que relatam ter acolhido a menopausa, em vez de ter resistido a ela — e ao processo de envelhecimento como um todo —, tendem a se sentir mais confortáveis e confiantes em sua própria pele do que nunca.

VOCÊ É O QUE VOCÊ *PENSA*

Cada pessoa vê a vida através das próprias lentes. Essas lentes são forjadas com base em todas as nossas suposições e expectativas sobre nós mesmos, nossa vida e as situações que nos cercam. Nossa perspectiva afeta nossas percepções da realidade — influenciando o que pensamos e o que sentimos e até nossas respostas fisiológicas. Um exemplo intrigante disso é um fenômeno científico conhecido como *efeito placebo*. Esse famoso fenômeno revela que, se uma pessoa está convencida de que se sentirá melhor depois de tomar determinado medicamento, muitas vezes é o que acontece, mesmo que o medicamento não tenha quaisquer propriedades farmacológicas ativas. O efeito placebo é tão real que pesquisas demonstram que entre 30%

e 40% dos participantes de ensaios clínicos podem experimentar melhoria significativa em seus sintomas apenas por tomar um placebo (uma pílula de açúcar) se acreditarem que isso os ajudará.

Até aí, tudo bem. Mas agora vamos falar do *efeito nocebo*, que é o oposto do efeito placebo e diz respeito às expectativas negativas de uma pessoa em relação a um medicamento ou a seus potenciais efeitos colaterais. Em ensaios clínicos, se os participantes não souberem que estão recebendo um placebo e acreditarem na possibilidade de ter efeitos negativos, eles podem efetivamente desenvolver efeitos colaterais adversos em resposta a um tratamento inerte composto, por exemplo, de pílulas de açúcar. Esses efeitos são um excelente reflexo do poder da mente: nossas expectativas afetam nossa experiência da realidade.

E como isso se aplica à menopausa? Bem, se você teme que a experiência da menopausa seja catastrófica ou possa vitimizá-la, você poderá notar mais sintomas, senti-los com mais intensidade ou até ter menos alívio com os tratamentos. Por outro lado, se você acredita que a menopausa não passa de uma fase e que no fim tudo vai dar certo, mesmo com todas as mudanças, poderá ter uma menopausa muito mais tranquila do que teria de outra forma. A atitude mental faz uma diferença enorme. Vale muito a pena prestar atenção aos nossos sistemas de crenças. Examine profundamente suas crenças. Tente descobrir de onde elas se originaram, veja se realmente são válidas e observe como elas a afetam. Saber distinguir se suas crenças ajudam ou atrapalham pode fazer toda a diferença em sua vida. E, ainda mais importante, podemos mudar tudo o que pensamos sobre a menopausa nos conscientizando de que muitas crenças não são verdades universais. Tente se conter antes de cair em hábitos negativos. Você pode ver a menopausa como o início do fim ou como uma oportunidade de recomeçar. Seja qual for sua escolha, você vai senti-la na pele.

COMO DESENVOLVER O PENSAMENTO POSITIVO

Todo o campo da terapia cognitiva se baseia na ideia de que os pensamentos influenciam os sentimentos e que você tem o poder de modificar pensamentos e as crenças negativas com prática e persistência. Cada pensamento afeta a maneira como você se sente e a sua percepção da realidade, e cabe a você decidir o que pensa. Não importa quais sejam as expectativas da sociedade e da sua família ou sua própria história, você e somente você tem o poder de decidir seus pensamentos e, com isso, mudar sua realidade.

Todo mundo enfrenta diversos desafios no dia a dia e talvez seja impossível mudar muitos deles. Mas é a *maneira como* abordamos a vida e usamos nossas circunstâncias que pode fazer toda a diferença. É muito importante expandir as perspectivas de maneira deliberada, apesar de nem sempre ser fácil ter a presença de espírito para fazer isso. Ao conhecer, adaptar e mudar nossa mentalidade, podemos melhorar a saúde, reduzir o estresse e aumentar a resiliência aos desafios da vida — incluindo a menopausa.

PRESTE ATENÇÃO AO QUE VOCÊ DIZ A SI MESMA

Nossa mente passa o dia inteiro em um constante diálogo interno. Se você parar um momento para ouvir essa conversa interna, poderá se surpreender com seu tom e o conteúdo. Você já se pegou imaginando o pior resultado possível de uma situação, dizendo a si mesma que não pode ou não deveria fazer alguma coisa ou se preocupando com algo que fez? Agora pense em tudo isso acontecendo no meio de uma onda de calor ou depois de uma noite maldormida. Aquela vozinha na sua cabeça parece que começa a falar *mais* alto.

O que ela diz? Ela está colocando você para cima ou para baixo? Está ajudando você a passar pelas dificuldades ou a criticando por não ser mais forte, melhor ou mais calma?

Controlar esse diálogo interno é uma das coisas mais difíceis de fazer, mas é uma das mais importantes. Os efeitos terapêuticos do diálogo interno positivo sobre nossa atenção e regulação emocional já são tão estabelecidos que o desenvolvimento dessa habilidade foi incorporado ao currículo básico de programas de melhoria de desempenho nos esportes e também é a principal premissa da maioria das terapias psicológicas e baseadas na atenção plena (mindfulness). A terapia cognitivo-comportamental, a psicologia narrativa e a neurociência concordam que é possível melhorar o diálogo interno nos conscientizando de nossas atitudes e crenças prejudiciais. Depois de identificar suas atitudes e crenças negativas e buscar evidências de outras histórias mais positivas (e muitas vezes mais precisas), você terá como direcionar ativamente seu diálogo interno em uma direção mais produtiva. Veja algumas das principais etapas para desenvolver um diálogo interno positivo:

- *Escolha um mantra ou afirmação.* Nos esportes, uma boa maneira de criar um diálogo interno mais positivo é escolher um mantra para usar em situações difíceis. O mantra pode ser uma afirmação simples, como "vai dar tudo certo", ou uma instrução, como "inspire e expire". Qualquer frase simples e positiva que faça sentido para você e seja fácil de lembrar pode ser uma maneira de redirecionar a mente, especialmente em momentos desafiadores.
- *Pratique vários cenários diferentes.* Depois de desenvolver o hábito de repetir essa frase até o ponto de automatizá-la, comece a expandir o diálogo para incluir afirmações familiares

e reconfortantes para diversas situações. Por exemplo, se estiver tendo uma onda de calor, você pode dizer "eu sei que vai passar. Eu dou conta". Ou "tudo bem, nada dura para sempre". Ou pratique a respiração abdominal profunda que vimos no Capítulo 16.

- *Fale consigo mesma na terceira pessoa.* Todo mundo precisa de um empurrãozinho. Quem melhor para dar e receber essa motivação do que você mesma? É fácil ver esse exercício sendo usado no tênis individual, por exemplo, que, não muito diferente da menopausa, às vezes pode parecer uma jornada solitária. Quando você estiver passando por um momento difícil, distancie-se um pouco da situação e fale consigo mesma como se fosse sua própria treinadora. "Vamos lá, eu sei que você consegue" ou "respire fundo, estou do seu lado".
- *Pratique a bondade amorosa.* Acontece com todo mundo se impacientar com o próprio corpo de vez em quando, culpando-o por adoecer, por se sentir mal ou por levar mais tempo que o esperado para mudar ou se curar. Quando você estiver frustrada ou nervosa, imagine que seu corpo é um bebê, uma criança pequena ou uma boa amiga — alguém que precisa de ajuda. Use seu impulso natural de cuidar e dar amor. Lembre-se: *você é amada pelo seu corpo.* Cada célula do seu corpo trabalha incansavelmente, entra dia e sai dia, para você ter a melhor vida possível. Seja grata por tudo o que ele fez por você ao longo dos anos e retribua quando ele mais precisar de você.

NÃO TENTE SE CONSERTAR

Apesar de tudo o que você pode ouvir, direta ou indiretamente, da sociedade, não há nada de errado com você. A menopausa é uma faceta inevitável da vida de uma mulher. Embora os sintomas não sejam nada agradáveis, com as opções atuais de tratamentos e intervenções para ter um estilo de vida mais saudável, a jornada pode ser menos tumultuada. Se você tiver interesse em tomar medicamentos ou fazer terapia cognitivo-comportamental, converse com seu médico sobre as melhores opções para você. Ao mesmo tempo, nada a impede de confiar em seu corpo, deixando-o fazer o que foi feito para fazer e contando com ele para dar conta do recado.

NÃO LEVE TUDO TÃO A SÉRIO

Como diz o velho ditado, rir é o melhor remédio. Por incrível que pareça, o simples ato de rir, mesmo se for um riso forçado, foi associado a complexos benefícios químicos capazes de reduzir o estresse e aumentar a tolerância à dor. O riso é um potente liberador de endorfina, ativando o neurotransmissor serotonina, o antidepressivo natural do corpo. Também tem efeitos anti-inflamatórios que ajudam a proteger o coração.

MANTENHA UM DIÁRIO SOBRE A SUA EXPERIÊNCIA

Escreva o seu próprio manual do usuário. Não existe melhor especialista em *você* do que você mesma. Se um sintoma a estiver incomodando, monitore-o por escrito para identificar quaisquer padrões. Por exemplo, você pode descobrir que, quando toma café, não dorme tão bem ou que, toda vez que assiste ao noticiário, tem uma onda de calor. Aprenda os ritmos e as reações naturais do seu corpo, observando e anotando todas as mudanças, sem julgar nem criticar. Encontre padrões que apontarão para as soluções.

USE SUAS EMOÇÕES COMO FERRAMENTAS

Tal qual a puberdade, a menopausa é um período marcado por um intenso fluxo hormonal e as mudanças emocionais e físicas que o acompanham. Ao contrário de quando você tinha 15 anos, agora você é adulta, capaz de processar os sentimentos que surgem (em vez de se deixar "processar" por eles). Quando sentir tristeza, você pode vê-la como uma oportunidade de aprender ou abrir mão de alguma coisa. Quando sentir raiva, ela pode lhe dar uma ideia do que precisa ser protegido ou defendido, ou dos limites que precisam ser estabelecidos. Quando você ficar com medo, aproveite para investigar se está precisando reforçar sua confiança ou procurar ajuda. Use suas emoções para se conhecer melhor e tomar decisões melhores.

NÃO SUBESTIME O PODER DA GRATIDÃO

Enquanto tenta ver o copo meio cheio em vez de meio vazio, nunca se esqueça de que você também pode *encher* o copo sempre que quiser. Uma excelente maneira de desenvolver uma mentalidade mais positiva é anotar tudo o que há de bom ao seu redor, também conhecido como o "diário da gratidão". Comecei a fazer um diário da gratidão da família e, todos os dias, na hora do jantar, todos nós pensamos em uma a três coisas pelas quais somos gratos. A ideia é lembrar de algo bom que aconteceu, uma experiência boa ou uma pessoa positiva que temos em nossa vida e sentir as emoções positivas que acompanham a lembrança. Descobri que esse simples exercício tem o poder de encher o nosso copo. Aqui estão algumas dicas para começar:

- *Seja específica.* "Sou grata porque meu marido fez uma canja para mim quando eu não estava muito bem ontem" é mais eficaz do que "sou grata pela canja".

- *Priorize a profundidade à quantidade.* É melhor escrever em detalhes sobre uma determinada pessoa, coisa ou evento pelo qual você é grata do que anotar rapidamente uma lista de itens.
- *Priorize os relacionamentos.* Pessoas são mais importantes do que coisas. Expressar gratidão pelas pessoas e pelos relacionamentos significativos da sua vida tem mais impacto do que fazer uma lista de coisas que lhe dão prazer ou satisfação.
- *Pense em termos de subtração, não apenas de soma.* Pense em como sua vida seria *sem* certas pessoas ou coisas, em vez de apenas contabilizar todas as coisas boas. Seja grata pelas coisas ruins que você evitou ou transformou em algo positivo — tente não atribuir os eventos à pura sorte.
- *Veja as coisas boas como dádivas.* Pensar nas coisas boas de sua vida como sendo dádivas garante que você lhes dará o devido valor. Usufrua das dádivas que você recebeu e seja grata por elas.
- *Valorize as surpresas.* Não deixe de anotar eventos inesperados ou surpreendentes, pois eles tendem a provocar sentimentos ainda mais puros de gratidão.

PERENNIAL OU ANUAL?

Meia-idade é um termo obsoleto — que deveria ser aposentado, e por uma boa razão. Ser uma mulher de meia-idade ou, pior ainda, na menopausa implica que você atingiu um marco depois do qual você pode esperar um rápido declínio. A sociedade ocidental quer que você fique tranquila quanto a isso — ninguém está olhando. Na verdade, você vai ser completamente invisível de agora em diante. Considerada irrelevante por uma sociedade que venera a juventude em vez da sabedoria ou da experiência, espera-se que você desapareça em direção ao pôr do sol como em um filme de faroeste. Em muitas civilizações, as mulheres na menopausa basicamente ouviam que "a porta de saída é a serventia da casa".

Cabe a nós nos livrarmos dessa ideia patética e antiquada. Não precisamos aceitar normas sociais arcaicas criadas para determinar quando devemos parar de viver e o quanto valemos. O envelhecimento não é mais o que era antes. Embora envelhecer seja um fato inevitável da vida, a maneira como envelhecemos está evoluindo rapidamente, deixando de decidir quem somos e como nos comportamos. Ser mais velha não significa mais sentir-se velha, nem frágil ou fraca. A maioria das mulheres sabe que estar na casa dos 40, dos 50 ou de qualquer outra década não tem nada a ver com entrar em decadência. Envelhecer não significa uma crise e não estamos necessariamente interessadas em nos retirar para uma existência tranquila nos bastidores, tricotando ou fazendo bolos. Temos a coragem e a confiança para perseguir nossas paixões e seguir a vida com valentia, independentemente da idade que nos for atribuída. Cabe apenas a nós decidir o que fazer de *nossa* vida.

Quando ouvi o termo *perennials* usado como uma alternativa a pessoas da *meia-idade* ou *mais velhas*, não precisei ser convencida. A palavra "perene" significa permanente ou eterno, e é perfeitamente adequada para descrever a nova geração de pessoas que nunca param de se desenvolver e nunca perdem a relevância, vivendo livres das amarras de sua idade cronológica. Os *perennials* vivem na atualidade, informados sobre o que está acontecendo no mundo e interagindo com uma grande variedade de pessoas, no trabalho e na vida. Ser um *perennial* é continuar curioso, criativo e sem medo de correr riscos, mesmo quando o mundo lhe diz o contrário.

Ninguém deixa uma planta perene no canto.

Não sei quanto a você, mas eu prefiro muito mais ser uma *perennial* à ideia obsoleta de que já passei do meu prazo de validade. Nossas realizações como *perennials* não são menos importantes que as realizações que alcançamos antes disso. Não é pouca coisa, considerando tudo o que já fizemos e ainda estamos fazendo. Atualizar nossa atitude mental para vivermos da melhor maneira possível, não importa em qual fase da vida, não apenas afetará nossa própria felicidade e realização, como também nos dará a chance de sermos um exemplo para nossas filhas e para o mundo que as cerca.

Para que isso aconteça, devemos dizer não ao etarismo feminino e, com isso, libertar a menopausa de seu estado de resignação. Obrigada, mas não, não desapareceremos desconfortavelmente na obscuridade da velhice. Já passou da hora de nos livrarmos do estigma que envolve essa fase da vida, da tentativa de esmagar metade da humanidade.

Vamos imaginar uma sociedade onde o fato de você ser uma mulher na menopausa não seja negligenciado ou ignorado, mas notado, valorizado e elogiado. Imagine uma cultura que permita às mulheres acolher suas várias metamorfoses com paz e respeito. Apesar dos antigos preconceitos que dizem o contrário, somos uma força coletiva e comunal que deve ser considerada. Vamos encerrar este capítulo alinhadas com um futuro melhor, quando haverá cada vez mais estudos gerando informações confiáveis, bem como cuidados de saúde personalizados para mulheres de todas as idades. Espero que a discussão sobre a menopausa, tanto nas torres de marfim da ciência quanto entre mulheres tomando um cafezinho, se mantenha e que mulheres de todas as culturas encontrem maneiras de acolher e encontrar significado e propósito nessa transição — à medida que cada uma de nós acrescenta mais um merecido anel no tronco da nossa árvore da vida.

Para encerrar, voltemos à questão que marcou o início deste livro. Você está perdendo a cabeça durante a menopausa? Não, você está *ganhando uma cabeça novinha em folha*.

AGRADECIMENTOS

A todas as pessoas e grupos cujas contribuições e apoio possibilitaram este livro, estendo minha mais profunda gratidão.

A Caroline Sutton, minha editora da Avery/Penguin Random House, bem como a sua excepcional equipe de assistentes, revisores e editores de texto, designers e divulgadores, especialmente Anne Kosmoski e Farin Schlussel — não sei o que faria sem a orientação e a experiência de vocês.

Sou profundamente grata a Katinka Matson, minha agente literária, por endossar minha visão e orientá-la até a concretização.

Meus mais sinceros agradecimentos à minha equipe da Women's Brain Initiative e do Alzheimer's Prevention Program na Weill Cornell Medicine/NewYork-Presbyterian. Sem vocês, a pesquisa que formou a base deste livro não teria sido possível. Meus agradecimentos especiais ao nosso presidente, Matthew E. Fink, pela chance de fundar o programa, e aos nossos muitos colaboradores internos e externos. Agradeço também a Schantel Williams, Susan LoebZeitlin e Yelena Havryulik, do departamento de obstetrícia do Biomedical Imaging Center e do departamento de bioestatística da Weill Cornell; e a Alberto Pupi e Valentina

Berti, do departamento de medicina nuclear da Universidade de Florença, Itália. Nossa pesquisa não teria sido possível sem o generoso financiamento do National Institute of Health/National Institute on Aging, do Women's Alzheimer's Movement de Maria Shriver, do Cure Alzheimer's Fund e dos inúmeros doadores que contribuíram para nosso programa.

Devo minha mais profunda gratidão à minha amiga e mentora, Roberta Diaz Brinton, uma verdadeira pioneira no campo da menopausa. Ela tem sido uma fonte inesgotável de sabedoria, conhecimento e apoio ao longo da minha carreira.

Sou profundamente grata a Maria Shriver, cujo brilho e defesa inabaláveis têm sido de valor inestimável para nosso trabalho e continuam a nos motivar a fazer mais e melhor. Não tenho palavras para agradecer o fato de ela ter aceitado escrever o prefácio para este livro também. Meus profundos agradecimentos ao eterno apoio de Sandy Gleysteen, da equipe de Maria, cujo entusiasmo e eficiência demonstram seu caráter excepcional.

Minha enorme gratidão aos muitos amigos e colegas ao redor do mundo que me inspiram todos os dias com seu conhecimento, experiência e apoio apaixonado à saúde da mulher. Suas perspectivas foram valiosíssimas para formar as ideias contidas neste livro. A todas as mulheres e a todas as pessoas que estão partindo em defesa dos colegas, desafiando as normas sociais e ajudando a derrubar os tabus que cercam a menopausa e a saúde cerebral das mulheres — a coragem e o empenho de vocês estão criando um mundo onde todas as fases da vida de uma mulher são celebradas e compreendidas.

Sou grata a Veronica Wasson, Jessi Hempel, Evan Hempel e Kyle por seus comentários e percepções. A sensibilidade e a abordagem diferenciada de vocês ajudaram a garantir que o livro refletisse as diversas experiências e perspectivas da comunidade. Eu não teria conseguido escrever este livro sem toda a ajuda de Meghan Howson, minha assistente pessoal. Minha irmã de coração, Susan Verrilli Dutilh, que ajudou a dar mais leveza, estilo e coerência ao manuscrito.

Por último, mas sem dúvida não menos importante, sou profundamente grata pelo amor e apoio inabaláveis da minha família. Aos meus pais, Angela e Bruno, que me ensinaram o valor do trabalho árduo e da dedicação; ao meu marido, Kevin, meu maior incentivador, com quem estou sempre trocando ideias e é minha fonte constante de motivação; e a nossa filha, Lily, que, espero, possa viver em um mundo repleto de respeito, apoio e admiração absoluta por todas as mulheres.

Obrigada a todos do fundo do meu coração.

NOTAS

CAPÍTULO 1 • VOCÊ NÃO ESTÁ PERDENDO A CABEÇA

p. 20: 1 bilhão de mulheres ao redor do mundo terão entrado ou estarão prestes a entrar na menopausa: U.S. Census Bureau, "QuickFacts: United States": https://www.census.gov/quickfacts/fact/table/US/LFE046219.

p. 22: menos de um em cada cinco residentes de ginecologia e obstetrícia: Mindy S. Christianson, Jennifer A. Ducie, Kristiina Altman, et al., "Menopause Education: Needs Assessment of American Obstetrics and Gynecology Residents," *Menopause* 20, nº 11 (2013): 1120–25.

p. 24: As áreas mais claras indicam altos níveis de energia cerebral, enquanto as manchas mais escuras indicam menos uso de energia: para ver as imagens coloridas, acesse: www.lisamosconi.com/projects.

p. 25: os homens da mesma idade não: Lisa Mosconi, Valentina Berti, Crystal Quinn, et al., "Sex Differences in Alzheimer Risk: Brain Imaging of Endocrine vs Chronologic Aging," *Neurology* 89, nº 13 (2017): 1382–90.

p. 25: a conectividade cerebral, a química como um todo e a estrutura do cérebro também são afetadas: Lisa Mosconi, Valentina Berti, Jonathan Dyke, et al., "Menopause Impacts Human Brain Structure, Connectivity, Energy Metabolism, and Amyloid-Beta Deposition," *Scientific Reports* 11 (2021), article 10867.

CAPÍTULO 2 • CHEGA DE PRECONCEITO CONTRA AS MULHERES E A MENOPAUSA

p. 31: "em tudo o que faz, um homem atinge uma eminência mais elevada do que as mulheres [...]": Charles Darwin, *The Descent of Man, and Selection in Relation to Sex* (London: John Murray, 1871).

p. 32: "[...] poderíamos esperar uma acentuada inferioridade de poder intelectual nas mulheres": George J. Romanes, "Mental Differences of Men and Women," *Popular Science Monthly* 31 (1887).

p. 33: o cérebro das mulheres é de fato diferente do cérebro dos homens: Larry Cahill, "Why Sex Matters for Neuroscience," *Nature Reviews Neuroscience* 7 (2006): 477-84.

p. 34: as mulheres paravam de menstruar: Grace E. Kohn, Katherine M. Rodriguez, and Alexander W. Pastuszak, "The History of Estrogen Therapy," *Sexual Medicine Reviews* 7, n° 3 (2019): 416-21.

p. 35: "morte do sexo": Susan Mattern, *The Slow Moon Climbs: The Science, History, and Meaning of Menopause* (Princeton, NJ: Princeton University Press, 2019).

p. 36: erroneamente diagnosticadas como "loucas": Rodney J. Baber and J. Wright, "A Brief History of the International Menopause Society," *Climacteric* 20, n°. 2 (2017): 85-90.

p. 37: atualizar a definição de menopausa: Kohn, Rodriguez, and Pastuszak, "The History of Estrogen Therapy."

p. 37: chamando as mulheres na menopausa de "castradas e aleijadas": Robert A. Wilson, *Feminine Forever* (New York: M. Evans, 1966).

p. 38: fundamentais não apenas para a reprodução: Bruce S. McEwen, Stephen E. Alves, Karen Bulloch, and Nancy Weiland," Ovarian Steroids and the Brain: Implications for Cognition and Aging," *Neurology* 48, suppl. 7 (1997): 8S-15S.

p. 39: negar às mulheres com potencial de ter filhos: E. L. Kinney, J. Trautmann, J. A. Gold, et al., "Underrepresentation of Women in New Drug Trials," *Annals of Internal Medicine* 95, n° 4 (1981): 495-99.

p. 39: foram lançados no mercado incontáveis medicamentos: Ellen Pinnow, Pellavi Sharma, Ameeta Parekh, et al., "Increasing Participation of Women in Early Phase Clinical Trials Approved by the FDA," *Women's Health Issues* 19, n°. 2 (2009): 89-93.

p. 39: variabilidade dos hormônios sexuais: Tracey J. Shors, "A Trip Down Memory Lane About Sex Differences in the Brain," *Philosophical Transactions of the Royal Society B: Biological Sciences* 371, n°. 1688 (2016): 20150124.

p. 40: cruciais para promover a saúde do cérebro: Aneela Rahman, Hande Jackson, Hollie Hristov, et al., "Sex and Gender Driven Modifiers of Alzheimer's: The Role for Estrogenic Control Across Age, Race, Medical, and Lifestyle Risks," *Frontiers in Aging Neuroscience* 11 (2019): 315

p. 40: De acordo com algumas estatísticas — que, aliás, a maioria das pessoas desconhece: Lisa Mosconi, *The XX Brain* (New York: Avery, 2020).

p. 43: o que agrava muito o quadro: J. Hector Pope, Tom P. Aufderheide, Robin Ruthazer, et al., "Missed Diagnoses of Acute Cardiac Ischemia in the Emergency Department," *New England Journal of Medicine* 342, n° 16 (2000): 1163-70.

p. 43: as chances de o médico dizer que a dor é psicossomática: Lanlan Zhang, Elizabeth A. Reynolds Losin, Yoni K. Ashar, et al., "Gender Biases in Estimation of Others' Pain," *Journal of Pain* 22, n° 9 (2021): 1048-59.

CAPÍTULO 3 • NINGUÉM PREPAROU VOCÊ PARA ESSA MUDANÇA

p. 49: está apenas começando a ser formalizada em livros universitários de medicina: Soibán D. Harlow, Margery Gass, Janet E. Hall, et al., "Executive Summary of the Stages of Reproductive

Aging Workshop + 10: Addressing the Unfinished Agenda of Staging Reproductive Aging," *Journal of Clinical Endocrinology and Metabolism* 97, nº 4 (2012): 1159–68.

p. 51: varia dependendo de etnia, fatores genéticos e estilo de vida: Patrizia Monteleone, Giulia Mascagni, Andrea Giannini, Andrea Genazzani, et al., "Symptoms of Menopause — Global Prevalence, Physiology and Implications," *Nature Reviews Endocrinology* 14, nº 4 (2018): 199–215.

p. 51: a idade média da menopausa: Monteleone, Mascagni, Giannini, Genazzani, et al., "Symptoms of Menopause — Global Prevalence, Physiology and Implications."

p. 56: idade média mundial para estar na menopausa é 49 anos: Monteleone, Mascagni, Giannini, Genazzani, et al., "Symptoms of Menopause — Global Prevalence, Physiology and Implications."

p. 59: sua experiência na menopausa: Margaret Lock, "Menopause in Cultural Context," *Experimental Gerontology* 29 (1994): 307–317.

p. 61: a segunda cirurgia de grande porte mais comum: Elizabeth Casiano Evans, Kristen A. Matteson, Francisco J. Orejuela, et al., "Salpingo- Oophorectomy at the Time of Benign Hysterectomy: A Systematic Review," *Obstetrics and Gynecology* 128, nº 3 (2016): 476–85.

p. 61: salpingo-ooforectomia bilateral tem benefícios clínicos comprovados: Evans, Matteson, Orejuela, et al., "Salpingo-Oophorectomy at the Time of Benign Hysterectomy: A Systematic Review."

p. 61: cerca de 90% de todas as histerectomias: ACOG Committee Opinion nº 701, "Choosing the Route of Hysterectomy for Benign Disease," *Obstetrics and Gynecology* 129, nº 6 (2017): e155–e159.

p. 62: a prática comum envolve conservar os ovários: ACOG Committee Opinion nº 701, "Choosing the Route of Hysterectomy for Benign Disease."

p. 62: pode reduzir o risco de osteoporose, doenças cardíacas e AVC: William H. Parker, Michael S. Broder, Eunice Chang, et al., "Ovarian Conservation at the Time of Hysterectomy and Long-Term Health Outcomes in the Nurses' Health Study," *Obstetrics & Gynecology* 113, nº 5 (2009): 1027–37.

p. 62: orientações atuais recomendam a conservação ovariana: ACOG Committee Opinion nº 701, "Choosing the Route of Hysterectomy for Benign Disease."

p. 63: mais da metade das mulheres norte-americanas que fizeram histerectomia: Parker, Broder, Chang, et al., "Ovarian Conservation at the Time of Hysterectomy and Long-Term Health Outcomes in the Nurses' Health Study."

p. 63: Vinte e três por cento das mulheres norte-americanas entre 40 e 44 anos: Stephanie S. Faubion, Julia A. Files, and Walter A. Rocca, "Elective Oophorectomy: Primum Non Nocere," *Journal of Women's Health* (Larchmont) 25, nº 2 (2016): 200–202.

CAPÍTULO 4 • O CÉREBRO DA MENOPAUSA É REAL

p. 65: entre 10% e 15% das mulheres têm a sorte de não sentir qualquer alteração: Patrizia Monteleone, Giulia Mascagni, Andrea Giannini, et al., "Symptoms of Menopause — Global Prevalence, Physiology and Implications," *Nature Reviews Endocrinology* 14, nº 4 (2018): 199–215.

p. 67-8: As ondas de calor são consideradas: Monteleone, Mascagni, Giannini, Genazzani, et al., "Symptoms of Menopause — Global Prevalence, Physiology and Implications."

p. 68: ondas de calor por, em média, três a cinco anos: Monteleone, Mascagni, Giannini, Genazzani, et al., "Symptoms of Menopause — Global Prevalence, Physiology and Implications."

p. 68: quatro padrões das ondas de calor: Ping G. Tepper, Maria M. Brooks, John F. Randolph Jr., et al., "Characterizing the Trajectories of Vasomotor Symptoms Across the Menopausal Transition," *Menopause* 23, n° 10 (2016): 1067–74.

p. 69: tendem a ser frequentes: Monteleone, Mascagni, Giannini, Genazzani, et al., "Symptoms of Menopause — Global Prevalence, Physiology and Implications."

p. 70: mulheres que começam a sentir ondas de calor precocemente: Rebecca C. Thurston, Yuefang Chang, Emma Barinas-Mitchell, et al., "Physiologically Assessed Hot Flashes and Endothelial Function Among Midlife Women," *Menopause* 25, n° 11 (2018): 1354–61.

p. 70: associados à presença de lesões na substância branca do cérebro: Rebecca C. Thurston, Howard J. Aizenstein, Carol A. Derby, et al., "Menopausal Hot Flashes and White Matter Hyperintensities," *Menopause* 23, n° 1 (2016): 27–32.

p. 70: Cerca de 20% das mulheres apresentam alterações de humor: Katherine M. Reding, Peter J. Schmidt, and David R. Rubinow, "Perimenopausal Depression and Early Menopause: Cause or Consequence?" *Menopause* 24, n° 12 (2017): 1333–35.

p. 72: o sono é crucial para o processo de formação de memórias: Adam J. Krause, Eti Ben Simon, Bryce A. Mander, et al., "The Sleep-Deprived Human Brain," *Nature Reviews Neuroscience* 18, n° 7 (2017): 404–18.

p. 72: relatam mais problemas de sono: NIH State-of-the-Science Panel, "National Institutes of Health State-of-the-Science Conference Statement: Management of Menopause-Related Symptoms," *Annals of Internal Medicine* 142 (2005): 1003–13.

p. 72: mais propensas do que outras pessoas a relatar problemas derivados: Eric Suni and Nilong Vyas, "How Is Sleep Different for Men and Women?" National Sleep Foundation, updated March 7, 2023, https:// www.sleepfoundation.org/how-sleep-works/how-is-sleep-different-for-men-and-women.

p. 73: De acordo com os Centers for Disease Control and Prevention [Centros de Controle e Prevenção de Doenças dos Estados Unidos]: Anjel Vahratian, "Sleep Duration and Quality Among Women Aged 40–59, by Menopausal Status," National Center for Health Statistics Data Brief N° 286, September 2017, https://www.cdc.gov/nchs/products/databriefs/db286.htm.

p. 73: A apneia do sono é um distúrbio respiratório crônico: Martin R. Cowie, "Sleep Apnea: State of the Art," *Trends in Cardiovascular Medicine* 27, n° 4 (2017): 280–89.

p. 73: uma obstrução parcial ou completa: Cowie, "Sleep Apnea: State of the Art."

p. 75: mais de 60% das mulheres na perimenopausa e na pós-menopausa: Gail A. Greendale, Arun S. Karlamangla, and Pauline M. Maki, "The Menopause Transition and Cognition," *JAMA* 323, n° 15 (2020): 1495–96.

p. 75: esquecimento pode aumentar: Ellen B. Gold, Barbara Sternfeld, Jennifer L. Kelsey, et al., "Relation of Demographic and Lifestyle Factors to Symptoms in a Multi-Racial/Ethnic Population of Women 40–55 Years of Age," *American Journal of Epidemiology* 152, n° 5 (2000): 463–73.

p. 77: objetivamente dentro do intervalo de referência apropriado: Pauline M. Maki and Victor W. Henderson, "Cognition and the Menopause Transition," *Menopause* 23, n° 7 (2016): 803–805.

p. 78: pontuações em alguns testes cognitivos: Gail A. Greendale, M-H. Huang, R. G. Wight, et al., "Effects of the Menopause Transition and Hormone Use on Cognitive Performance in Midlife Women," *Neurology* 72, n° 21 (2009): 1850–57.

p. 80: E isso acontece *antes* e *depois* da menopausa: Dorene M. Rentz, Blair K. Weiss, Emily G. Jacobs, et al., "Sex Differences in Episodic Memory in Early Midlife: Impact of Reproductive Aging," *Menopause* 24, n° 4 (2017): 400–408.

p. 82: as mulheres têm duas a três vezes mais chances: Jan L. Shifren, Brigitta U. Monz, Patricia A. Russo, et al., "Sexual Problems and Distress in United States Women: Prevalence and Correlates," *Obstetrics & Gynecology* 112, n° 5 (2008): 970–78.

p. 82: cerca de 30% das mulheres: Shifren, Monz, Russo, et al., "Sexual Problems and Distress in United States Women: Prevalence and Correlates."

p. 82: no estágio da pós-menopausa tardia: Shifren, Monz, Russo, et al., "Sexual Problems and Distress in United States Women: Prevalence and Correlates."

p. 83: avaliassem a importância do sexo para elas: Nancy E. Avis, Sarah Brockwell, John F. Randolph, et al., "Longitudinal Changes in Sexual Functioning as Women Transition Through Menopause: Results from the Study of Women's Health Across the Nation," *Menopause* 16, n° 3 (2009): 442–52.

CAPÍTULO 5 • CÉREBRO E OVÁRIOS: PARCEIROS PARA O QUE DER E VIER

p. 90: intrinsecamente configurado tendo em vista a reprodução: Lisa Yang, Alexander N. Comninos, and Waljit S. Dhillo, "Intrinsic Links Among Sex, Emotion, and Reproduction," *Cellular and Molecular Life Sciences* 75, n° 12 (2018): 2197–210.

p. 94: constatou-se que o estrogênio, em particular, estimula o metabolismo: Eugenia Morselli, Roberta de Souza Santos, Alfredo Criollo, et al., "The Effects of Oestrogens and Their Receptors on Cardiometabolic Health," *Nature Reviews Endocrinology* 13, n° 6 (2017): 352–64.

p. 94: crucial para manter a saúde óssea: Stavros C. Manolagas, Charles A. O'Brien, and Maria Almeida, "The Role of Estrogen and Androgen Receptors in Bone Health and Disease," *Nature Reviews Endocrinology* 9, n° 12 (2013): 699–712.

p. 94: controlando a inflamação e os níveis de colesterol: Morselli, Santos, Criollo, et al., "The Effects of Oestrogens and Their Receptors on Cardiometabolic Health."

p. 99: o título de mestre regulador do cérebro feminino: Jamaica A. Rettberg, Jia Yao, and Roberta Diaz Brinton, "Estrogen: A Master Regulator of Bioenergetic Systems in the Brain and Body," *Frontiers in Neuroendocrinology* 35, n° 1 (2014): 8–30.

p. 100: *Neuroproteção*: Deena Khan and S. Ansar Ahmed, "The Immune System Is a Natural Target for Estrogen Action: Opposing Effects of Estrogen in Two Prototypical Autoimmune Diseases," *Frontiers in Immunology* 6 (2015): 635.

p. 100: *neurotransmissores*, os mensageiros químicos do cérebro: Claudia Barth, Arno Villringer, and Julia Sacher," Sex Hormones Affect Neurotransmitters and Shape the Adult Female Brain During Hormonal Transition Periods," *Frontiers in Neuroscience* 9 (2015): 37.

p. 100: *Proteção*. O estradiol ajuda o sistema imunológico: Sandra Zárate, Tinna Stevnsner, and Ricardo Gredilla, "Role of Estrogen and Other Sex Hormones in Brain Aging. Neuroprotection and DNA Repair," *Frontiers in Aging Neuroscience* 9 (2017): 430.

p. 104: as mudanças no nível de energia pareciam ser *temporárias*: Lisa Mosconi, Valentina Berti, Jonathan Dyke, et al., "Menopause Impacts Human Brain Structure, Connectivity, Energy Metabolism, and Amyloid-Beta Deposition," *Scientific Reports* 11 (2021): article 10867.

p. 105: pareceu estagnar para algumas mulheres: Mosconi, Berti, Dyke, et al., "Menopause Impacts Human Brain Structure, Connectivity, Energy Metabolism, and Amyloid-Beta Deposition."

CAPÍTULO 6 • A MENOPAUSA EM CONTEXTO: OS TRÊS P'S

p. 108: o cérebro de todos os bebês parece exatamente igual: T. Beking, R. H. Geuze, M. van Faassen, et al., "Prenatal and Pubertal Testosterone Affect Brain Lateralization," *Psychoneuroendocrinology* 88 (2018): 78–91.

p. 108: o estrogênio e a testosterona assumem um papel crucial na diferenciação sexual do cérebro: Larry Cahill, "Why Sex Matters for Neuroscience," *Nature Reviews Neuroscience* 7, n° 6 (2006): 477–84.

p. 108: em torno de 80 bilhões e 100 bilhões de células nervosas: Robin Gibb and Bryan Kolb, eds., *The Neurobiology of Brain and Behavioral Development*, 1st ed. (Boston: Elsevier, 2017).

p. 110: cerca da metade dos neurônios originais do cérebro: Sarah-Jayne Blakemore, "The Social Brain in Adolescence," *Nature Reviews Neuroscience* 9, n° 4 (2008): 267–77.

p. 110: as mudanças ocorrem em velocidades diferentes: Jay N. Giedd, Jonathan Blumenthal, Neal O. Jeffries, et al., "Brain Development During Childhood and Adolescence: A Longitudinal MRI Study," *Nature Neuroscience* 2, n° 10 (1999): 861–63.

p. 110: um córtex frontal ainda em desenvolvimento: Sarah-Jayne Blakemore and Trevor W. Robbins, "Decision-Making in the Adolescent Brain," *Nature Neuroscience* 15 (2012): 1184–91.

p. 111: renovação cerebral que ocorre na puberdade: Blakemore, "The Social Brain in Adolescence."

p. 111: roteiro de maturação cerebral: Giedd, Blumenthal, Jeffries, et al., "Brain Development During Childhood and Adolescence: A Longitudinal MRI Study."

p. 111: meninas adolescentes tendem a exibir conexões mais precoces e mais intensas: Nitin Gogtay, Jay N. Giedd, Leslie Lusk, et al., "Dynamic Mapping of Human Cortical Development During Childhood Through Early Adulthood," *PNAS* 101, n° 21 (2004): 8174–79.

p. 111: evidência de que as meninas amadurecem mais rápido do que os meninos: Cecilia I. Calero, Alejo Salles, Mariano Semelman, and Mariano Sigman, "Age and Gender Dependent Development of Theory of Mind in 6-to 8-Years Old Children," *Frontiers in Human Neuroscience* 7 (2013): 281.

p. 111: empatia: Simon Baron-Cohen, Rebecca C. Knickmeyer, and Matthew K. Belmonte, "Sex Differences in the Brain: Implications for Explaining Autism," *Science* 310, nº 5749 (2005): 819-23.

p. 111: habilidades de competência social e compreensão social: Sandra Bosacki, Flavia Pissoto Moreira, Valentina Sitnik, et al., "Theory of Mind, Self-Knowledge, and Perceptions of Loneliness in Emerging Adolescents," *Journal of Genetic Psychology* 181, nº 1 (2020): 14-31.

p. 111: melhores habilidades de comunicação: Baron-Cohen, Knickmeyer, and Belmonte, "Sex Differences in the Brain: Implications for Explaining Autism."

p. 112: as células cerebrais desenvolvem visivelmente novas sinapses: C. S. Woolley and B. S. McEwen, "Estradiol Mediates Fluctuation in Hippocampal Synapse Density During the Estrous Cycle in the Adult Rat," *Journal of Neuroscience* 12, nº 7 (1992): 2549-54.

p. 112: A amígdala e o hipocampo aumentam consideravelmente de tamanho: Claudia Barth, Christopher J. Steele, Karsten Mueller, et al., "In-Vivo Dynamics of the Human Hippocampus Across the Menstrual Cycle," *Scientific Reports* 6, nº 1 (2016): 32833.

p. 112-3: conexões com o córtex pré-frontal parecem ficar mais fortes: Manon Dubol, C. Neill Epperson, Julia Sacher, et al., "Neuroimaging the Menstrual Cycle: A Multimodal Systematic Review," *Frontiers in Neuroendocrinology* 60 (2021): 100878.

p. 113: Certas habilidades cognitivas também são intensificadas: Pauline M. Maki, Jill B. Rich, and R. Shayna Rosenbaum, "Implicit Memory Varies Across the Menstrual Cycle: Estrogen Effects in Young Women," *Neuropsychologia* 40, nº 5 (2002): 518-29.

p. 113: associado a desânimo, irritabilidade: Kimberly Ann Yonkers, P. M. Shaughn O'Brien, and Elias Eriksson, "Premenstrual Syndrome," *Lancet* 371, nº 9619 (2008): 1200-10.

p. 113: passe de igual entre meninas e meninos antes da puberdade: Tomáš Paus, Matcheri Keshavan, and Jay N. Giedd, "Why Do Many Psychiatric Disorders Emerge During Adolescence?" *Nature Reviews Neuroscience* 9 (2008): 947-57.

p. 113: uma em cada quatro mulheres sofre de TPM clínica: L. J. Baker and P. M. S. O'Brien, "Premenstrual Syndrome (PMS): A Peri-Menopausal Perspective," *Maturitas* 72, nº 2 (2012): 121-25.

p. 113: mas podem ser graves: Yonkers, O'Brien, and Eriksson, "Premenstrual Syndrome."

p. 114: chega à idade adulta dotado de: David I. Miller and Diane F. Halpern, "The New Science of Cognitive Sex Differences," *Trends in Cognitive Science* 18, nº 1 (2014): 37-45.

p. 114: bem como a memória episódica: Martin Asperholm, Sanket Nagar, Serhiy Dekhtyar, and Agneta Herlitz, "The Magnitude of Sex Differences in Verbal Episodic Memory Increases with Social Progress: Data from 54 Countries Across 40 Years," *PLoS One* 14, nº 4 (2019): e0214945.

p. 114: aumentarão e diminuirão em cada um dos nossos ciclos menstruais: Sara N. Burke and Carol A. Barnes, "Neural Plasticity in the Ageing Brain," *Nature Reviews Neuroscience* 7 (2006): 30-40.

p. 116: pesquisadores fizeram tomografias cerebrais em 25 mães de primeira viagem: Elseline Hoekzema, Erika Barba-Müller, Cristina Pozzobon, et al., "Pregnancy Leads to Long-Lasting Changes in Human Brain Structure," *Nature Neuroscience* 20, nº 2 (2017): 287-96.

p. 116: a gravidez desencadeia um desenvolvimento comparável: Hoekzema, Barba-Müller, Pozzobon, et al., "Pregnancy Leads to Long-Lasting Changes in Human Brain Structure."

p. 117: o hipocampo e a amígdala *voltaram a crescer*: Hoekzema, Barba-Müller, Pozzobon, et al., "Pregnancy Leads to Long-Lasting Changes in Human Brain Structure."

p. 117: O córtex frontal também apresentou: Eileen Luders, Florian Kurth, Malin Gingnell, et al., "From Baby Brain to Mommy Brain: Widespread Gray Matter Gain After Giving Birth," *Cortex* 126 (2020): 334–42.

p. 118: mães conseguem reconhecer seus filhos *pelo cheiro*: M. Kaitz, A. Good, A. M. Rokem, and A. I. Eidelman, "Mothers' Recognition of Their Newborns by Olfactory Cues," *Developmental Psychobiology* 20, n° 6 (1987): 587–91.

p. 118: liberar grandes quantidades de ocitocina: Megan Galbally, Andrew James Lewis, Marinus van Ijzendoorn, and Michael Permezel, "The Role of Oxytocin in Mother-Infant Relations: A Systematic Review of Human Studies," *Harvard Review of Psychiatry* 19, n° 1 (2011): 1–14.

p. 118: *agressão materna*: Oliver J. Bosch, Simone L. Meddle, Daniela I. Beiderbeck, et al., "Brain Oxytocin Correlates with Maternal Aggression: Link to Anxiety," *Journal of Neuroscience* 25, n° 29 (2005): 6807–15.

p. 120: mais de 80% das mulheres grávidas notam um declínio: Peter M. Brindle, Malcolm W. Brown, John Brown, et al., "Objective and Subjective Memory Impairment in Pregnancy," *Psychological Medicine* 21, n° 3 (1991): 647–53.

p. 120: quase a metade das novas mães tendo sintomas como esquecimento: Ashleigh J. Filtness, Janelle MacKenzie, and Kerry Armstrong, "Longitudinal Change in Sleep and Daytime Sleepiness in Postpartum Women," *PLoS One* 9, n° 7 (2014): e103513.

p. 121: realmente podem ser afetadas pela gravidez e pelo puerpério: Sasha J. Davies, Jarrad AG Lum, Helen Skouteris, et al., "Cognitive Impairment During Pregnancy: A Meta-Analysis," *Medical Journal of Australia* 208, n° 1 (2018): 35–40.

p. 121: esses sintomas são temporários: Hoekzema, Barba-Müller, Pozzobon, et al., "Pregnancy Leads to Long-Lasting Changes in Human Brain Structure."

p. 121: seu QI permanece inquestionavelmente inalterado: Helen Christensen, Liana S. Leach, and Andrew Mackinnon, "Cognition in Pregnancy and Motherhood: Prospective Cohort Study," *British Journal of Psychiatry* 196, n° 2 (2010): 126–32.

p. 123: têm mais chances de sofrer alterações de humor: Ellen W. Freeman, "Treatment of Depression Associated with the Menstrual Cycle: Premenstrual Dysphoria, Postpartum Depression, and the Perimenopause," *Dialogues in Clinical Neuroscience* 4, n° 2 (2002): 177–91.

p. 123: Cerca de uma em cada oito novas mães: Katherine L. Wisner, Barbara L. Parry, and Catherine M. Piontek, "Clinical Practice. Postpartum Depression," *New England Journal of Medicine* 347, n° 3 (2002): 194–99.

p. 124: mães que sofriam de depressão pós-parto: Ian Brockington, "A Historical Perspective on the Psychiatry of Motherhood," in A. Riecher-Rössler and M. Steiner, eds., *Perinatal Stress, Mood and Anxiety Disorders: From Bench to Bedside*, Bibliotheca Psychiatrica N° 173 (Basel, Switzerland: Karger Publishers, 2005), 1–6.

CAPÍTULO 7 • AS VANTAGENS DA MENOPAUSA

p. 128: ondas de calor são outro sintoma: Rebecca C. Thurston, James F. Luther, Stephen R. Wisniewski, et al., "Prospective Evaluation of Nighttime Hot Flashes During Pregnancy and Postpartum," *Fertility and Sterility* 100, nº 6 (2013): 1667-72.

p. 132: mulheres na pós-menopausa relataram melhor humor: Katherine E. Campbell, Lorraine Dennerstein, Mark Tacey, and Cassandra E. Szoeke, "The Trajectory of Negative Mood and Depressive Symptoms over Two Decades," *Maturitas* 95 (2017): 36-41.

p. 132: 62% afirmando que se sentiam felizes e satisfeitas: Lotte Hvas, "Positive Aspects of Menopause: A Qualitative Study," *Maturitas* 39, nº 1 (2001): 11-17.

p. 132: 65% das mulheres britânicas na pós-menopausa: Social Issues Research Centre, "Jubilee Women. Fiftysomething Women — Lifestyle and Attitudes Now and Fifty Years Ago," http://www.sirc.org/publik/jubilee_women.pdf.

p. 134: sobe continuamente a novos patamares: Arthur A. Stone, Joseph E. Schwartz, Joan E. Broderick, and Angus Deaton, "A Snapshot of the Age Distribution of Psychological Well-Being in the United States," *PNAS* 107, nº 22 (2010): 9985-90.

p. 134: melhora do humor e o aumento do otimismo: Campbell, Dennerstein, Tacey, and Szoeke, "The Trajectory of Negative Mood and Depressive Symptoms over Two Decades."

p. 135: citado com frequência como um dos maiores benefícios da menopausa: Nancy E. Avis, Alicia Colvin, Arun S. Karlamangla, et al., "Change in Sexual Functioning over the Menopausal Transition: Results from the Study of Women's Health Across the Nation (SWAN)," *Menopause* 24, nº 4 (2017): 379-90.

p. 135: adoram ter mais tempo para si mesmas: Campbell, Dennerstein, Tacey, and Szoeke, "The Trajectory of Negative Mood and Depressive Symptoms over Two Decades."

p. 137: a capacidade de manter a alegria, o encantamento e a gratidão muitas vezes aumenta: Lotte Hvas, "Menopausal Women's Positive Experience of Growing Older," *Maturitas* 54, nº 3 (2006): 245-51.

p. 138: a amígdala na pós-menopausa responde menos: Mara Mather, Turhan Canli, Tammy English, et al., "Amygdala Responses to Emotionally Valenced Stimuli in Older and Younger Adults," *Psychological Science* 15, nº 4 (2004): 259-63.

p. 138: ativar mais o córtex pré-frontal racional: Alison Berent-Spillson, Courtney Marsh, Carol Persad, et al., "Metabolic and Hormone Influences on Emotion Processing During Menopause," *Psychoneuroendocrinology* 76 (2017): 218-25.

p. 138: mulheres na faixa dos 50 anos demonstram mais empatia: Ed O'Brien, Sara H. Konrath, Daniel Grühn, and Anna Linda Hagen, "Empathic Concern and Perspective Taking: Linear and Quadratic Effects of Age Across the Adult Life Span," *Journals of Gerontology, Series B, Psychological Sciences and Social Sciences* 68, nº 2 (2013): 168-75.

p. 138: preocupação empática ou simpatia, continua aumentando: Cornelia Wieck and Ute Kunzmann, "Age Differences in Empathy: Multidirectional and Context-Dependent," *Psychology and Aging* 30, nº 2 (2015): 407-19.

p. 138: reações emocionais de avós: James K. Rilling, Amber Gonzalez, and Minwoo Lee, "The Neural Correlates of Grandmaternal Caregiving," *Proceedings of the Royal Society B: Biological Sciences* 288, n° 1963 (2021): 20211997.

CAPÍTULO 8 • A MENOPAUSA TEM SUA RAZÃO DE SER

p. 142: hipótese da incompatibilidade evolutiva: Alan A. Cohen, "Female Post-Reproductive Lifespan: A General Mammalian Trait," *Biological Reviews of the Cambridge Philosophical Society* 79, n° 4 (2004): 733–50.

p. 143: as avós fazem grande parte do trabalho: Hillard Kaplan, Michael Gurven, Jeffrey Winking, et al., "Learning, Menopause, and the Human Adaptive Complex," *Annals of the New York Academy of Sciences* 1204 (2010): 30–42.

p. 144: *hipótese da avó*: Kristen Hawkes, "Human Longevity: The Grandmother Effect," *Nature* 428, n° 6979 (2004): 128–29.

p. 145: transportando os genes da longevidade da avó: Mike Takahashi, Rama S. Singh, and John Stone, "A Theory for the Origin of Human Menopause," *Frontiers in Genetics* 7 (2016): 222.

p. 145: todas as mulheres *Homo sapiens* passaram a carregar um DNA: Kristen Hawkes, James F. O'Connell, Nicholas Blurton-Jones, et al., "Grandmothering, Menopause, and the Evolution of Human Life Histories," PNAS 95, n° 3 (1998): 1336–39.

p. 145: pesquisas sobre baleias assassinas: Michael A. Cant and Rufus A. Johnstone, "Reproductive Conflict and the Separation of Reproductive Generations in Humans," *PNAS* 105, n° 14 (2008): 5332–36.

p. 146: Nós, humanos, nos distinguimos: Sarah Blaffer Hrdy and Judith M. Burkart, "The Emergence of Emotionally Modern Humans: Implications for Language and Learning," *Philosophical Transactions of the Royal Society B: Biological Sciences* 375 (2020): 20190499.

CAPÍTULO 9 • TERAPIA DE REPOSIÇÃO COM ESTROGÊNIO

p. 153-4: as mulheres que faziam terapia de reposição hormonal relataram ter menos ondas de calor: F. Grodstein, J. E. Manson, G. A. Colditz, et al., "A Prospective, Observational Study of Postmenopausal Hormone Therapy and Primary Prevention of Cardiovascular Disease," *Annals of Internal Medicine* 133, n° 12 (2000): 933–41.

p. 154: As mulheres que tomaram hormônios tiveram mais problemas cardíacos: Jacques E. Rossouw, Garnet L. Anderson, Ross L. Prentice, et al., "Risks and Benefits of Estrogen Plus Progestin in Healthy Postmenopausal Women: Principal Results from the Women's Health Initiative Randomized Controlled Trial," *JAMA* 288, n° 3 (2002): 321–33.

p. 155: risco de coágulos sanguíneos e câncer de mama: Garnet L. Anderson, Howard L. Judd, Andrew M. Kaunitz, et al., "Effects of Estrogen Plus Progestin on Gynecologic Cancers and Associated Diagnostic Procedures: The Women's Health Initiative Randomized Trial," *JAMA* 290, n° 13 (2003): 1739–48.

p. 155: risco de demência foi elevado: Sally A. Shumaker, Claudine Legault, Stephen R. Rapp, et al., "Estrogen Plus Progestin and the Incidence of Dementia and Mild Cognitive Impairment in Postmenopausal Women: The Women's Health Initiative Memory Study: A Randomized Controlled Trial," *JAMA* 289, nº 20 (2003): 2651-62.

p. 156: risco de câncer de mama só aumentou para as mulheres que fizeram a terapia com estrogênio mais progestina: Garnet L. Anderson, Marian Limacher, Annlouise R. Assaf, et al., "Effects of Conjugated Equine Estrogen in Postmenopausal Women with Hysterectomy: The Women's Health Initiative Randomized Controlled Trial," *JAMA* 291, nº 14 (2004): 1701-12.

p. 156: ocorrência 22% *mais baixa* de câncer de mama: Andrea Z. LaCroix, Rowan T. Chlebowski, JoAnn E. Manson, et al., "Health Outcomes After Stopping Conjugated Equine Estrogens Among Postmenopausal Women with Prior Hysterectomy: A Randomized Controlled Trial," *JAMA* 305 (2011): 1305-14.

p. 158: o estradiol oral pode ser mais seguro do que os estrogênios equinos conjugados orais: Chrisandra L. Shufelt and JoAnn E. Manson, "Menopausal Hormone Therapy and Cardiovascular Disease: The Role of Formulation, Dose, and Route of Delivery," *Journal of Clinical Endocrinology and Metabolism* 106, nº 5 (2021): 1245-1254.

p. 158: dados observacionais sugerem que é menos arriscado: Shufelt and Manson, "Menopausal Hormone Therapy and Cardiovascular Disease: The Role of Formulation, Dose, and Route of Delivery."

p. 159: pode ter contribuído para o maior risco de câncer de mama: Rossouw, Anderson, Prentice, et al., "Risks and Benefits of Estrogen Plus Progestin in Healthy Postmenopausal Women: Principal Results from the Women's Health Initiative Randomized Controlled Trial."

p. 159: progesterona bioidênticos aumente o risco de câncer de mama: Shufelt and Manson, "Menopausal Hormone Therapy and Cardiovascular Disease: The Role of Formulation, Dose, and Route of Delivery."

p. 161: a terapia de reposição hormonal é mais eficaz enquanto o corpo ainda está receptivo: Roberta Diaz Brinton, "The Healthy Cell Bias of Estrogen Action: Mitochondrial Bioenergetics and Neurological Implications," *Trends in Neurosciences* 31, nº 10 (2008): 529-37.

p. 164: a terapia de reposição hormonal iniciada no momento certo: John H. Morrison, Roberta D. Brinton, Peter J. Schmidt, and Andrea C. Gore, "Estrogen, Menopause, and the Aging Brain: How Basic Neuroscience Can Inform Hormone Therapy in Women," *Journal of Neuroscience* 26, nº 41 (2006): 10332-48.

p. 164: a terapia de reposição hormonal foi associada a um risco *reduzido* de ataques cardíacos: Shelley R. Salpeter, Ji Cheng, Lehana Thabane, et al., "Bayesian Meta-Analysis of Hormone Therapy and Mortality in Younger Postmenopausal Women," *American Journal of Medicine* 122, nº 11 (2009): 1016-1022. e1011.

p. 164: uma taxa de mortalidade geral mais baixa do que a de mulheres que não tomaram hormônios: JoAnn E. Manson, Aaron K. Aragaki, Jacques E. Rossouw, et al., "Menopausal Hormone Therapy and Long-Term All-Cause and Cause-Specific Mortality: The Women's Health Initiative Randomized Trials," *JAMA* 318 (2017): 927-38.

p. 165: a North American Menopause Society [Sociedade Norte-Americana de Menopausa]: NAMS 2022 Hormone Therapy Position Statement Advisory Panel, "The 2022 Hormone

Therapy Position Statement of the North American Menopause Society," *Menopause* 29, nº 7 (2022): 767-94.

p. 166: a taxa de mortalidade das mulheres que tomaram hormônios não foi superior: Anderson, Limacher, Assaf, et al., "Effects of Conjugated Equine Estrogen in Postmenopausal Women with Hysterectomy: The Women's Health Initiative Randomized Controlled Trial."

p. 166: histerectomia resultou em sete casos de câncer de mama *a menos*: LaCroix, Chlebowski, Manson, et al., "Health Outcomes After Stopping Conjugated Equine Estrogens Among Post-menopausal Women with Prior Hysterectomy: A Randomized Controlled Trial."

p. 167: as orientações atuais o definem como uma "ocorrência rara": NAMS 2022 Hormone Therapy Position Statement Advisory Panel, "The 2022 Hormone Therapy Position Statement of the North American Menopause Society."

p. 167: "a maioria das mulheres saudáveis com menos de 60 anos ou dentro de dez anos após a última menstruação pode fazer terapia hormonal sem medo se tomar estrogênio isolado ou combinado com progesterona": para saber mais, acesse www.sciencedaily.com/releases/2022/08/220824152312.htm/.

p. 167: o risco de recorrência do câncer continua sendo uma possibilidade: Collaborative Group on Hormonal Factors in Breast Cancer, "Type and Timing of Menopausal Hormone Therapy and Breast Cancer Risk: Individual Participant Meta-Analysis of the Worldwide Epidemiological Evidence," *Lancet* 394, nº 10204 (2019): 1159-68.

p. 168: acarreta um risco semelhante de câncer de mama: Roger A. Lobo, "Hormone-Replacement Therapy: Current Thinking," *Nature Reviews Endocrinology* 13, nº 4 (2017): 220-31.

p. 168: consumir duas taças de vinho por dia ou estar consideravelmente acima do peso pode dobrar o risco: Lobo, "Hormone- Replacement Therapy: Current Thinking."

p. 168: essa abordagem pode ter sido inadequada: NAMS 2022 Hormone Therapy Position Statement Advisory Panel, "The 2022 Hormone Therapy Position Statement of the North American Menopause Society."

p. 169: os dados já não suportam esse ponto de corte: "Joint Position Statement by the British Menopause Society, Royal College of Obstetricians and Gynaecologists and Society for Endocrinology on Best Practice Recommendations for the Care of Women Experiencing the Menopause," https://www.endocrinology.org/media/d3pbn14o/joint-position-statement-on-best-practice-recommendations-for-the-care-of-women-experiencing-the-menopause.pdf.

p. 169: a terapia hormonal é, sim, recomendada: NAMS 2022 Hormone Therapy Position Statement Advisory Panel, "The 2022 Hormone Therapy Position Statement of the North American Menopause Society."

p. 169: pacientes elegíveis devem ser incentivadas a iniciar a terapia de reposição hormonal: NAMS 2022 Hormone Therapy Position Statement Advisory Panel, "The 2022 Hormone Therapy Position Statement of the North American Menopause Society."

p. 170: Se a terapia de reposição hormonal for iniciada após os 60 anos: NAMS 2022 Hormone Therapy Position Statement Advisory Panel, "The 2022 Hormone Therapy Position Statement of the North American Menopause Society."

p. 170: o estrogênio vaginal pode ser iniciado em qualquer idade: NAMS 2022 Hormone Therapy Position Statement Advisory Panel, "The 2022 Hormone Therapy Position Statement of the North American Menopause Society."

p. 172: tanto os regimes de estrogênio isolado como de estrogênio mais progesterona reduziram o número de ondas de calor: NAMS 2022 Hormone Therapy Position Statement Advisory Panel, "The 2022 Hormone Therapy Position Statement of the North American Menopause Society."

p. 173: baixas doses de estrogênio, com ou sem progesterona, podem reduzir os distúrbios do sono: NAMS 2022 Hormone Therapy Position Statement Advisory Panel, "The 2022 Hormone Therapy Position Statement of the North American Menopause Society."

p. 174: sintomas depressivos leves associados à perimenopausa: David R. Rubinow, Sarah Lanier Johnson, Peter J. Schmidt, et al., "Efficacy of Estradiol in Perimenopausal Depression: So Much Promise and So Few Answers," *Depression & Anxiety Journal* 32, n° 8 (2015): 539–49.

p. 175: pode manter e até melhorar alguns aspectos da cognição: Pauline M. Maki and Erin Sundermann, "Hormone Therapy and Cognitive Function," *Human Reproduction Update* 15, n° 6 (2009): 667–81.

p. 175: especialmente claros para mulheres que fizeram procedimentos de histerectomia: Steven Jett, Eva Schelbaum, Grace Jang, et al., "Ovarian Steroid Hormones: A Long Overlooked but Critical Contributor to Brain Aging and Alzheimer's Disease," *Frontiers in Aging Neuroscience* 14 (2022): 948219.

p. 175: quaisquer efeitos (positivos ou negativos) dependendo do tipo de terapia de reposição hormonal utilizado: Jett, Schelbaum, Jang, et al., "Ovarian Steroid Hormones: A Long Overlooked but Critical Contributor to Brain Aging and Alzheimer's Disease."

p.176: as que tomaram estrogênio na meia-idade não desenvolveram declínios cognitivos: Erin S. LeBlanc, Jeri Janowsky, Benjamin K. S. Chan, and Heidi D. Nelson, "Hormone Replacement Therapy and Cognition: Systematic Review and Meta-Analysis," *JAMA* 285 (2001): 1489–99.

p. 176: Vários estudos observacionais relatam resultados semelhantes: Brinton, "The Healthy Cell Bias of Estrogen Action: Mitochondrial Bioenergetics and Neurological Implications."

p. 178: não aumenta o risco de câncer de mama ou do útero: Lon S. Schneider, Gerson Hernandez, Ligin Zhao, et al., "Safety and Feasibility of Estrogen Receptor-Beta Targeted PhytoSERM Formulation for Menopausal Symptoms: Phase 1b/ 2a Randomized Clinical Trial," *Menopause* 26 (2019): 874–84.

CAPÍTULO 10 • OUTRAS TERAPIAS HORMONAIS E NÃO HORMONAIS

p. 183: com o envelhecimento, a testosterona também diminui: Rebecca Glaser and Constantine Dimitrakakis, "Testosterone Therapy in Women: Myths and Misconceptions," *Maturitas* 74, n° 3 (2013): 230–34.

p. 183: Mulheres com baixos níveis de testosterona: Glaser and Dimitrakakis, "Testosterone Therapy in Women: Myths and Misconceptions."

p. 183: a terapia com testosterona pode ser eficaz para aumentar o desejo, a satisfação e o prazer sexual: Rakibul M. Islam, Robin J. Bell, Sally Green, et al., "Safety and Efficacy of Testosterone for Women: A Systematic Review and Meta-Analysis of Randomised Controlled Trial Data," *Lancet Diabetes & Endocrinology* 7, n° 10 (2019): 754–66.

p. 183: Conforme recomendações atuais: NAMS 2022 Hormone Therapy Position Statement Advisory Panel, "The 2022 Hormone Therapy Position Statement of the North American Menopause Society," *Menopause* 29, n° 7 (2022): 767–94.

p. 184: para melhorar o humor ou a cognição: NAMS 2022 Hormone Therapy Position Statement Advisory Panel, "The 2022 Hormone Therapy Position Statement of the North American Menopause Society."

p. 184: as evidências disponíveis são muito limitadas: Susan R. Davis, Sonia L. Davison, Maria Gavrilescu, et al., "Effects of Testosterone on Visuospatial Function and Verbal Fluency in Postmenopausal Women: Results from a Functional Magnetic Resonance Imaging Pilot Study," *Menopause* 21 (2014): 410–14.

p. 184: melhoria em alguns aspectos da cognição: Susan R. Davis and Sarah Wahlin-Jacobsen, "Testosterone in Women — The Clinical Significance," *Lancet Diabetes & Endocrinology* 3, n° 12 (2015): 980–92.

p. 184: aproximadamente o mesmo número de estudos menores não encontrou melhoria alguma: Davis and Wahlin-Jacobsen, "Testosterone in Women — The Clinical Significance."

p. 186: queda de cabelos, acne e hirsutismo: Davis and Wahlin-Jacobsen, "Testosterone in Women — The Clinical Significance."

p. 186: contraceptivos orais em baixas doses podem reduzir: A. M. Kaunitz, "Oral Contraceptive Use in Perimenopause," *American Journal of Obstetrics & Gynecology* 185, suppl. 2 (2001): S32–37.

p. 187: redução média de 25% nos sintomas vasomotores: July Guerin, Alexandra Engelmann, Meena Mattamana, and Laura M. Borgelt, "Use of Hormonal Contraceptives in Perimenopause: A Systematic Review," *Pharmacotherapy* 42 (2022): 154–64.

p. 187: risco reduzido de desenvolvimento de câncer de endométrio e de ovário: Kaunitz, "Oral Contraceptive Use in Perimenopause."

p. 187: apresentaram maior probabilidade de começar a tomar antidepressivos: Charlotte Wessel Skovlund, Lina Steinrud Mørch, Lars Vedel Kessing, and Øjvind Lidegaard, "Association of Hormonal Contraception with Depression," *JAMA Psychiatry* 73, n° 11 (2016): 1154–62.

p. 188: contracepção hormonal pode ser uma alternativa interessante: Jett, Malviya, Schelbaum, et al., "Endogenous and Exogenous Estrogen Exposures: How Women's Reproductive Health Can Drive Brain Aging and Inform Alzheimer's Prevention."

p. 190: reduzir em 20% a 60% as ondas de calor: "Nonhormonal Management of Menopause--Associated Vasomotor Symptoms: 2015 Position Statement of the North American Menopause Society," *Menopause* 22, n° 11 (2015): 1155–72; quiz 1173–74.

p. 190: antidepressivos podem ser tão úteis quanto a terapia de reposição hormonal em circunstâncias específicas: David R. Rubinow, Sarah Lanier Johnson, Peter J. Schmidt, et al., "Efficacy of Estradiol in Perimenopausal Depression: So Much Promise and So Few Answers," *Depression & Anxiety Journal* 32, n° 8 (2015): 539–49.

p. 191: A paroxetina em baixas doses pode reduzir consideravelmente: James A. Simon, David J. Portman, Andrew M. Kaunitz, et al., "Low-Dose Paroxetine 7.5 mg for Menopausal Vasomotor Symptoms: Two Randomized Controlled Trials," *Menopause* 20, n° 10 (2013): 1027–35.

p. 191: Outros antidepressivos — citalopram (Cipramil): "Nonhormonal Management of Menopause-Associated Vasomotor Symptoms: 2015 Position Statement of the North American Menopause Society."

p. 191: desvenlafaxina reduziu as ondas de calor em 62%: JoAnn V. Pinkerton, Ginger Constantine, Eunhee Hwang, and Ru-Fong J. Cheng; Study 3353 Investigators, "Desvenlafaxine Compared with Placebo for Treatment of Menopausal Vasomotor Symptoms: A 12-Week, Multicenter, Parallel-Group, Randomized, Double-Blind, Placebo-Controlled Efficacy Trial," *Menopause* 20, n° 1 (2013): 28–37.

p. 191: O escitalopram reduziu a intensidade das ondas de calor em cerca de 50%: Ellen W. Freeman, Katherine A. Guthrie, Bette Caan, et al., "Efficacy of Escitalopram for Hot Flashes in Healthy Menopausal Women: A Randomized Controlled Trial," *JAMA* 305, n° 3 (2011): 267–74.

p. 192: redução significativa na frequência de ondas de calor moderadas a graves: Samuel Lederman, Faith D. Ottery, Antonio Cano, et al., "Fezolinetant for Treatment of Moderate to Severe Vasomotor Symptoms Associated with Menopause (SKYLIGHT 1): A Phase 3 Randomized Controlled Study," *Lancet* 401 (2023): 1091– 1102.

p. 193: A gabapentina (Neurontin) [...] reduziu a frequência e a intensidade das ondas de calor: "Nonhormonal Management of Menopause-Associated Vasomotor Symptoms: 2015 Position Statement of the North American Menopause Society."

p. 194: menos eficaz que os antidepressivos ou a gabapentina: "Nonhormonal Management of Menopause-Associated Vasomotor Symptoms: 2015 Position Statement of the North American Menopause Society."

p. 194: Oxibutinina: "Nonhormonal Management of Menopause-Associated Vasomotor Symptoms: 2015 Position Statement of the North American Menopause Society."

CAPÍTULO 11 • TRATAMENTOS CONTRA O CÂNCER E O CHEMOBRAIN

p. 195: Todos os anos, 1,4 milhão de mulheres ao redor do mundo são diagnosticadas: Farin Kamangar, Graça M. Dores, and William F. Anderson, "Patterns of Cancer Incidence, Mortality, and Prevalence Across Five Continents: Defining Priorities to Reduce Cancer Disparities in Different Geographic Regions of the World," *Journal of Clinical Oncology* 24, n° 14 (2006): 2137–50.

p. 195: entre 60% e 80% de todos os casos: Monica Arnedos, Cecile Vicier, Sherene Loi, et al., "Precision Medicine for Metastatic Breast Cancer — Limitations and Solutions," *Nature Reviews Clinical Oncology* 12, n° 12 (2015): 693–704.

p. 197: cerca de 40% das mulheres que tomam tamoxifeno, um bloqueador de estrogênio: Arnedos, Vicier, Loi, et al., "Precision Medicine for Metastatic Breast Cancer — Limitations and Solutions."

p. 198: algumas mutações genéticas poderem aumentar o risco dos dois tipos de câncer: Ursula A. Matulonis, Anil K. Sood, Lesley Fallowfield, et al., "Ovarian Cancer," *Nature Reviews Disease Primers* 2 (2016): 16061.

p. 199: A salpingo-ooforectomia bilateral tem um benefício confirmado: Elizabeth Casiano Evans, Kristen A. Matteson, Francisco J. Orejuela, et al., "Salpingo- Oophorectomy at the Time of Benign Hysterectomy: A Systematic Review," *Obstetrics and Gynecology* 128, nº 3 (2016): 476-85.

p. 199: recomendado para pacientes com histórico familiar significativo: Evans, Matteson, Orejuela, et al., "Salpingo- Oophorectomy at the Time of Benign Hysterectomy: A Systematic Review."

p. 200: chemobrain está associado a mudanças mensuráveis: Steven Jett, Niharika Malviya, Eva Schelbaum, et al., "Endogenous and Exogenous Estrogen Exposures: How Women's Reproductive Health Can Drive Brain Aging and Inform Alzheimer's Prevention," *Frontiers in Aging Neuroscience* 14 (2022): 831807.

p. 200: partes do cérebro envolvidas nas funções cognitivas: Michiel de Ruiter, Liesbeth Reneman, Willem Boogerd, et al., "Late Effects of High-Dose Adjuvant Chemotherapy on White and Gray Matter in Breast Cancer Survivors: Converging Results from Multimodal Magnetic Resonance Imaging," *Human Brain Mapping* 33, nº 12 (2012): 2971-83.

p. 201: o chemobrain é um sintoma relatado: Jeffrey S. Wefel, Shelli R. Kesler, Kyle R. Noll, and Sanne B. Schagen, "Clinical Characteristics, Pathophysiology, and Management of Noncentral Nervous System Cancer-Related Cognitive Impairment in Adults," CA: *A Cancer Journal for Clinicians* 65, nº 2 (2015): 123-38.

p. 203: a principal responsável pela névoa cerebral: Wefel, Kesler, Noll, and Schagen, "Clinical Characteristics, Pathophysiology, and Management of Noncentral Nervous System Cancer--Related Cognitive Impairment in Adults."

p. 203: efeitos negativos na memória: Wilbert Zwart, Huub Terra, Sabine C. Linn, and Sanne B. Schagen, "Cognitive Effects of Endocrine Therapy for Breast Cancer: Keep Calm and Carry On?," Nature Reviews Clinical Oncology 12, nº 10 (2015): 597-606.

p. 203: os inibidores da aromatase não parecem ter efeitos negativos evidentes: Zwart, Terra, Linn, and Schagen, "Cognitive Effects of Endocrine Therapy for Breast Cancer: :

p. 203: pacientes tratados com tamoxifeno não apresentaram um risco aumentado de demência: Gregory L. Branigan, Maira Soto, Leigh Neumayer, et al., "Association Between Hormone--Modulating Breast Cancer Therapies and Incidence of Neurodegenerative Outcomes for Women with Breast Cancer," *JAMA Network Open* 3 (2020): e201541-e201541.

p. 204: exemestano: Branigan, Soto, Neumayer, et al., "Association Between Hormone-Modulating Breast Cancer Therapies and Incidence of Neurodegenerative Outcomes for Women with Breast Cancer."

p. 207: não há dados confiáveis suficientes para recomendar o uso de terapia de reposição hormonal sistêmica (oral ou transdérmica): NAMS 2022 Hormone Therapy Position Statement Advisory Panel, "The 2022 Hormone Therapy Position Statement of the North American Menopause Society," *Menopause* 29, nº 7 (2022): 767-94.

p. 207: O risco de recorrência do câncer [...] é maior: "Joint Position Statement by the British Menopause Society, Royal College of Obstetricians and Gynaecologists and Society for Endocrinology on Best Practice Recommendations for the Care of Women Experiencing the Menopause," https://www.endocrinology.org/media/d3pbn14o/joint-position-statement-on-best-practice-recommendations-for-the-care-of-women-experiencing-the-menopause.pdf.

p. 207: a North American Menopause Society [Sociedade Norte-Americana de Menopausa] acrescenta "em casos excepcionais": NAMS 2022 Hormone Therapy Position Statement Advisory Panel, "The 2022 Hormone Therapy Position Statement of the North American Menopause Society."

p. 207: ser oferecida a pacientes com sintomas graves da menopausa: "Joint Position Statement by the British Menopause Society, Royal College of Obstetricians and Gynaecologists, and Society for Endocrinology on Best Practice Recommendations for the Care of Women Experiencing the Menopause."

p. 207: com base nos muitos benefícios da terapia de reposição com estrogênio: NAMS 2022 Hormone Therapy Position Statement Advisory Panel, "The 2022 Hormone Therapy Position Statement of the North American Menopause Society."

p. 207: doses baixas de estradiol vaginal e DHEA: NAMS 2022 Hormone Therapy Position Statement Advisory Panel, "The 2022 Hormone Therapy Position Statement of the North American Menopause Society."

p. 208: SERMs podem ser projetados: Lon S. Schneider, Gerson Hernandez, Liqin Zhao, et al., "Safety and Feasibility of Estrogen Receptor-Beta Targeted PhytoSERM Formulation for Menopausal Symptoms: Phase 1b/2a Randomized Clinical Trial," *Menopause* 26 (2019): 874–84.

p. 209: a terapia hormonal é viável para: NAMS 2022 Hormone Therapy Position Statement Advisory Panel, "The 2022 Hormone Therapy Position Statement of the North American Menopause Society."

p. 209: O mesmo se aplica a portadoras da mutação: Joanne Kotsopoulos, Jacek Gronwald, Beth Y. Karlan, et al., "Hormone Replacement Therapy After Oophorectomy and Breast Cancer Risk Among *BRCA1* Mutation Carriers," *JAMA Oncology* 4, nº 8 (2018): 1059–66.

CAPÍTULO 12 • TERAPIAS DE AFIRMAÇÃO DE GÊNERO

p. 213: enfrentam muitas dificuldades para ter acesso a cuidados de saúde adequados: Jaime M. Grant, Lisa A. Mottet, Justin Tanis, et al., *Injustice at Every Turn: A Report of the National Transgender Discrimination Survey* (Washington: National Center for Transgender Equality and National Gay and Lesbian Task Force, 2011).

p. 213: não são qualificados para atender indivíduos transgêneros: Grant, Mottet, Tanis, et al., *Injustice at Every Turn: A Report of the National Transgender Discrimination Survey*.

p. 215: *disforia de gênero*: Sam Winter, Milton Diamond, Jamison Green, et al., "Transgender People: Health at the Margins of Society," *Lancet* 388, nº 10042 (2016): 390–400.

p. 215: o desconforto de sentir que seu corpo não corresponde ao gênero com o qual você se identifica: Karen I. Fredriksen-Goldsen, Loree Cook-Daniels, Hyun-Jun Kim, et al., "Physical and Mental Health of Transgender Older Adults: An At-Risk and Underserved Population," *Gerontologist* 54, n° 3 (2014): 488–500.

p. 216: Esses procedimentos e tratamentos são associados à melhoria da qualidade de vida: Winter, Diamond, Green, et al., "Transgender People: Health at the Margins of Society."

p. 217: O aumento do crescimento dos pelos no corpo, a queda dos cabelos no couro cabeludo e o aumento da massa e da força muscular: Michael S. Irwig, "Testosterone Therapy for Transgender Men," *Lancet Diabetes & Endocrinology* 5, n° 4 (2017): 301–11.

p. 220: algumas regiões cerebrais específicas das mulheres trans de fato diminuíram: Hilleke E. Hulshoff Pol, Peggy T. Cohen-Kettenis, Neeltje E. M. Van Haren, et al., "Changing Your Sex Changes Your Brain: Influences of Testosterone and Estrogen on Adult Human Brain Structure," *European Journal of Endocrinology* 155, n° 1 (2006): S107–S114.

p. 220: algumas regiões cerebrais específicas das mulheres trans de fato diminuíram: Leire Zubiaurre-Elorza, Carme Junque, Esther Gómez-Gil, and Antonio Guillamon, "Effects of Cross-Sex Hormone Treatment on Cortical Thickness in Transsexual Individuals," *Journal of Sexual Medicine* 11, n° 5 (2014): 1248–61.

p. 220: sua conectividade aumentou: Giancarlo Spizzirri, Fábio Luis Souza Duran, Tiffany Moukel Chaim-Avancini, et al., "Grey and White Matter Volumes Either in Treatment-Naïve or Hormone-Treated Transgender Women: A Voxel-Based Morphometry Study," *Scientific Reports* 8, n° 1 (2018): 736.

p. 220: algumas características estruturais de um cérebro feminino cisgênero: Maiko Schneider, Poli M. Spritzer, Luciano Minuzzi, et al., "Effects of Estradiol Therapy on Resting-State Functional Connectivity of Transgender Women After Gender-Affirming Related Gonadectomy," *Frontiers in Neuroscience* 13 (2019): 817.

p. 220: o tratamento com testosterona e medicamentos antiestrogênicos: Pol, Cohen-Kettenis, Van Haren, et al., "Changing Your Sex Changes Your Brain: Influences of Testosterone and Estrogen on Adult Human Brain Structure"; Zubiaurre-Elorza, Junque, Gómez-Gil, and Guillamon, "Effects of Cross-Sex Hormone Treatment on Cortical Thickness in Transsexual Individuals."

p. 220: a terapia de afirmação de gênero parece alinhar o cérebro da pessoa: Antonio Guillamon, Carme Junque, and Esther Gómez-Gil, "A Review of the Status of Brain Structure Research in Transsexualism," *Archives of Sexual Behavior* 45 (2016): 1615–48.

p. 220: a terapia de afirmação de gênero definitivamente altera o cérebro: Ai-Min Bao and Dick F. Swaab, "Sexual Differentiation of the Human Brain: Relation to Gender Identity, Sexual Orientation and Neuropsychiatric Disorders," *Frontiers in Neuroendocrinology* 32, n° 2 (2011): 214–26.

p. 221: homens transgênero que fazem terapia com testosterona: Rebecca Seguin, David M. Buchner, Jingmin Liu, et al., "Sedentary Behavior and Mortality in Older Women: The Women's Health Initiative," *American Journal of Preventive Medicine* 46, n° 2 (2014): 122–35.

p. 221: mulheres transgênero podem sentir: Bao and Swaab, "Sexual Differentiation of the Human Brain: Relation to Gender Identity, Sexual Orientation and Neuropsychiatric Disorders."

p. 222: não indica efeitos negativos claros de curto prazo: Maria A. Karalexi, Marios K. Georgakis, Nikolaos G. Dimitriou, et al., "Gender-Affirming Hormone Treatment and Cognitive

Function in Transgender Young Adults: A Systematic Review and Meta-Analysis," *Psychoneuroendocrinology* 119 (2020): 104721.

p. 222: desempenho visuoespacial um pouco melhorado: Karalexi, Georgakis, Dimitriou, et al., "Gender- Affirming Hormone Treatment and Cognitive Function in Transgender Young Adults: A Systematic Review and Meta-Analysis."

CAPÍTULO 13 • EXERCÍCIOS FÍSICOS

p. 231: sua taxa metabólica pode cair e você pode perder massa muscular magra: Natalia Grindler and Nanette F. Santoro, "Menopause and Exercise," *Menopause* 22, nº 12 (2015): 1351– 58.

p. 231: Na meia-idade, as mulheres tendem a ganhar em média 2 quilos: Barbara Sternfeld, Hua Wang, Charles P. Quesenberry Jr., et al., "Physical Activity and Changes in Weight and Waist Circumference in Midlife Women: Findings from the Study of Women's Health Across the Nation," *American Journal of Epidemiology 160*, nº 9 (2004): 912–22.

p. 231: o envelhecimento *pode* causar ganho de peso: and Santoro, "Menopause and Exercise."

p. 231: o possível aumento de peso e da cintura é *temporário*: Barbara Sternfeld, Aradhana K. Bhat, Hua Wang, et al., "Menopause, Physical Activity, and Body Composition/ Fat Distribution in Midlife Women," *Medicine & Science in Sports & Exercise* 37, nº 7 (2005): 1195–1202.

p. 232: melhorar significativamente sua composição corporal: Sternfeld, Bhat, Wang, et al., "Menopause, Physical Activity, and Body Composition/ Fat Distribution in Midlife Women."

p. 232: perda dos efeitos benéficos do estrogênio: JiWon Choi, Yolanda Guiterrez, Catherine Gilliss, and Kathryn A. Lee, "Physical Activity, Weight, and Waist Circumference in Midlife Women," *Health Care for Women International* 33, nº 2 (2012): 1086–95.

p. 232: Apenas doze semanas de treinamento: Jing Zhang, Guiping Chen, Weiwei Lu, et al., "Effects of Physical Exercise on Health-Related Quality of Life and Blood Lipids in Perimenopausal Women: A Randomized Placebo-Controlled Trial," *Menopause* 21, nº 12 (2014): 1269–76.

p. 232: promove uma pressão arterial saudável em todas as idades: Andrés F. Loaiza-Betancur, Iván Chulvi-Medrano, Víctor A. Díaz-López, and Cinta Gómez-Tómas, "The Effect of Exercise Training on Blood Pressure in Menopause and Postmenopausal Women: A Systematic Review of Randomized Controlled Trials," *Maturitas* 149 (2021): 40–55.

p. 232: risco muito menor de doenças cardíacas: JoAnn E. Manson, Philip Greenland, Andrea Z. LaCroix, et al., "Walking Compared with Vigorous Exercise for the Prevention of Cardiovascular Events in Women," *New England Journal of Medicine* 347, nº 10 (2002): 716–25.

p. 233: reduções significativas e, em alguns casos, a eliminação completa das ondas de calor: Candyce H. Kroenke, Bette J. Caan, Marcia L. Stefanick, et al., "Effects of a Dietary Intervention and Weight Change on Vasomotor Symptoms in the Women's Health Initiative," *Menopause* 19, nº 9 (2011): 980–88.

p. 233: 28% menos probabilidade de ter ondas de calor intensas: Juan E. Blümel, Juan Fica, Peter Chedraui, et al., "Sedentary Lifestyle in Middle-Aged Women Is Associated with Severe Menopausal Symptoms and Obesity," *Menopause* 23, nº 5 (2016): 488–93.

p. 233: 49% menos ondas de calor: Janet R. Guthrie, Anthony M. A. Smith, Lorraine Dennerstein, and Carol Morse, "Physical Activity and the Menopause Experience: A Cross-Sectional Study," *Maturitas* 20, n° 2–3 (1994): 71–80.

p. 234: redução acentuada nas ondas de calor em apenas três meses: Tom G. Bailey, N. Timothy Cable, Nabil Aziz, et al., "Exercise Training Reduces the Frequency of Menopausal Hot Flushes by Improving Thermoregulatory Control," *Menopause* 23, n° 7 (2016): 708–18.

p. 234: acordam menos durante a noite: Maya J. Lambiase and Rebecca C. Thurston, "Physical Activity and Sleep Among Midlife Women with Vasomotor Symptoms," *Menopause* 20, n° 9 (2013): 946–52.

p. 234: melhor qualidade de sono: Kirsi Mansikkamäki, Jani Raitanen, Clas-Håkan Nygard, et al., "Sleep Quality and Aerobic Training Among Menopausal Women — A Randomized Controlled Trial," *Maturitas* 72, n° 4 (2012): 339–45.

p. 234: sofrem menos de insônia: Jacobo Á Rubio-Arias, Elena Marín-Cascales, Domingo J. Ramos-Campo, et al., "Effect of Exercise on Sleep Quality and Insomnia in Middle-Aged Women: A Systematic Review and Meta-Analysis of Randomized Controlled Trials," *Maturitas* 100 (2017): 49–56.

p. 234: melhor qualidade de vida: Lily Stojanovska, Vasso Apostolopoulos, Remco Polman, and Erika Borkoles, "To Exercise, or, Not to Exercise, During Menopause and Beyond," *Maturitas* 77, n° 4 (2014): 318–23.

p. 235: exercícios físicos regulares reduziram significativamente os sintomas depressivos: Faustino R. Pérez-López, Samuel J. Martínez-Domínguez, Héctor Lajusticia, Peter Chedraui, and the Health Outcomes Systematic Analyses Project, "Effects of Programmed Exercise on Depressive Symptoms in Midlife and Older Women: A Meta-Analysis of Randomized Controlled Trials," *Maturitas* 106 (2017): 38–47.

p. 235: risco 35% menor de desenvolver demência: Nikolaos Scarmeas, Jose A. Luchsinger, Nicole Schupf, et al., "Physical Activity, Diet, and Risk of Alzheimer Disease," *JAMA* 302, n° 6 (2009): 627–37.

p. 235: risco 30% menor de desenvolver demência em comparação: Helena Hörder, Lena Johansson, XinXin Guo, et al., "Midlife Cardiovascular Fitness and Dementia: A 44-Year Longitudinal Population Study in Women," *Neurology* 90, n° 15 (2018): e1298–e1305.

p. 235: atividade cerebral mais vigorosa: Miia Kivipelto, Francesca Mangialasche, and Tiia Ngandu, "Lifestyle Interventions to Prevent Cognitive Impairment, Dementia and Alzheimer Disease," *Nature Reviews Neurology* 14, n° 11 (2018): 653–66.

p. 236: efetivamente retarda a perda óssea após a menopausa: Mahdieh Shojaa, Simon Von Stengel, Daniel Schoene, et al., "Effect of Exercise Training on Bone Mineral Density in Post-Menopausal Women: A Systematic Review and Meta-Analysis of Intervention Studies," *Frontiers in Physiology* 11 (2020): 652.

p. 236: risco de mortalidade significativamente reduzido: Rebecca Seguin, David M. Buchner, Jingmin Liu, et al., "Sedentary Behavior and Mortality in Older Women: The Women's Health Initiative," *American Journal of Preventive Medicine* 46 (2014): 122–35.

p. 236: 27% menos probabilidade de morrer de doença cardíaca: Seguin, Buchner, Liu, et al., "Sedentary Behavior and Mortality in Older Women: The Women's Health Initiative."

p. 237: Nurses' Health Study [Estudo da saúde de enfermeiros]: B. Rockhill, W. C. Willett, J. E. Manson, et al., "Physical Activity and Mortality: A Prospective Study Among Women," *American Journal of Public Health* 91, n° 4 (2001): 578–83.

p. 237: risco 77% menor de morte respiratória: Rockhill, Willett, Manson, et al., "Physical Activity and Mortality: A Prospective Study Among Women."

p. 237: especialmente eficaz para a saúde hormonal: Janet W. Rich-Edwards, Donna Spiegelman, Miriam Garland, et al., "Physical Activity, Body Mass Index, and Ovulatory Disorder Infertility," *Epidemiology* 13, n° 2 (2002): 184–90.

p. 238: exercícios regulares de intensidade moderada: Hmwe Kyu, Victoria F. Bachman, Lily T. Alexander, et al., "Physical Activity and Risk of Breast Cancer, Colon Cancer, Diabetes, Ischemic Heart Disease, and Ischemic Stroke Events: Systematic Review and Dose-Response Meta-Analysis for the Global Burden of Disease Study 2013," *BMJ* 354 (2016): i3857.

p. 238: também vai dormir melhor: Seth A. Creasy, Tracy E. Crane, David O. Garcia, et al., "Higher Amounts of Sedentary Time Are Associated with Short Sleep Duration and Poor Sleep Quality in Postmenopausal Women," *Sleep* 42, n° 7 (2019): zsz093.

p. 239: treinamento cardiovascular e de resistência em intensidade moderada: Jennifer L. Copeland, Leslie A. Consitt, and Mark S. Tremblay, "Hormonal Responses to Endurance and Resistance Exercise in Females Aged 19–69 Years," *Journals of Gerontology Series A: Biological Sciences and Medical Sciences* 57, n° 4 (2002): B158–165.

p. 241: melhor para evitar ondas de calor: Bailey, Cable, Aziz, et al., "Exercise Training Reduces the Frequency of Menopausal Hot Flushes by Improving Thermoregulatory Control."

p. 241: caminhada rápida pode melhorar significativamente a sua saúde: Zhang, Chen, Lu, et al., "Effects of Physical Exercise on Health-Related Quality of Life and Blood Lipids in Perimenopausal Women: A Randomized Placebo-Controlled Trial."

p. 241: 30 minutos de caminhada rápida três vezes por semana: Zhang, Chen, Lu, et al., "Effects of Physical Exercise on Health-Related Quality of Life and Blood Lipids in Perimenopausal Women: A Randomized Placebo-Controlled Trial."

p. 241: caminhar retarda o encolhimento do cérebro: Kirk I. Erickson, Michelle W. Voss, Ruchika Shaurya Prakash, et al., "Exercise Training Increases Size of Hippocampus and Improves Memory," PNAS 108, n° 7 (2011): 3017–22.

p. 241: caminhar 6 mil ou mais passos por dia: Verônica Colpani, Karen Oppermann, and Poli Mara Spritzer, "Association Between Habitual Physical Activity and Lower Cardiovascular Risk in Premenopausal, Perimenopausal, and Postmenopausal Women: A Population-Based Study," *Menopause* 20, n° 5 (2013): 525–31.

p. 241: 9 mil a 10 mil passos também pode reduzir o risco de demência: Jennifer S. Rabin, Hannah Klein, Dylan R. Kirn, et al., "Associations of Physical Activity and Beta-Amyloid with Longitudinal Cognition and Neurodegeneration in Clinically Normal Older Adults," *JAMA Neurology* 76 (2019): 1203–10.

p. 242: uma hora por dia de atividades físicas de baixa intensidade tem um efeito favorável: Stojanovska, Apostolopoulos, Polman, and Borkoles, "To Exercise, or, Not to Exercise, During Menopause and Beyond."

p. 242: exercícios de fortalecimento são especialmente eficazes na redução da ansiedade: Justin C. Strickland and Mark A. Smith, "The Anxiolytic Effects of Resistance Exercise," *Frontiers in Psychology* 5 (2014): 753.

p. 243: falta de equilíbrio está ligada à fragilidade na velhice: Claudia Gil Araujo, Christina Grüne de Souza e Silva, Jari Antero Laukkanen, et al., "Successful 10-Second One-Legged Stance Performance Predicts Survival in Middle-Aged and Older Individuals," *British Journal of Sports Medicine* 56, n° 17 (2022).

p. 243: não conseguir se equilibrar em um pé só por 10 segundos: Gil Araujo, Grüne de Souza e Silva, Laukkanen, et al., "Successful 10-Second One-Legged Stance Performance Predicts Survival in Middle-Aged and Older Individuals."

CAPÍTULO 14 • DIETA E NUTRIÇÃO

p. 247: o cérebro depende de nutrientes específicos: Lisa Mosconi, *Brain Food* (New York: Avery, 2018).

p. 248: Eles nascem com a gente: Elizabeth Gould, "How Widespread Is Adult Neurogenesis in Mammals?" *Nature Reviews Neuroscience* 8, n° 6 (2007): 481-88.

p. 250: a dieta mediterrânea tradicional: Cinta Valls-Pedret, Aleix Sala-Vila, Mercè Serra-Mir, et al., "Mediterranean Diet and Age-Related Cognitive Decline: A Randomized Clinical Trial," *JAMA Internal Medicine* 175, n° 7 (2015): 1094-103.

p. 250: efeitos positivos sobre a pressão arterial, o colesterol: Ramon Estruch, Miguel Angel Martínez-González, Dolores Corella, et al., "Effects of a Mediterranean-Style Diet on Cardiovascular Risk Factors: A Randomized Trial," *Annals of Internal Medicine* 145, n° 1 (2006): 1-11.

p. 250: níveis de glicose no sangue: Rui Huo, Tingting Du, Y. Xu, et al., "Effects of Mediterranean-Style Diet on Glycemic Control, Weight Loss and Cardiovascular Risk Factors Among Type 2 Diabetes Individuals: A Meta-Analysis," *European Journal of Clinical Nutrition* 69, n° 11 (2014): 1200-8.

p. 250: risco 25% menor de ataque cardíaco e AVC: Kyungwon Oh, Frank B. Hu, JoAnn E. Manson, et al., "Dietary Fat Intake and Risk of Coronary Heart Disease in Women: 20 Years of Follow-up of the Nurses' Health Study," *American Journal of Epidemiology* 161, n° 7 (2005): 672-79.

p. 250: risco pelo menos 40% menor de desenvolver depressão: Weiyao Yin, Marie Löf, Ruoqing Chen, et al., "Mediterranean Diet and Depression: A Population-Based Cohort Study," *International Journal of Behavioral Nutrition and Physical Activity* 18, n° 1 (2021): 153.

p. 250: *metade* do risco de desenvolver câncer de mama: Estefanía Toledo, Jordi Salas-Salvadó, Carolina Donat-Vargas, et al., "Mediterranean Diet and Invasive Breast Cancer Risk Among Women at High Cardiovascular Risk in the PREDIMED Trial: A Randomized Clinical Trial," *JAMA Internal Medicine* 175 (2015): 1752-60.

p. 250: *redução* de 20% nas ondas de calor: Gerrie-Cor M. Herber-Gast and Gita D. Mishra, "Fruit, Mediterranean-Style, and High-Fat and – Sugar Diets Are Associated with the Risk of Night Sweats and Hot Flushes in Midlife: Results from a Prospective Cohort Study," *American Journal of Clinical Nutrition* 97, nº 5 (2013): 1092–99.

p. 250-1: associado a um início postergado da menopausa: Yashvee Dunneram, Darren Charles Greenwood, Victoria J. Burley, and Janet E. Cade, "Dietary Intake and Age at Natural Menopause: Results from the UK Women's Cohort Study," *Journal of Epidemiology and Community Health* 72, nº 8 (2018): 733–40.

p. 252: Essa combinação parece aumentar os benefícios: Gal Tsaban, Anat Yaskolka Meir, Ehud Rinott, et al., "The Effect of Green Mediterranean Diet on Cardiometabolic Risk; A Randomised Controlled Trial," *Heart* (2020), doi: 10.1136/ heartjnl- 2020-317802.

p. 252: a dieta mediterrânea verde parece ter o potencial de proteger mais: Alon Kaplan, Hila Zelicha, Anat Yaskolka Meir, et al., "The Effect of a High-Polyphenol Mediterranean Diet (Green- MED) Combined with Physical Activity on Age-Related Brain Atrophy: The Dietary Intervention Randomized Controlled Trial Polyphenols Unprocessed Study (DIRECT PLUS)," *American Journal of Clinical Nutrition* 115, nº 5 (2022): 1270–81.

p. 253: Facilitam a ação de uma molécula: B. R. Goldin, M. N. Woods, D. L. Spiegelman, et al., "The Effect of Dietary Fat and Fiber on Serum Estrogen Concentrations in Premenopausal Women Under Controlled Dietary Conditions," *Cancer* 74, nº 3 suppl. (1994): 1125–31.

p. 254: mulheres que estavam recebendo tratamento para o câncer de mama em estágio inicial e que consumiram uma dieta rica em fibras: Ellen B. Gold, Shirley W. Flatt, John P. Pierce, et al., "Dietary Factors and Vasomotor Symptoms in Breast Cancer Survivors: The WHEL Study," *Menopause* 13, nº 3 (2006): 423–33.

p. 255: um em cada dois norte-americanos come: Russell Knight, Christopher G. Davis, William Hahn, et al., "Livestock, Dairy, and Poultry Outlook: January 2021," http://www.ers.usda.gov/publications/pub-details/?pubid=100262.

p. 255: o grupo que está liderando essa corrida são as mulheres: Zachary J. Ward, Sara N. Bleich, Angie L. Cradock, et al., "Projected U.S. State-Level Prevalence of Adult Obesity and Severe Obesity," *New England Journal of Medicine* 381 (2019): 2440–50.

p. 256: Mulheres que comem muitos desses heróis vegetais: Miriam Adoyo Muga, Patrick Opiyo Owili, Chien-Yeh Hsu, et al., "Dietary Patterns, Gender, and Weight Status Among Middle-Aged and Older Adults in Taiwan: A Cross-Sectional Study," *BMC Geriatrics* 17 (2017): 268.

p. 256: aquelas que comeram mais vegetais, frutas e leguminosas ricos em fibras: Candyce H. Kroenke, Bette J. Caan, Marcia L. Stefanick, et al., "Effects of a Dietary Intervention and Weight Change on Vasomotor Symptoms in the Women's Health Initiative," *Menopause* 19, nº 9 (2012): 980–88.

p. 256: que aquelas que comiam mais folhas verdes e vegetais crucíferos: Zahra Aslani, Maryam Abshirini, Motahar Heidari-Beni, et al., "Dietary Inflammatory Index and Dietary Energy Density Are Associated with Menopausal Symptoms in Postmenopausal Women: A Cross-Sectional Study," *Menopause* 27, nº 5 (2020): 568–78.

p. 256: 50% menos chances de pacientes com câncer de mama apresentarem sintomas graves da menopausa: Sarah J. O. Nomura, Yi-Ting Hwang, Scarlett Lin Gomez, et al., "Dietary Intake of Soy and Cruciferous Vegetables and Treatment-Related Symptoms in Chinese-American and Non-Hispanic White Breast Cancer Survivors," *Breast Cancer Research and Treatment* 168, n° 2 (2018): 467-79.

p. 257: menos ondas de calor e muito mais disposição: Herber-Gast and Mishra, "Fruit, Mediterranean-Style, and High-Fat and -Sugar Diets Are Associated with the Risk of Night Sweats and Hot Flushes in Midlife: Results from a Prospective Cohort Study."

p. 257: melhor desempenho cognitivo: Elizabeth E. Devore, Jae Hee Kang, Monique M. B. Breteler, and Francine Grodstein, "Dietary Intakes of Berries and Flavonoids in Relation to Cognitive Decline," *Annals of Neurology* 72, n° 1 (2012): 135-43.

p. 258: redução acentuada do risco de doenças cardíacas: Simin Liu, Walter C. Willett, Meir J. Stampfer, et al., "A Prospective Study of Dietary Glycemic Load, Carbohydrate Intake, and Risk of Coronary Heart Disease in US Women," *American Journal of Clinical Nutrition* 71, n° 6 (2000): 1455-61.

p. 258: diabetes tipo 2: Matthias B. Schulze, Simin Liu, Eric B. Rimm, et al., "Glycemic Index, Glycemic Load, and Dietary Fiber Intake and Incidence of Type 2 Diabetes in Younger and Middle-Aged Women," *American Journal of Clinical Nutrition* 80, n° 2 (2004): 348-56.

p. 258: depressão: James E. Gangwisch, Lauren Hale, Lorena Garcia, et al., "High Glycemic Index Diet as a Risk Factor for Depression: Analyses from the Women's Health Initiative," *American Journal of Clinical Nutrition* 102, n° 2 (2015): 454-63.

p. 258: e demência: Martha Clare Morris, Christy C. Tangney, Yamin Wang, et al., "MIND Diet Associated with Reduced Incidence of Alzheimer's Disease," *Alzheimer's & Dementia* 11, n° 9 (2015): 1007-14.

p. 258: além de uma melhora na qualidade do sono: James E. Gangwisch, Lauren Hale, Marie-Pierre St-Onge, et al., "High Glycemic Index and Glycemic Load Diets as Risk Factors for Insomnia: Analyses from the Women's Health Initiative," *American Journal of Clinical Nutrition* 111 (2020): 429-39.

p. 260-1: bactérias intestinais com a capacidade única de metabolizar o estrogênio: Song He, Hao Li, Zehui Yu, et al., "The Gut Microbiome and Sex Hormone-Related Diseases," *Frontiers in Microbiology* 12 (2021): 711137.

p. 261: Essas bactérias produzem uma enzima chamada *beta-glucuronidase*: James M. Baker, Layla Al-Nakkash, and Melissa M. Herbst-Kralovetz, "Estrogen-Gut Microbiome Axis: Physiological and Clinical Implications," *Maturitas* 103 (2017): 45-53.

p. 261: Um intestino em bom funcionamento está associado a menor risco de obesidade: Marcus J. Claesson, Ian B. Jeffery, Susana Conde, et al., "Gut Microbiota Composition Correlates with Diet and Health in the Elderly," *Nature* 488, n° 7410 (2012): 178-84.

p. 262: dietas ricas em fibras e pobres em gordura animal: Claesson, Jeffery, Conde, et al., "Gut Microbiota Composition Correlates with Diet and Health in the Elderly."

p. 262: *apenas duas semanas* comendo alimentos processados: Emily R. Leeming, Abigail J. Johnson, Tim D. Spector, Caroline I. Le Roy, "Effect of Diet on the Gut Microbiota: Rethinking Intervention Duration," *Nutrients* 11, n° 12 (2019): 2682.

p. 263: semelhante em sua composição química ao estrogênio produzido pelos ovários humanos: A. A. Franke, L. J. Custer, W. Wang, and C. Y. Shi, "HPLC Analysis of Isoflavonoids and Other Phenolic Agents from Foods and from Human Fluids," *Proceedings of the Society for Experimental Biology and Medicine* 217, nº 3 (1998): 263–73.

p. 264: Sua capacidade de se ligar aos receptores de estrogênio tem apenas um milésimo da força do estradiol: Valentina Echeverria, Florencia Echeverria, George E. Barreto, et al., "Estrogenic Plants: to Prevent Neurodegeneration and Memory Loss and Other Symptoms in Women After Menopause," *Frontiers in Pharmacology* 12 (2021): 644103.

p. 264: muito semelhantes aos moduladores seletivos do receptor de estrogênio: Echeverria, Echeverria, Barreto, et al., "Estrogenic Plants: to Prevent Neurodegeneration and Memory Loss and Other Symptoms in Women After Menopause."

p. 264: os fitoestrogênios tendem a se ajustar ao nível de estrogênio: M-N. Chen, C-C. Lin, and C-F. Liu, "Efficacy of Phytoestrogens for Menopausal Symptoms: A Meta-Analysis and Systematic Review," *Climacteric* 18, nº 2 (2015): 260–69.

p. 265: quatro vezes *menos propensas* a ter câncer de mama: Patrizia Monteleone, Giulia Mascagni, Andrea Giannini, et al., "Symptoms of Menopause — Global Prevalence, Physiology and Implications," Nature Reviews Endocrinology 14, nº 4 (2018): 199–215.

p. 265: a soja é considerada segura para mulheres: Cheryl L. Rock, Colleen Doyle, Wendy Demark-Wahnefried, et al., "Nutrition and Physical Activity Guidelines for Cancer Survivors," CA: *A Cancer Journal for Clinicians* 62, nº 4 (2012): 243–74.

p. 266: a soja não aumenta as chances de recorrência de câncer de mama: Sarah J. Nechuta, Bette J. Caan, Wendy Y. Chen, et al., "Soy Food Intake After Diagnosis of Breast Cancer and Survival: An In-Depth Analysis of Combined Evidence from Cohort Studies of US and Chinese Women," *American Journal of Clinical Nutrition* 96, nº 1 (2012): 123–32.

p. 266: a maioria dos produtos de soja é feita com soja geneticamente modificada: USDA, "Adoption of Genetically Engineered Crops in the U.S.," https://www.ers.usda.gov/data-products/adoption-of-genetically-engineered-crops-in-the-us/recent-trends-in-ge-adoption.aspx.

p. 266: potencial de reduzir o número de ondas de calor: Oscar H. Franco, Rajiv Chowdhury, Jenna Troup, et al., "Use of Plant-Based Therapies and Menopausal Symptoms: A Systematic Review and Meta-Analysis," *JAMA* 315, nº 23 (2016): 2554–63.

p. 266: dieta baseada em plantas e rica em soja reduziu: Neal D. Barnard, Hana Kahleova, Danielle N. Holtz, et al., "The Women's Study for the Alleviation of Vasomotor Symptoms (WAVS): A Randomized, Controlled Trial of a Plant-Based Diet and Whole Soybeans for Postmenopausal Women," *Menopause* 28, nº 10 (2021): 1150–56.

p. 268: a gordura poli-insaturada promove a saúde das mulheres: Oh, Hu, Manson, et al., "Dietary Fat Intake and Risk of Coronary Heart Disease in Women: 20 Years of Follow-up of the Nurses' Health Study."

p. 268: e demência: Martha Clare Morris and Christine C. Tangney, "Dietary Fat Composition and Dementia Risk," *Neurobiology of Aging* 35, suppl. 2 (2014): S59–S64.

p. 268: as mulheres que não consomem uma quantidade suficiente de ômega-3: Grace E. Giles, Caroline R. Mahoney, and Robin B. Kanarek, "Omega-3 Fatty Acids Influence Mood in Healthy and Depressed Individuals," *Nutrition Reviews* 71 (2013): 727–41.

p. 268: bem como depressão na menopausa: Marlene P. Freeman, Joseph R. Hibbeln, Michael Silver, et al., "Omega-3 Fatty Acids for Major Depressive Disorder Associated with the Menopausal Transition: A Preliminary Open Trial," *Menopause* 18, n° 3 (2011): 279–84.

p. 269: aquelas que consumiam oleaginosas com frequência apresentaram um risco muito menor: F. B. Hu,M. J. Stampfer, J. E. Manson, et al., "Frequent Nut Consumption and Risk of Coronary Heart Disease in Women: Prospective Cohort Study," *BMJ* 317, n° 7169 (1998): 1341–45.

p. 270: a manteiga láctea aumentou significativamente o colesterol LDL: Kay-Tee Khaw, Stephen J. Sharp, Leila Finikarides, et al., "Randomised Trial of Coconut Oil, Olive Oil or Butter on Blood Lipids and Other Cardiovascular Risk Factors in Healthy Men and Women," *BMJ Open* 8, n° 3 (2018): e020167.

p. 270: mulheres que consumiam mais produtos de origem animal: Maryam S. Farvid, Eunyoung Cho, Wendy Y. Chen, et al., "Dietary Protein Sources in Early Adulthood and Breast Cancer Incidence: Prospective Cohort Study," *BMJ* 348 (2014): g3437.

p. 270: substituição de parte da gordura animal por gordura vegetal: Megan S. Rice, A. Heather Eliassen, Susan E. Hankinson, et al., "Breast Cancer Research in the Nurses' Health Studies: Exposures Across the Life Course," *American Journal of Public Health* 106 (2016): 1592–98.

p. 272: o colesterol dos alimentos não aumenta o colesterol no sangue: National Heart, Lung, and Blood Institute, "Blood Cholesterol: Causes and Risk Factors," https://www.nhlbi.nih.gov/health/blood-cholesterol/causes.

p. 278-9: os alimentos ultraprocessados podem causar um terço: Thibault Fiolet, Bernard Srour, Laury Sellem, et al., "Consumption of Ultra-Processed Foods and Cancer Risk: Results from NutriNet-Santé Prospective Cohort," *BMJ* 360 (2018): k322.

p. 279: salgadinhos industrializados e carne processada em particular: Renata Micha, Jose L. Peñalvo, Frederick Cudhea, et al., "Association Between Dietary Factors and Mortality from Heart Disease, Stroke, and Type 2 Diabetes in the United States," *JAMA* 317, n° 9 (2017): 912–24.

p. 279: a carne processada também é cancerígena: World Health Organization, IARC Working Group on the Evaluation of Carcinogenic Risks to Humans, *Red Meat and Processed Meat*, https://monographs.iarc.who.int/wp-content/uploads/2018/06/mono114.pdf.

p. 280: Até uma leve desidratação pode causar tonturas: Shaun K. Riebl and Brenda M. Davy, "The Hydration Equation: Update on Water Balance and Cognitive Performance," *ACSM's Health & Fitness Journal* 17, n° 6 (2013): 21–28.

p. 281: estão associados a um risco aumentado de infertilidade ovulatória: Elizabeth E. Hatch, Lauren A. Wise, Ellen M. Mikkelsen, et al., "Caffeinated Beverage and Soda Consumption and Time to Pregnancy," *Epidemiology* 23, n° 3 (2012): 393–401.

p. 282: Esse programa pode ajudar a perder e estabilizar o peso com mais eficiência: Fasting and Obesity-Related Health Outcomes: An Umbrella Review of Meta-Analyses of Randomized Clinical Trials," *JAMA Network Open* 4, n° 12 (2021): e2139558.

p. 282: evidências científicas dos benefícios para a saúde do jejum intermitente *em humanos*: Rafael de Cabo and Mark P. Mattson, "Effects of Intermittent Fasting on Health, Aging, and Disease," *New England Journal of Medicine* 381 (2019): 2541–51.

CAPÍTULO 15 • SUPLEMENTOS E PLANTAS MEDICINAIS

p. 285: até metade das mulheres nos países industrializados: Paul Posadzki, Myeong Soo Lee, T. W. Moon, et al., "Prevalence of Complementary and Alternative Medicine (CAM) Use by Menopausal Women: A Systematic Review of Surveys," *Maturitas* 75, nº 1 (2013): 34-43.

p. 286: suplementos de fitoestrogênios: P. A. Komesaroff, C. V. Black, V. Cable, and K. Sudhir, "Effects of Wild Yam Extract on Menopausal Symptoms, Lipids and Sex Hormones in Healthy Menopausal Women," *Climacteric* 4, nº 2 (2001): 144-50.

p. 287: cerca da metade das participantes relataram reduções nas ondas de calor: Oscar H. Franco, Rajiv Chowdhury, Jenna Troup, et al., "Use of Plant-Based Therapies and Menopausal Symptoms: A Systematic Review and Meta-Analysis," *JAMA* 315, nº 23 (2016): 2554-63.

p. 287: reduzir suores noturnos leves a moderados: Francesca Borrelli and Edzard Ernst, "Alternative and Complementary Therapies for the Menopause," *Maturitas* 66, nº 4 (2010): 333-43.

p. 288: a cimicífuga não parece ter efeitos estrogênicos: Wolfgang Wuttke, Hubertus Jarry, Jutta Haunschild, et al., "The Non-Estrogenic Alternative for the Treatment of Climacteric Complaints: Black Cohosh (Cimicifuga or Actaea racemosa)," *Journal of Steroid Biochemistry and Molecular Biology* 139 (2014): 302-10.

p. 288: Embora ele [*chaste tree berry*] pareça ter efeitos benéficos no equilíbrio hormonal: Franco, Chowdhury, Troup, et al., "Use of Plant-Based Therapies and Menopausal Symptoms: A Systematic Review and Meta-Analysis."

p. 289: ensaios clínicos até o momento não demonstraram efeitos nas ondas de calor: Franco, Chowdhury, Troup, et al., "Use of Plant-Based Therapies and Menopausal Symptoms: A Systematic Review and Meta-Analysis."

p. 289: esse óleo é muito recomendado para o tratamento de ondas de calor: R. Chenoy, S. Hussain, Y. Tayob, et al., "Effect of Oral Gamolenic Acid from Evening Primrose Oil on Menopausal Flushing," *BMJ* 308, nº 6927 (1994): 501-503.

p. 289: pode ajudar no tratamento da sensibilidade mamária: Sandhya Pruthi, Dietlind L. Wahner-Roedler, Carolyn J. Torkelson, et al., "Vitamin E and Evening Primrose Oil for Management of Cyclical Mastalgia: A Randomized Pilot Study," *Alternative Medicine Review* 15, nº 1 (2010): 59-67.

p. 290: ginseng pode melhorar os sintomas de desânimo e depressão na menopausa: Myung-Sunny Kim, Hyun-Ja Lim, Hye Jeong Yang, et al., "Ginseng for Managing Menopause Symptoms: A Systematic Review of Randomized Clinical Trials," *Journal of Ginseng Research* 37, nº 1 (2013): 30-36.

p. 290: Apesar [dos efeitos do ginseng], não foi demonstrada uma melhora consistente nos sintomas vasomotores: Franco, Chowdhury, Troup, et al., "Use of Plant-Based Therapies and Menopausal Symptoms: A Systematic Review and Meta-Analysis."

p. 291: fitoestrogênios reduzem o número e a frequência das ondas de calor: Franco, Chowdhury, Troup, et al., "Use of Plant-Based Therapies and Menopausal Symptoms: A Systematic Review and Meta-Analysis."

p. 291: Algumas isoflavonas da soja: Franco, Chowdhury, Troup, et al., "Use of Plant-Based Therapies and Menopausal Symptoms: A Systematic Review and Meta-Analysis."

p. 291: redução de 50% nas ondas de calor: Alessandra Crisafulli, Herbert Marini, Alessandra Bitto, et al., "Effects of Genistein on Hot Flushes in Early Postmenopausal Women: A Randomized, Double-Blind EPT- and Placebo-Controlled Study," *Menopause* 11, n° 4 (2004): 400–404.

p. 292: efeitos positivos na densidade mineral óssea: De-Fu Ma, Lin-Qiang Qin, Pei-Yu Wang, and Ryohei Katoh, "Soy Isoflavone Intake Increases Bone Mineral Density in the Spine of Menopausal Women: Meta-Analysis of Randomized Controlled Trials," *Clinical Nutrition* 27, n° 1 (2008): 57–64.

p. 292: efeitos da soja variam de acordo com a origem genética: Kenneth D. R. Setchell, Nadine M. Brown, Linda Zimmer-Nechemias, et al., "Evidence for Lack of Absorption of Soy Isoflavone Glycosides in Humans, Supporting the Crucial Role of Intestinal Metabolism for Bioavailability," *American Journal of Clinical Nutrition* 76, n° 2 (2002): 447–53.

p. 293: isoflavonas de trevo-vermelho tomadas durante noventa dias: Marcus Lipovac, Peter Chedraui, Christine Gruenhut, et al., "The Effect of Red Clover Isoflavone Supplementation over Vasomotor and Menopausal Symptoms in Postmenopausal Women," *Gynecological Endocrinology* 28, n° 3 (2012): 203–207.

p. 293: Não há evidências de que a linhaça ajude no tratamento das ondas de calor: An Pan, Danxia Yu, Wendy Demark-Wahnefried, et al., "Meta- Analysis of the Effects of Flaxseed Interventions on Blood Lipids," *American Journal of Clinical Nutrition* 90, n° 2 (2009): 288–97.

p. 294: rodiola pode ajudar a equilibrar o hormônio do estresse cortisol: V. Darbinyan, A. Kteyan, A. Panossian, et al., "Rhodiola Rosea in Stress Induced Fatigue — A Double Blind Cross-Over Study of a Standardized Extract SHR-5 with a Repeated Low-Dose Regimen on the Mental Performance of Healthy Physicians During Night Duty," *Phytomedicine* 7, n° 5 (2000): 365–71.

p. 294: A erva-de-são-joão é eficaz para ansiedade e depressão leves a moderadas: Klaus Linde, Michael Berner, Matthias Egger, and Cynthia Mulrow, "St John's Wort for Depression: Meta--Analysis of Randomised Controlled Trials," *British Journal of Psychiatry* 186 (2005): 99–107.

p. 294: algumas associações médicas consideram a erva-de-são-joão uma opção viável: Franco, Chowdhury, Troup, et al., "Use of Plant-Based Therapies and Menopausal Symptoms: A Systematic Review and Meta-Analysis."

p. 295: para energizar e melhorar a função sexual em homens: Wenyi Zhu, Yijie Du, Hong Meng, et al., "A Review of Traditional Pharmacological Uses, Phytochemistry, and Pharmacological Activities of *Tribulus terrestris*," *Chemistry Central Journal* J 11, n° 1 (2017): 60.

p. 295: melhorar a qualidade do sono em mulheres na pós-menopausa: C. Stevinson and E. Ernst, "Valerian for Insomnia: A Systematic Review of Randomized Clinical Trials," *Sleep Medicine* 1, n° 2 (2000): 91–99.

p. 296: vitaminas do complexo B podem ajudar a reduzir o estresse: Nahid Yazdanpanah, M. Carola Zillikens, Fernando Rivadeneira, et al., "Effect of Dietary B Vitamins on BMD and Risk of Fracture in Elderly Men and Women: The Rotterdam Study," *Bone* 41, n° 6 (2007): 987–94.

p. 298: efeitos dos suplementos de magnésio no sono: Jasmine Mah and Tyler Pitre, "Oral Magnesium Supplementation for Insomnia in Older Adults: A Systematic Review & Meta-Analysis," *BMC Complementary Medicine and Therapies* 21, n° 1 (2021): 125.

p. 299: suplementos de ômega-3 podem ajudar a reduzir suores noturnos: Mina Mohammady, Leila Janani, Shayesteh Jahanfar, and Mahsa Sadat Mousavi, "Effect of Omega-3 Supplements on Vasomotor Symptoms in Menopausal Women: A Systematic Review and Meta-Analysis," *European Journal of Obstetrics & Gynecology and Reproductive Biology* 228 (2018): 295–302.

p. 299: humor deprimido associado à menopausa: Yuhua Liao, Bo Xie, Huimin Zhang, et al., "Efficacy of Omega-3 PUFAs in Depression: A Meta-Analysis," *Translational Psychiatry* 9, n° 1 (2019): 190.

p. 299: redução das ondas de calor após quatro semanas de suplementação de vitamina E: Alisa Johnson, Lynae Roberts, and Gary Elkins, "Complementary and Alternative Medicine for Menopause," *Journal of Evidence-Based Integrative Medicine* 24 (2019): 2515690X19829380.

p. 299: redução de 35% a 40% nas ondas de calor: D. L. Barton, C. L. Loprinzi, S. K. Quella, et al., "Prospective Evaluation of Vitamin E for Hot Flashes in Breast Cancer Survivors," *Journal of Clinical Oncology* 16, n° 2 (1998): 495–500.

CAPÍTULO 16 • REDUÇÃO DO ESTRESSE E A IMPORTÂNCIA DO SONO

p. 300: mulheres relatam níveis de estresse consideravelmente mais elevados: American Psychological Association, "Stress in America Findings," November 9, 2010, https://www.apa.org/news/press/releases/stress/2010/national-report.pdf.

p. 303: diminuir a capacidade de recuperar-se delas [gripes e infecções]: lowering your ability to recover from common colds: E. Ron de Kloet, Marian Joëls, and Florian Holsboer, "Stress and the Brain: From Adaptation to Disease," *Nature Reviews Neuroscience* 6, n° 6 (2005): 463–75.

p. 303: uma vida muito estressante pode levar à perda de memória: Justin B. Echouffo-Tcheugui, Sarah C. Conner, Jayandra J. Himali, et al., "Circulating Cortisol and Cognitive and Structural Brain Measures: The Framingham Heart Study," *Neurology* 91, n° 21 (2018): e1961–e1970.

p. 305: a prática regular de ioga por pelo menos doze semanas melhora os sintomas: Holger Cramer, Romy Lauche, Jost Langhorst, and Gustav Dobos, "Effectiveness of Yoga for Menopausal Symptoms: A Systematic Review and Meta-Analysis of Randomized Controlled Trials," *Evidence-Based Complementary and Alternative Medicine* 2012 (2012): 863905.

p. 305: Mulheres que fazem ioga também tendem a ter menos sintomas de estresse: Katherine M. Newton, Susan D. Reed, Katherine A. Guthrie, et al., "Efficacy of Yoga for Vasomotor Symptoms: A Randomized Controlled Trial," *Menopause* 21, n° 4 (2014): 339–46.

p. 305: melhor qualidade de vida física: Thi Mai Nguyen, Thi Thanh Toan Do, Tho Nhi Tran, and Jin Hee Kim, "Exercise and Quality of Life in Women with Menopausal Symptoms: A Systematic Review and Meta-Analysis of Randomized Controlled Trials," *International Journal of Environmental Research and Public Health* 17, n° 19 (2020): 7049.

p. 305: poder de nos proteger da sobrecarga resultante do estresse: Madhav Goyal, Sonal Singh, Erica M. S. Sibinga, et al., "Meditation Programs for Psychological Stress and Well-Being: A Systematic Review and Meta-Analysis," *JAMA Internal Medicine* 174, n° 3 (2014): 357–68.

p. 305: a redução do estresse por meio da técnica de mindfulness levou a melhorias significativas na qualidade de vida: James Francis Carmody, Sybil Crawford, Elena Salmoirago-Blotcher, et al., "Mindfulness Training for Coping with Hot Flashes: Results of a Randomized Trial," *Menopause* 18, n° 6 (2011): 611–20.

p. 305: combinação da técnica da redução do estresse baseada em mindfulness com a terapia cognitiva foi tão eficaz: Zindel V. Segal, Peter Bieling, Trevor Young, et al., "Antidepressant Monotherapy vs Sequential Pharmacotherapy and Mindfulness-Based Cognitive Therapy, or Placebo, for Relapse Prophylaxis in Recurrent Depression," *Archives of General Psychiatry* 67, n° 12 (2010): 1256–64.

p. 306: foi demonstrado que a prática reduz a inflamação enquanto melhora a memória, o sono e a clareza mental: Dharma Singh Khalsa, "Stress, Meditation, and Alzheimer's Disease Prevention: Where the Evidence Stands," *Journal of Alzheimer's Disease* 48 (2015): 1–12.

p. 307: pode reduzir as ondas de calor e apresenta poucos riscos: "Nonhormonal Management of Menopause-Associated Vasomotor Symptoms: 2015 Position Statement of the North American Menopause Society," *Menopause* 22, n° 11 (2015): 1155–72; quiz 1173–74.

p. 307: redução de 69% na intensidade e frequência das ondas de calor: Alisa Johnson, Lynae Roberts, and Gary Elkins, "Complementary and Alternative Medicine for Menopause," *Journal of Evidence-Based Integrative Medicine* 24 (2019): 2515690X19829380.

p. 307: a hipnose também reduziu as ondas de calor em impressionantes 50% a 74%: Gary R. Elkins, William I. Fisher, Aimee K. Johnson, et al., "Clinical Hypnosis in the Treatment of Postmenopausal Hot Flashes: A Randomized Controlled Trial," *Menopause* 20, n° 3 (2013): 291–98.

p. 308: A terapia cognitivo-comportamental é recomendada pela Sociedade Norte-Americana de Menopausa: "Nonhormonal Management of Menopause-Associated Vasomotor Symptoms: 2015 Position Statement of the North American Menopause Society."

p. 310: a liberação de ocitocina pode explicar o impulso das mulheres de cuidar e fazer amizade: S. E. Taylor, L. C. Klein, B. P. Lewis, et al., "Biobehavioral Responses to Stress in Females: Tend-and-Befriend, Not Fight-or-Flight," *Psychological Review* 107, n° 3 (2000): 411–29.

CAPÍTULO 17 • TOXINAS E DESREGULADORES ENDÓCRINOS

p. 319: quase 100 mil novas substâncias químicas foram liberadas: World Health Organization, *State of the Science of Endocrine Disrupting Chemicals 2012*, June 6, 2012, https://www.who.int/publications/i/item/9789241505031.

p. 319: sabe-se ou suspeita-se que cerca de oitocentas substâncias prejudiquem a saúde: World Health Organization, *State of the Science of Endocrine Disrupting Chemicals 2012*.

p. 319: eles desencadeiam desequilíbrios hormonais: World Health Organization, *State of the Science of Endocrine Disrupting Chemicals 2012*.

p. 320: centenas dessas substâncias também são tóxicas para o *cérebro*: P. Grandjean and P. J. Landrigan, "Developmental Neurotoxicity of Industrial Chemicals," *Lancet* 368, n° 9553 (2006): P2167–P2178.

p. 320: poluição atmosférica foi reconhecida como um risco para a saúde: Gill Livingston, Jonathan Huntley, Andrew Sommerlad, et al., "Dementia Prevention, Intervention, and Care: 2020 Report of the Lancet Commission," *Lancet* 396, n° 10248 (2020): 413-46.

p. 320: xenoestrogênios pode causar danos tóxicos significativos a crianças e mulheres: Evanthia Diamanti-Kandarakis, Jean-Pierre Bourguignon, Linda C. Giudice, et al., "Endocrine-Disrupting Chemicals: An Endocrine Society Scientific Statement," *Endocrine Reviews* 30, n° 4 (2009): 293-42.

p. 320: limitar a exposição de bebês e crianças a poluentes ambientais e produtos químicos: American Academy of Pediatrics Policy Statement, "Food Additives and Child Health," *Pediatrics* 142, n° 2 (2018): e20181408.

p. 320: [mulheres acumulam] essas toxinas em níveis ainda mais elevados: Ioannis Manisalidis, Elisavet Stavropoulou, Agathangelos Stavropoulos, and Eugenia Bezirtzoglou, "Environmental and Health Impacts of Air Pollution: A Review," *Frontiers in Public Health* 8 (2020): 14.

p. 323: mais pessoas morrem devido ao tabagismo: Manisalidis, Stavropoulou, Stavropoulos, and Bezirtzoglou, "Environmental and Health Impacts of Air Pollution: A Review."

p. 323: 88 milhões de não fumantes: "Vital Signs: Disparities in Nonsmokers' Exposure to Secondhand Smoke — United States, 1999–2012," *Morbidity and Mortality Weekly Report* 64 (2015): 103–108. See also https://www.cdc.gov/tobacco/data_statistics/fact_sheets/adult_data/cig_smoking/index.htm.

p. 323: risco significativamente maior de ter ciclos menstruais dolorosos e infertilidade: A. Hyland, K. Piazza, K. M. Hovey, et al., "Associations Between Lifetime Tobacco Exposure with Infertility and Age at Natural Menopause: The Women's Health Initiative Observational Study," *Tobacco Control* 25, n° 6 (2016): 706–14.

p. 323: Ondas de calor, ansiedade, alterações de humor e insônia são ainda mais intensas: Ellen B. Gold, Alicia Colvin, Nancy Avis, et al., "Longitudinal Analysis of the Association Between Vasomotor Symptoms and Race/Ethnicity Across the Menopausal Transition: Study of Women's Health Across the Nation," *American Journal of Public Health* 96, n° 7 (2006): 1226–35.

p. 323: Mulheres que fumaram cem cigarros: Hyland, Piazza, Hovey, et al., "Associations Between Lifetime Tobacco Exposure with Infertility and Age at Natural Menopause: The Women's Health Initiative Observational Study."

CAPÍTULO 18 • O PODER DO PENSAMENTO POSITIVO

p. 334: em sociedades nas quais a idade é mais respeitada: Mary Jane Minkin, "Menopause: Hormones, Lifestyle, and Optimizing Aging," *Obstetrics and Gynecology Clinics of North America* 46, n° 3 (2019): 501–14.

p. 334: apenas cerca de 25% das mulheres japonesas tenham relatado ondas de calor: J. A. Winterich and D. Umberson, "How Women Experience Menopause: The Importance of Social Context," *Journal of Women and Aging* 11, n° 4 (1999): 57–73.

p. 334: rigidez nos ombros seja de longe o maior incômodo: Winterich and Umberson, "How Women Experience Menopause: The Importance of Social Context."

p. 334: diminuição da visão: Melissa K. Melby, Debra Anderson, Lynette Leidy Sievert, and Carla Makhlouf Obermeye, "Methods Used in Cross-Cultural Comparisons of Vasomotor Symptoms and Their Determinants," *Maturitas* 70, nº 2 (2011): 110–19.

p. 336: visão positiva da vida como um todo: Susanne Wurm, Manfred Diehl, Anna E. Kornadt, et al., "How Do Views on Aging Affect Health Outcomes in Adulthood and Late Life? Explanations for an Established Connection," *Developmental Review* 46 (2017): 27–43.

p. 336: relação direta e mútua entre os sintomas físicos de uma mulher, suas crenças sobre a menopausa e sua experiência da transição: Beverley Ayers, Mark Forshaw, and Myra S. Hunter, "The Impact of Attitudes Towards the Menopause on Women's Symptom Experience: A Systematic Review," *Maturitas* 65, nº 1 (2010): 28–36.

p. 336: relatam mais apreensão sobre a menopausa: Ayers, Forshaw, and Hunter, "The Impact of Attitudes Towards the Menopause on Women's Symptom Experience: A Systematic Review."

p. 337: resultado de diferenças no bem-estar psicológico ou emocional: Amanda A. Deeks, "Psychological Aspects of Menopause Management," *Best Practice & Research Clinical Endocrinology & Metabolism* 17, nº 1 (2003): 17–31.

p. 338: podemos mudar tudo o que pensamos sobre a menopausa: David S. Yeager, Paul Hanselman, Gregory M. Walton, et al., "A National Experiment Reveals Where a Growth Mindset Improves Achievement," *Nature* 573, nº 7774 (2019): 364–69.

p. 340: currículo básico de programas de melhoria de desempenho nos esportes: Antonis Hatzigeorgiadis, Nikos Zourbanos, Evangelos Galanis, and Yiannis Theodorakis, "Self- Talk and Sports Performance: A Meta-Analysis," *Perspectives on Psychological Science* 6, nº 4 (2011): 348–56.

p. 340: premissa da maioria das terapias psicológicas e baseadas na atenção plena (mindfulness): Farid Chakhssi, Jannis T. Kraiss, Marion Sommers-Spijkerman, and Ernst Bohlmeijer, "The Effect of Positive Psychology Interventions on Well-Being and Distress in Clinical Samples with Psychiatric or Somatic Disorders: A Systematic Review and Meta-Analysis," *BMC Psychiatry* 18, nº 1 (2018): 211.

p. 342: benefícios químicos capazes de reduzir o estresse e aumentar a tolerância à dor: Dexter Louie, Karolina Brook, and Elizabeth Frates, "The Laughter Prescription: A Tool for Lifestyle Medicine," *American Journal of Lifestyle Medicine* 10, nº 4 (2016): 262–67.

Este livro foi impresso pela Vozes, em 2025, para a HarperCollins Brasil.
O papel do miolo é ivory 65g/m², e o da capa é cartão 250g/m².